KB127358

수학의 단비 중등 1-1

발행일 2024년 8월 1일
펴낸이 김은희
펴낸곳 에이급출판사
등록번호 제20-449호

책임편집 김선희, 손지영, 이윤지, 장정숙
마케팅총괄 이재호
표지디자인 공정준
내지디자인 공정준
조판 보문미디어

주소 서울시 강남구 봉은사로 37길 13, 동우빌딩 5층
전화 02) 514-2422~3, 02) 517-5277~8
팩스 02) 516-6285
홈페이지 www.aclassmath.com

모든 교재는 다 좋습니다.

하지만 자신의 실력과 단계에 꼭 맞는 공부법이 중요하지요.

꼭 필요한 때에 알맞게 내리는 '단비'처럼

시들시들했던 수학에 생기를 돌게 하는 '수학의 단비'

수학이 쉬워지고

수학이 자신 있어지고

수학 기본기가 탄탄해집니다.

오랫동안 기다려온 반가운 단비처럼

상위권으로 가는 첫 시작! 수학의 단비입니다.

구성과 특징

연산으로 꽉!
빠르게 개념을 잡는다.

중요한 개념정리

반드시 알아야 할 중요 개념을 알기 쉽게 설명하였습니다. 정리된 개념을 통해 단원에서 배울 내용을 이해할 수 있습니다.

1 소인수분해

중요한 개념정리

01 소수와 합성수

(1) **소수**: 1보다 큰 자연수 중에서 1과 자기 자신만을 약수로 가지는 수
(2) **합성수**: 1보다 큰 자연수 중에서 소수가 아닌 수
(3) **소수와 합성수의 성질**
① 모든 소수의 약수는 2개이고, 합성수의 약수는 3개 이상이다.
② 소수 중 짝수인 수는 2뿐이다.
③ 1은 소수도 아니고 합성수도 아니다.

02 거듭제곱

(1) **거듭제곱**: 같은 수나 문자를 거듭하여 곱한 것을 간단히 나타낸 것
(2) **밑**: 거듭제곱에서 곱한 수나 문자
(3) **지수**: 거듭제곱에서 수나 문자를 곱한 횟수

참고 a^2, a^3, …을 각각 a의 제곱, a의 세제곱, …이라고 읽는다.

$2\times2\times2=2^3$ (지수, 밑)

03 소인수분해

(1) **인수**: 자연수 a, b, c에 대하여 $a=b\times c$일 때, b, c를 a의 인수라 한다.
(2) **소인수**: 인수 중에서 소수인 것을 소인수라 한다.
(3) **소인수분해**: 1보다 큰 자연수를 그 수의 소인수만의 곱으로 나타내는 것
(4) **소인수분해하는 방법**
몫이 소수가 될 때까지 나누어떨어지는 소수로 나눈 후 나눈 소수들과 마지막 몫을 곱셈 기호로 연결한다. 이때 소인수분해한 결과는 보통 작은 소인수부터 차례로 쓰고 같은 소인수의 곱은 거듭제곱으로 나타낸다.

[방법 1] 18 < 2, 9 < 3, 3 ⇨ $18=2\times3^2$

[방법 2] 2) 18, 3) 9, 3 ⇨ $18=2\times3^2$

연산으로 개념잡기

주어진 개념을 빠짐없이 확인할 수 있게 체계적으로 문제를 구성하였습니다. 동일 유형의 문제를 반복해서 풀어보며 자연스럽게 개념을 이해할 수 있습니다.

≫정답과 풀이 1쪽

개념 01 약수와 배수

(1) ☐: 어떤 수를 나누어떨어지게 하는 수
(2) ☐: 어떤 수를 1배, 2배, 3배, … 한 수

참고 모든 수의 약수에는 1과 자기 자신이 포함되고, 모든 수의 배수에는 자기 자신이 포함된다.

답: 약수, 배수

1 다음 수의 약수를 모두 구하시오.

(1) 8
(2) 15
(3) 24
(4) 30

2 40 이하의 자연수 중에서 다음 수의 배수를 모두 구하시오.

(1) 6

개념 02 소수와 합성수

(1) ☐: 1보다 큰 자연수 중에서 1과 자기 자신만을 약수로 가지는 수
(2) ☐: 1보다 큰 자연수 중에서 소수가 아닌 수
(3) 1은 소수도 아니고 합성수도 아니다.

답: 소수, 합성수

3 다음 수의 약수를 모두 구하고, 소수인지 합성수인지 알맞은 것에 ○표 하시오.

(1) 2 ⇨ 약수: ______ ⇨ (소수, 합성수)
(2) 10 ⇨ 약수: ______ ⇨ (소수, 합성수)
(3) 17 ⇨ 약수: ______ ⇨ (소수, 합성수)
(4) 23 ⇨ 약수: ______ ⇨ (소수, 합성수)
(5) 35 ⇨ 약수: ______ ⇨ (소수, 합성수)
(6) 41 ⇨ 약수: ______ ⇨ (소수, 합성수)

1. 소인수분해 7

1
다음 수 중에서 소수는 a개, 합성수는 b개일 때, $b-a$의 값을 구하시오.

1, 4, 13, 25, 27, 31, 38, 42, 49, 57

2
다음 중 합성수만으로 이루어진 것은?

① 3, 7 ② 2, 12 ③ 9, 23
④ 14, 39 ⑤ 25, 53

3
$3^a=243$일 때, 자연수 a의 값은?

① 3 ② 4 ③ 5
④ 6 ⑤ 7

4
다음 중 옳은 것은?

① $8^3=256$
② $\frac{1}{a}\times\frac{1}{a}\times\frac{1}{a}=\frac{3}{a}$
③ $3\times3\times5\times5\times5\times5=2^3\times4^5$
④ $\frac{1}{3}\times\frac{1}{3}\times\frac{1}{3}=\frac{1}{3^3}$
⑤ $a+a+a+a+a=a^5$

5
126을 소인수분해하였을 때, 모든 소인수들의 합은?

① 5 ② 7 ③ 10
④ 12 ⑤ 14

6
다음 중 소인수분해가 바르게 된 것은?

① $64=2^8$ ② $75=3^2\times5^2$
③ $80=2^3\times5$ ④ $120=2^2\times3\times5$
⑤ $150=2\times3\times5^2$

소인수분해

대단원 마무리

개념이 실전에서 어떻게 적용되는지 마무리 문제로 점검하도록 하였습니다. 단원의 내용을 잘 이해했는지 확인하세요.

I. 소인수분해

1. 소인수분해

연산으로 개념잡기 7~13쪽

1 (1) 1, 2, 4, 8 (2) 1, 3, 5, 15 (3) 1, 2, 3, 4, 6, 8, 12, 24 (4) 1, 2, 3, 5, 6, 10, 15, 30
2 (1) 6, 12, 18, 24, 30, 36 (2) 9, 18, 27, 36 (3) 13, 26, 39
3 (1) 1, 2, 소수 (2) 1, 2, 5, 10, 합성수 (3) 1, 17, 소수 (4) 1, 23, 소수 (5) 1, 5, 7, 35, 합성수 (6) 1, 41, 소수
4 (1) 3, 11 (2) 2, 37, 83 (3) 17, 53, 79 (4) 29, 61, 101
5 2, 3, 5, 7, 11, 13, 17, 19, 23, 29, 31, 37, 41, 43, 47
6 (1) × (2) ○ (3) × (4) × (5) × (6) × (7) × (8) × (9) × (10) ○
7 (1) 밑: 2, 지수: 5 (2) 밑: 6, 지수: 10 (3) 밑: 11, 지수: 3 (4) 밑: $\frac{1}{3}$, 지수: 7 (5) 밑: x, 지수: 8 (6) 밑: 10, 지수: a
8 (1) 6 (2) 4 (3) 3, 2 (4) 2, 2
9 (1) 3×5^2 (2) $\left(\frac{1}{10}\right)^4$ (3) $\frac{1}{2^2\times5^3}$ (4) $\left(\frac{1}{3}\right)^2\times\left(\frac{1}{7}\right)^3$
10 (1) 5^3 (2) 2^5 (3) 10^3 (4) $\left(\frac{1}{3}\right)^4$
11 (1) 1 (2) 81 (3) 125 (4) $\frac{27}{64}$
12 (1) 2, 2, $2^2\times3$ (2) $2\times3\times5$ (3) $3^2\times3^2$ (4) $3^2\times5$
13 (1) 3^3 / 3 (2) 5×7 / 5, 7 (3) $2^3\times5$ / 2, 5 (4) $2\times3\times7$ / 2, 3, 7 (5) 7^2 / 7 (6) $2^2\times13$ / 2, 13 (7) $2^2\times3\times5$ / 2, 3, 5 (8) $2^4\times3^2$ / 2, 3 (9) $2^2\times3$ / 2, 3 (10) $2^2\times3^3$ / 2, 3 (11) $2\times3^2\times7$ / 2, 3, 7 (12) $5^2\times7$ / 5, 7
14 (1) $3^2\times5$, 5 (2) 2×3^3, 6 (3) $2^2\times3\times5$, 15
15 (1) $2^2\times7$, 7 (2) $2^2\times3^2$, 2 (3) $2^2\times3$, 6
16 (1)

×	1	5
1	1	5
2	2	10

1, 2, 5, 10

(2)

×	1	5
1	1	5
3	3	15
3^2	9	45

1, 3, 5, 9, 15, 45

(3)

×	1	3
1	1	3
2	2	6
2^2	4	12
2^3	8	24

1, 2, 3, 4, 6, 8, 12, 24

(4) 2×7^2

×	1	7	7^2
1	1	7	49
2	2	14	98

1, 2, 7, 14, 49, 98

(5) $3^2\times5^2$

×	1	5	5^2
1	1	5	25
3	3	15	75
3^2	9	45	225

1, 3, 5, 9, 15, 25, 45, 75, 225

17 (1) ㄱ, ㄴ, ㄹ (2) ㄱ, ㄷ, ㄹ, ㅁ (3) ㄱ, ㄴ, ㄷ (4) ㄱ, ㄴ, ㄹ
18 (1) 6개 (2) 6개 (3) 12개 (4) 4개 (5) 8개

1 (1) 답 1, 2, 4, 8
(2) 답 1, 3, 5, 15
(3) 답 1, 2, 3, 4, 6, 8, 12, 24
(4) 답 1, 2, 3, 5, 6, 10, 15, 30

2 (1) 답 6, 12, 18, 24, 30, 36
(2) 답 9, 18, 27, 36
(3) 답 13, 26, 39

3 (1) 2의 약수는 1, 2로 소수이다. 답 1, 2, 소수
(2) 10의 약수는 1, 2, 5, 10으로 합성수이다. 답 1, 2, 5, 10, 합성수
(3) 17의 약수는 1, 17로 소수이다. 답 1, 17, 소수
(4) 23의 약수는 1, 23으로 소수이다. 답 1, 23, 소수
(5) 35의 약수는 1, 5, 7, 35로 합성수이다. 답 1, 5, 7, 35, 합성수
(6) 41의 약수는 1, 41로 소수이다. 답 1, 41, 소수

4 (1) 답 3, 11
(2) 답 2, 37, 83
(3) 답 17, 53, 79
(4) 답 29, 61, 101

5

1	2	3	4	5	6	7	8	9	10
11	12	13	14	15	16	17	18	19	20
21	22	23	24	25	26	27	28	29	30
31	32	33	34	35	36	37	38	39	40
41	42	43	44	45	46	47	48	49	50

답 2, 3, 5, 7, 11, 13, 17, 19, 23, 29, 31, 37, 41, 43, 47

6 (1) 1은 소수가 아니다. 답 ×
(2) 가장 작은 소수는 2이다. 답 ○
(3) 합성수는 3개 이상의 약수를 가진다. 답 ×
(4) 2는 소수이지만 홀수가 아니다. 답 ×
(5) 자연수는 1과 소수, 합성수로 이루어져 있다. 답 ×
(6) 2는 짝수이지만 소수이다. 답 ×
(7) 소수이면서 합성수인 자연수는 없다.
(8) 15 이하의 소수는 2, 3, 5, 7, 11, 13의 6개이다.
(9) 소수의 약수의 개수는 2개이다.
(10) 11의 배수는 11, 22, 33, …이므로 이 주 개이다.

7 (1) 답 밑: 2, 지수: 5
(2) 답 밑: 6, 지수: 10
(3) 답 밑: 11, 지

I 소인수분해

정답과 풀이

꼼꼼하고 친절한 해설로 누구나 자연스럽게 이해할 수 있도록 하였습니다. 혼자서도 쉽게 공부할 수 있습니다.

차례

I

소인수분해

1 소인수분해

01 소수와 합성수

(1) **소수**: 1보다 큰 자연수 중에서 1과 자기 자신만을 약수로 가지는 수

(2) **합성수**: 1보다 큰 자연수 중에서 소수가 아닌 수

(3) **소수와 합성수의 성질**

① 모든 소수의 약수는 2개이고, 합성수의 약수는 3개 이상이다.

② 소수 중 짝수인 수는 2뿐이다.

③ 1은 소수도 아니고 합성수도 아니다.

02 거듭제곱

(1) **거듭제곱**: 같은 수나 문자를 거듭하여 곱한 것을 간단히 나타낸 것

(2) **밑**: 거듭제곱에서 곱한 수나 문자

(3) **지수**: 거듭제곱에서 수나 문자를 곱한 횟수

$2\times2\times2=2^3$ (3 ← 지수, 2 ← 밑)

참고 a^2, a^3, …을 각각 a의 제곱, a의 세제곱, …이라고 읽는다.

03 소인수분해

(1) **인수**: 자연수 a, b, c에 대하여 $a=b\times c$일 때, b, c를 a의 인수라 한다.

(2) **소인수**: 인수 중에서 소수인 것을 소인수라 한다.

(3) **소인수분해**: 1보다 큰 자연수를 그 수의 소인수만의 곱으로 나타내는 것

(4) **소인수분해하는 방법**

몫이 소수가 될 때까지 나누어떨어지는 소수로 나눈 후 나눈 소수들과 마지막 몫을 곱셈 기호로 연결한다. 이때 소인수분해한 결과는 보통 작은 소인수부터 차례로 쓰고 같은 소인수의 곱은 거듭제곱으로 나타낸다.

[방법 1]

18 < 2, 9
9 < 3, 3

⇨ $18=2\times3^2$

[방법 2]

$$\begin{array}{r|l} 2 & 18 \\ \hline 3 & 9 \\ \hline & 3 \end{array}$$

⇨ $18=2\times3^2$

04 소인수분해를 이용하여 약수 구하기

자연수 A가 $A=a^m\times b^n$(a, b는 서로 다른 소수, m, n은 자연수)으로 소인수분해될 때

(1) **A의 약수**: (a^m의 약수)×(b^n의 약수)

(2) **A의 약수의 개수**: $(m+1)\times(n+1)$개

≫ 정답과 풀이 1쪽

연산으로 개념잡기

개념 01 약수와 배수

(1) ☐ : 어떤 수를 나누어떨어지게 하는 수

(2) ☐ : 어떤 수를 1배, 2배, 3배, … 한 수

참고 모든 수의 약수에는 1과 자기 자신이 포함되고, 모든 수의 배수에는 자기 자신이 포함된다.

답: 약수, 배수

1 다음 수의 약수를 모두 구하시오.

(1) 8

(2) 15

(3) 24

(4) 30

2 40 이하의 자연수 중에서 다음 수의 배수를 모두 구하시오.

(1) 6

(2) 9

(3) 13

개념 02 소수와 합성수

(1) ☐ : 1보다 큰 자연수 중에서 1과 자기 자신만을 약수로 가지는 수

(2) ☐ : 1보다 큰 자연수 중에서 소수가 아닌 수

(3) 1은 소수도 아니고 합성수도 아니다.

답: 소수, 합성수

3 다음 수의 약수를 모두 구하고, 소수인지 합성수인지 알맞은 것에 ○표 하시오.

(1) 2 ⇨ 약수: ________ ⇨ (소수, 합성수)

(2) 10 ⇨ 약수: ________ ⇨ (소수, 합성수)

(3) 17 ⇨ 약수: ________ ⇨ (소수, 합성수)

(4) 23 ⇨ 약수: ________ ⇨ (소수, 합성수)

(5) 35 ⇨ 약수: ________ ⇨ (소수, 합성수)

(6) 41 ⇨ 약수: ________ ⇨ (소수, 합성수)

4 다음 수 중에서 소수를 모두 골라 ○표 하시오.

(1) 1, 3, 8, 11, 33, 51, 57

(2) 2, 12, 21, 37, 49, 63, 83

(3) 17, 26, 53, 79, 81, 99

(4) 14, 29, 32, 61, 63, 101

5 다음과 같은 방법으로 1부터 50까지의 수 중에서 소수를 구하시오.

① 1은 소수가 아니므로 지운다.
② 2는 남기고 2의 배수를 모두 지운다.
③ 3은 남기고 3의 배수를 모두 지운다.
④ 5는 남기고 5의 배수를 모두 지운다.
⑤ 이와 같은 방법으로 계속 지워 나가면 마지막에 남는 수가 소수이다.

1	2	3	4	5	6	7	8	9	10
11	12	13	14	15	16	17	18	19	20
21	22	23	24	25	26	27	28	29	30
31	32	33	34	35	36	37	38	39	40
41	42	43	44	45	46	47	48	49	50

6 다음 설명 중에서 옳은 것은 ○표, 옳지 않은 것은 ×표를 ( ) 안에 써넣으시오.

(1) 1은 소수이다. ( )

(2) 가장 작은 소수는 2이다. ( )

(3) 합성수는 3개의 약수를 가진다. ( )

(4) 소수는 모두 홀수이다. ( )

(5) 자연수는 소수와 합성수로 이루어져 있다. ( )

(6) 짝수는 모두 합성수이다. ( )

(7) 소수이면서 합성수인 자연수가 있다. ( )

(8) 15 이하의 자연수 중 소수는 5개이다. ( )

(9) 약수가 1개인 소수가 있다. ( )

(10) 11의 배수 중 소수는 1개뿐이다. ( )

개념 03 거듭제곱

같은 수나 문자를 거듭하여 곱한 것을 간단히 나타낸 것을 ☐이라 한다.

(1) **밑:** 거듭제곱에서 곱하는 수나 문자

(2) **지수:** 거듭제곱에서 밑이 곱해지는 횟수

$$\underbrace{2\times2\times2\times2}_{4\text{개}}=2^4$$

(4: 지수, 2: 밑)

답: 거듭제곱

7 다음 수의 밑과 지수를 각각 말하시오.

(1) 2^5 밑: ________, 지수: ________

(2) 6^{10} 밑: ________, 지수: ________

(3) 11^3 밑: ________, 지수: ________

(4) $\left(\frac{1}{3}\right)^7$ 밑: ________, 지수: ________

(5) x^8 밑: ________, 지수: ________

(6) 10^a 밑: ________, 지수: ________

8 다음 ☐ 안에 알맞은 수를 써넣으시오.

(1) $3\times3\times3\times3\times3\times3=3^{\square}$

(2) $8\times8\times8\times8=8^{\square}$

(3) $\frac{1}{2}\times\frac{1}{2}\times\frac{1}{2}\times\frac{1}{5}\times\frac{1}{5}=\left(\frac{1}{2}\right)^{\square}\times\left(\frac{1}{5}\right)^{\square}$

(4) $\frac{1}{3\times3\times5\times5}=\frac{1}{3^{\square}\times5^{\square}}$

9 다음을 거듭제곱을 사용하여 간단히 나타내시오.

(1) $3\times5\times5\times5$ ________

(2) $\frac{1}{10}\times\frac{1}{10}\times\frac{1}{10}\times\frac{1}{10}$ ________

(3) $\frac{1}{2\times2\times5\times5\times5}$ ________

(4) $\frac{1}{3}\times\frac{1}{3}\times\frac{1}{7}\times\frac{1}{7}\times\frac{1}{7}$ ________

10 다음 수를 〈 〉 안의 수의 거듭제곱으로 나타내시오.

(1) 25 $\langle 5 \rangle$

(2) 32 $\langle 2 \rangle$

(3) 1000 $\langle 10 \rangle$

(4) $\frac{1}{81}$ $\left\langle \frac{1}{3} \right\rangle$

11 다음의 값을 구하시오.

(1) 1^{100}

(2) 3^4

(3) 5^3

(4) $\left(\frac{3}{4}\right)^3$

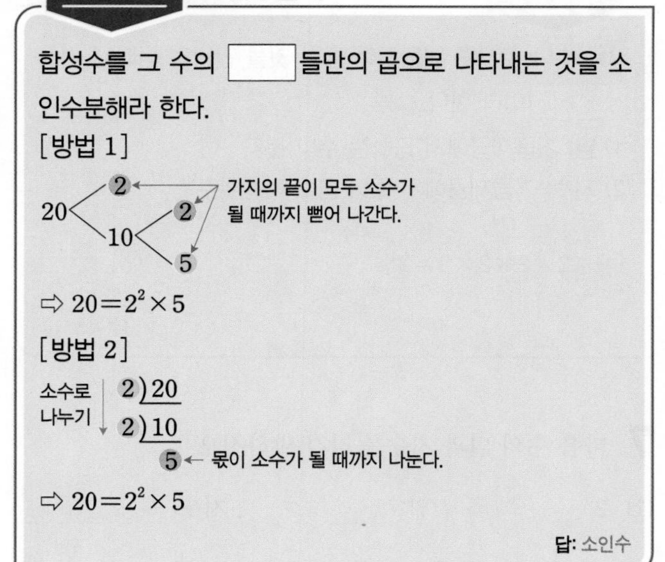

개념 04 소인수분해
합성수를 그 수의 ☐ 들만의 곱으로 나타내는 것을 소인수분해라 한다.
[방법 1]
가지의 끝이 모두 소수가 될 때까지 뻗어 나간다.
⇨ 20=2²×5
[방법 2]
소수로 나누기
몫이 소수가 될 때까지 나눈다.
⇨ 20=2²×5
답: 소인수

12 다음을 소인수분해하시오.

(1) 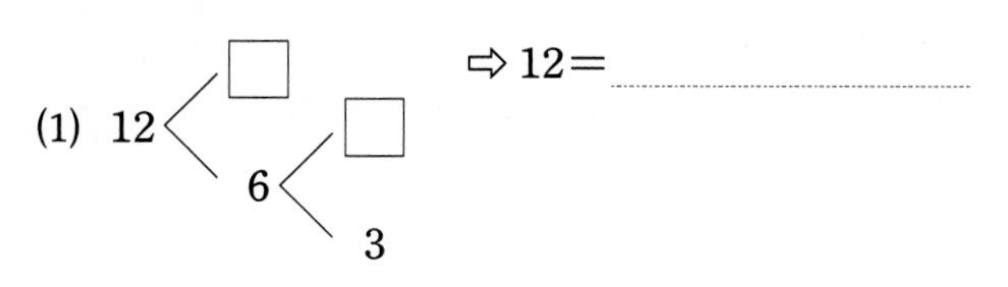

⇨ 12=

(2) 30 ⇨ 30=

(3) 36 ⇨ 36=

(4) 45 ⇨ 45=

13 다음 수를 소인수분해하고 소인수를 모두 구하시오.

(1))27

27＝

소인수:

(2))35

35＝

소인수:

(3))40

40＝

소인수:

(4))42

42＝

소인수:

(5))49

49＝

소인수:

(6))52

52＝

소인수:

(7))60

60＝

소인수:

(8))72

72＝

소인수:

(9))96

96＝

소인수:

(10))108

108＝

소인수:

(11))126

126＝

소인수:

(12))175

175＝

소인수:

개념 05 제곱인 수 만들기

(1) **제곱인 수:** 1, 4, 9, 16, …과 같이 어떤 수를 제곱하여 얻은 수

(2) **제곱인 수의 성질:** 제곱인 수를 소인수분해하면 각 소인수들의 지수가 모두 ☐이다.

(3) **제곱인 수 만들기:** 주어진 수를 소인수분해하여 홀수인 지수가 ☐가 되도록 적당한 수를 곱하거나 나눈다.

답: 짝수, 짝수

14 다음 수에 자연수를 곱하여 어떤 자연수의 제곱이 되도록 할 때, 곱할 수 있는 가장 작은 자연수를 구하시오.

(1) 45를 소인수분해하면 45=
곱할 수 있는 가장 작은 자연수는

(2) 54를 소인수분해하면 54=
곱할 수 있는 가장 작은 자연수는

(3) 60을 소인수분해하면 60=
곱할 수 있는 가장 작은 자연수는

15 다음 수를 자연수로 나누어 어떤 자연수의 제곱이 되도록 할 때, 나눌 수 있는 가장 작은 자연수를 구하시오.

(1) 28을 소인수분해하면 28=
나눌 수 있는 가장 작은 자연수는

(2) 72를 소인수분해하면 72=
나눌 수 있는 가장 작은 자연수는

(3) 96을 소인수분해하면 96=
나눌 수 있는 가장 작은 자연수는

개념 06 소인수분해를 이용하여 약수 구하기

자연수 N이 $N=a^m\times b^n$(a, b는 서로 다른 소수, m, n은 자연수)으로 소인수분해될 때

(1) N의 약수 ⇨ (a^m의 약수)×(b^n의 약수)

(2) N의 약수의 개수 ⇨ $(m+1)\times($ ☐ $)$개

답: $n+1$

16 소인수분해를 이용하여 약수를 구하려고 한다. 표의 빈칸을 채우고, 주어진 수의 약수를 구하시오.

(1) $10=2\times5$

×	1	5
1		
2		

10의 약수:

(2) $45=3^2\times5$

×	1	5
1		
3		
3^2		

45의 약수:

(3) $24=2^3\times3$

×	1	3
1		
2		
2^2		
2^3		

24의 약수:

≫정답과 풀이 1쪽

(4) 98=

×	1	7	7^2
1			
2			

98의 약수:

(5) 225=

×	1	5	5^2
1			

225의 약수:

17 다음 수의 약수를 보기에서 고르시오.

(1) 2^5

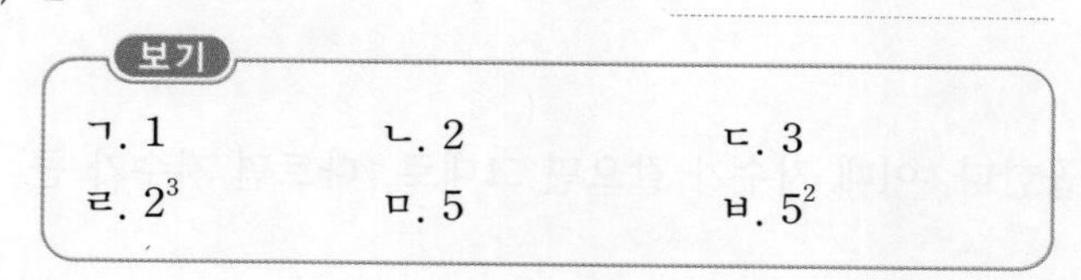
보기
ㄱ. 1 ㄴ. 2 ㄷ. 3
ㄹ. 2^3 ㅁ. 5 ㅂ. 5^2

(2) $2^3\times5^2$

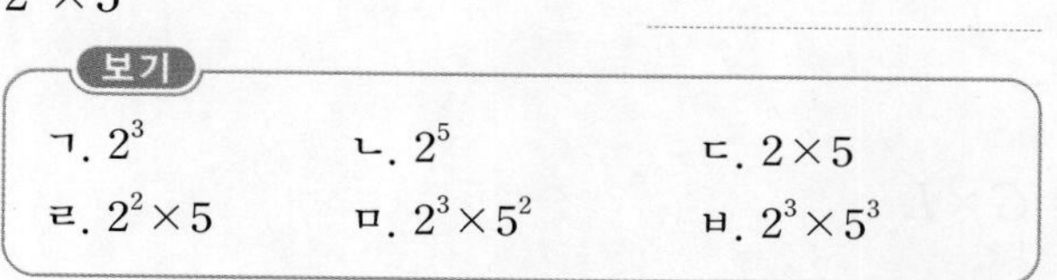
보기
ㄱ. 2^3 ㄴ. 2^5 ㄷ. 2×5
ㄹ. $2^2\times5$ ㅁ. $2^3\times5^2$ ㅂ. $2^3\times5^3$

(3) 3×5^2

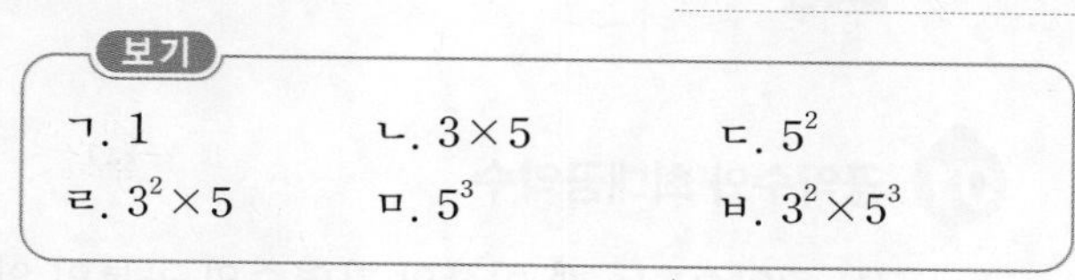
보기
ㄱ. 1 ㄴ. 3×5 ㄷ. 5^2
ㄹ. $3^2\times5$ ㅁ. 5^3 ㅂ. $3^2\times5^3$

(4) $108=2^2\times3^3$

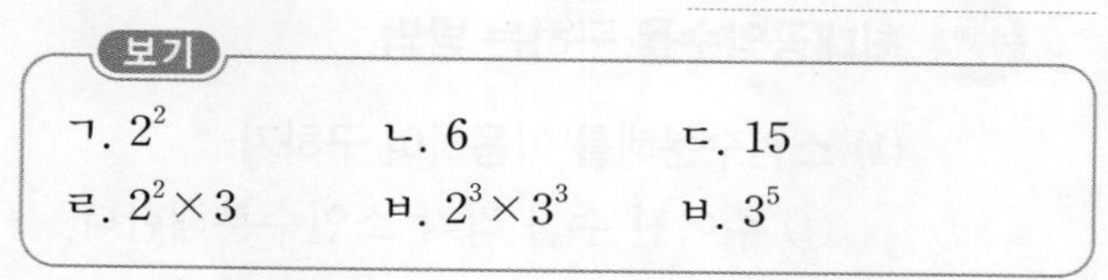
보기
ㄱ. 2^2 ㄴ. 6 ㄷ. 15
ㄹ. $2^2\times3$ ㅂ. $2^3\times3^3$ ㅂ. 3^5

18 다음 수의 약수의 개수를 구하시오.

(1) 3^5 개

(2) $2^2\times3$ 개

(3) $2\times3^2\times5$ 개

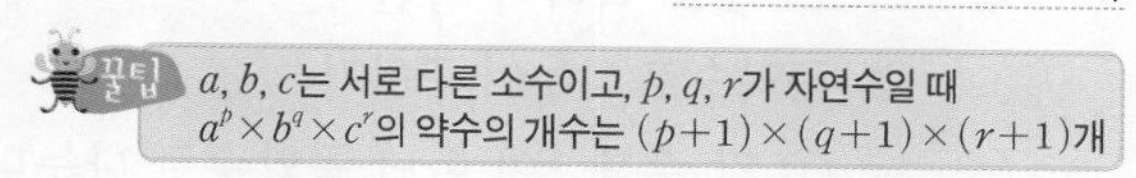
꿀팁 a, b, c는 서로 다른 소수이고, p, q, r가 자연수일 때
$a^p\times b^q\times c^r$의 약수의 개수는 $(p+1)\times(q+1)\times(r+1)$개

(4) 35 개

(5) 56 개

2 최대공약수와 최소공배수

01 공약수와 최대공약수

(1) **공약수**: 두 개 이상의 자연수의 공통인 약수
(2) **최대공약수**: 공약수 중에서 가장 큰 수
(3) **최대공약수의 성질**: 두 개 이상의 자연수의 공약수는 그 수들의 최대공약수의 약수이다.
(4) **서로소**: 최대공약수가 1인 두 자연수

02 최대공약수를 구하는 방법

(1) **소인수분해를 이용하여 구하기**
① 주어진 수를 각각 소인수분해한다.
② 공통인 소인수를 모두 곱한다. 이때 지수가 같으면 그대로, 다르면 지수가 작은 것을 택하여 곱한다.
(2) **공약수로 나누어 구하기**
① 각 수를 1이 아닌 공약수로 나눈다.
② 몫에 1 이외의 공약수가 없을 때까지 공약수로 계속 나눈다.
③ 나누어 준 공약수를 모두 곱한다.

03 공배수와 최소공배수

(1) **공배수**: 두 개 이상의 자연수의 공통인 배수
(2) **최소공배수**: 공배수 중에서 가장 작은 수
(3) **최소공배수의 성질**
① 두 개 이상의 자연수의 공배수는 그 수들의 최소공배수의 배수이다.
② 서로소인 두 자연수의 최소공배수는 두 수의 곱과 같다.

04 최소공배수를 구하는 방법

(1) **소인수분해를 이용하여 구하기**
① 주어진 수를 각각 소인수분해한다.
② 공통인 소인수와 공통이 아닌 소인수를 모두 곱한다. 이때 지수가 같으면 그대로, 다르면 지수가 큰 것을 택하여 곱한다.
(2) **공약수로 나누어 구하기**
① 각 수를 1이 아닌 공약수로 나눈다.
② 세 수의 공약수가 없을 때는 두 수의 공약수로 나누고 공약수가 없는 수는 그대로 아래로 내린다.
③ 나누어 준 공약수와 마지막 몫을 모두 곱한다.

05 최대공약수와 최소공배수의 관계

두 자연수 A, B의 최대공약수를 G, 최소공배수를 L이라 하고, $A=a\times G$, $B=b\times G$(a, b는 서로소)라 하면 다음이 성립한다.
(1) $L=a\times b\times G$
(2) $A\times B=(a\times G)\times(b\times G)=G\times(a\times b\times G)=G\times L$

연산으로 개념잡기

≫ 정답과 풀이 3쪽

개념 01 서로소

(1) □ : 최대공약수가 1인 두 자연수

(2) **서로소의 성질:** 공약수가 1뿐인 두 자연수는 서로소이다.

답: 서로소

1 다음 두 자연수가 서로소인 것은 ○표, 서로소가 아닌 것은 ×표를 ( ) 안에 써넣으시오.

(1) 4, 9 ( )

(2) 8, 26 ( )

(3) 12, 33 ( )

(4) 28, 75 ( )

2 다음 주어진 수와 서로소인 수를 모두 구하시오.

(1) 6

2, 3, 5, 8, 11, 14

(2) 15

8, 22, 35, 38, 57, 63

(3) 24

5, 10, 13, 26, 35, 48

개념 02 최대공약수 구하기

공약수 중 가장 큰 수를 최대공약수라 한다.

[방법 1] 소인수분해를 이용하여 최대공약수 구하기

① 각 수를 소인수분해한다.

② 공통인 소인수를 모두 곱한다. 이때 지수가 같으면 그대로, 지수가 다르면 □ 것을 택한다.

[방법 2] 공약수로 나누어 최대공약수 구하기

① 몫이 서로소가 될 때까지 1이 아닌 □로 계속 나눈다.

② 나누어 준 공약수를 모두 곱한다.

답: 작은, 공약수

3 다음 □ 안에 알맞은 수를 써넣으시오.

(1)

$2^3 \times 3$

$2 \times 3^2 \times 5$

(최대공약수) = □ × □ = □

(2)

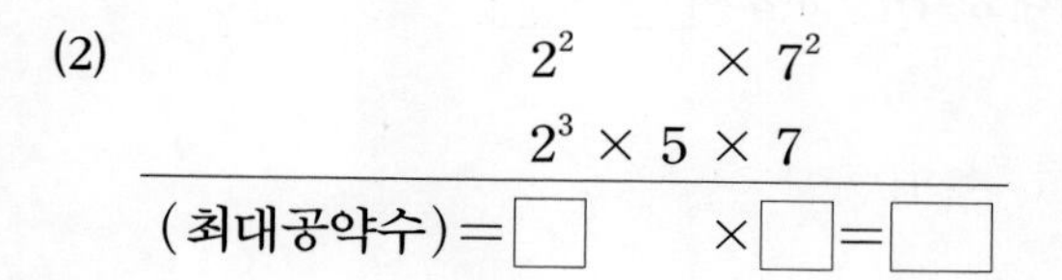

$2^2 \times 7^2$

$2^3 \times 5 \times 7$

(최대공약수) = □ × □ = □

(3)

$3^2 \times 5^2 \times 7$

$2 \times 3 \times 7$

(최대공약수) = □ × □ = □

(4)

$2^2 \times 3^2$

$2^5 \times 3$

$2^3 \times 3^2 \times 5$

(최대공약수) = □ × □ = □

(5)

$$\begin{array}{l} 2^3 \times 3^3 \times 5 \\ 2^2 \times 3 \times 5 \\ 2^4 \quad\;\; \times 5^2 \times 7 \end{array}$$

(최대공약수)＝□ ×□ ＝□

4 다음 □ 안에 알맞은 수를 써넣으시오.

(1)

$$\begin{array}{r|rr} 2 & 12 & 20 \\ \square & 6 & \square \\ & \square & 5 \end{array}$$

∴ (최대공약수)＝2×□＝□

(2)

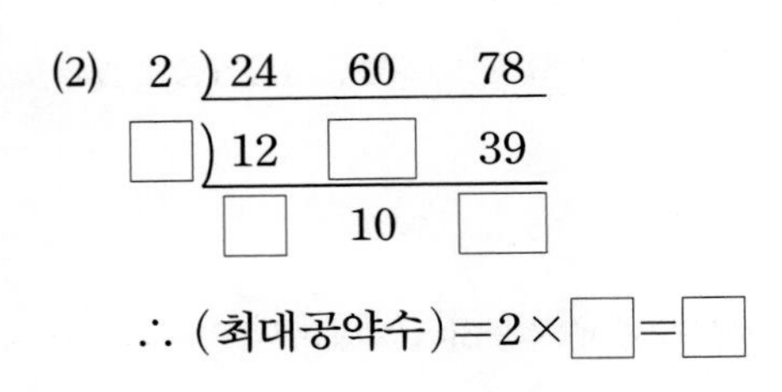

∴ (최대공약수)＝2×□＝□

(3)

$$\begin{array}{r|rrr} \square & 9 & 21 & 39 \\ & \square & 7 & 13 \end{array}$$

∴ (최대공약수)＝□

(4)

$$\begin{array}{r|rrr} \square & 14 & 28 & 56 \\ \square & 7 & \square & \square \\ & 1 & \square & 4 \end{array}$$

∴ (최대공약수)＝2×□＝□

5 다음 수들의 최대공약수를 구하시오.

(1) $2^3 \times 3$, $2^2 \times 3^2$

(2) $2 \times 3^2 \times 5$, $2^2 \times 3 \times 7$

(3) $2^3 \times 3^5 \times 7$, $2 \times 3^2 \times 5^3$, $2^2 \times 3 \times 5^2$

(4) 54, 60

(5) 30, 72

(6) 60, 80

(7) 18, 24, 30

(8) 48, 72, 96

개념 03 최소공배수 구하기

공배수 중 가장 작은 수를 최소공배수라 한다.
[방법 1] 소인수분해를 이용하여 최소공배수 구하기
① 각 수를 소인수분해한다.
② 공통인 소인수와 공통이 아닌 소인수를 모두 곱한다. 이때 지수가 같으면 그대로, 지수가 다르면 □ 것을 택한다.
[방법 2] 공약수로 나누어 최소공배수 구하기
① 1이 아닌 □로 계속 나눈다. 이때 세 수의 공약수가 없을 때는 두 수의 공약수로 나누고, 공약수가 없는 수는 그대로 내려쓴다.
② 나누어 준 공약수와 마지막 몫을 모두 곱한다.

답: 큰, 공약수

6 다음 □ 안에 알맞은 수를 써넣으시오.

(1)
2×3
$2^3 \quad\quad \times 5$
(최소공배수) = □ × □ × □ = □

(2)
$2^2 \times 3 \times 5$
$2 \times 3^2 \times 5$
(최소공배수) = □ × □ × □ = □

(3)
$3^2 \times 5 \times 7$
$3 \quad\quad \times 7$
(최소공배수) = □ × □ × □ = □

(4)
$2^3 \times 3^2$
$2 \quad\quad \times 5$
$2^2 \times 3 \times 5$
(최소공배수) = □ × □ × □ = □

(5)
$2^3 \times 3 \times 5$
2×3^2
$2^4 \quad\quad \times 5$
(최소공배수) = □ × □ × □ = □

7 다음 □ 안에 알맞은 수를 써넣으시오.

(1)
3) 9 12
　 □ 4
∴ (최소공배수) = 3 × □ × 4 = □

(2)
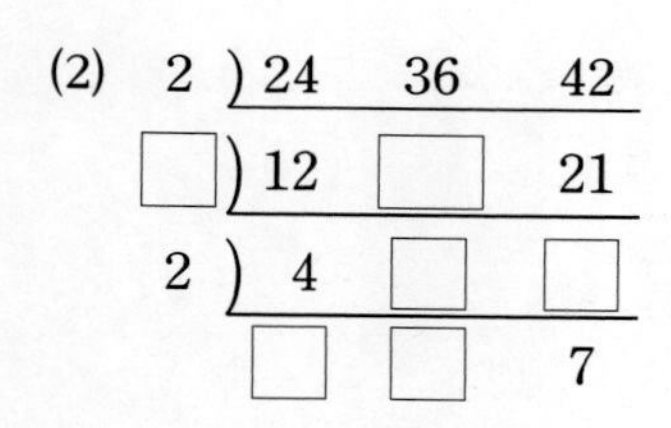

∴ (최소공배수) = 2 × □ × 2 × □ × □ × □
= □

(3)
□) 21 42 54
□) 7 14 □
7) 7 □ □
　 1 1 □
∴ (최소공배수) = □ × 2 × □ × 1 × 1 × □
= □

I 소인수분해

8 다음 수들의 최소공배수를 구하시오.

(1) $2^3 \times 3$, $2^2 \times 3^2$

(2) $2^2 \times 3^2 \times 5$, $2 \times 3^3 \times 5$

(3) $2 \times 3^2 \times 7$, $2^2 \times 7$, $2^2 \times 3$

(4) 12, 16

(5) 24, 52

(6) 28, 84

(7) 30, 45, 105

(8) 18, 30, 54

개념 04 최대공약수와 최소공배수의 관계

두 수 A, B의 최대공약수를 G, 최소공배수를 L이라 하면

(1) $A=a\times G$, $B=b\times G$ (단, a, b는 ☐)

(2) $L=a\times b\times G$

(3) $A\times B=G\times L$

답: 서로소

9 두 자연수 A, B의 최대공약수와 최소공배수가 다음과 같을 때, $A\times B$의 값을 구하시오.

(1) 최대공약수: 3, 최소공배수: 21

꿀팁 $A\times B=$(최대공약수)$\times$(최소공배수)

(2) 최대공약수: 4, 최소공배수: 24

(3) 최대공약수: 5, 최소공배수: 30

(4) 최대공약수: 6, 최소공배수: 72

(5) 최대공약수: 8, 최소공배수: 40

(6) 최대공약수: 10, 최소공배수: 70

10 다음을 만족시키는 자연수 A의 값을 구하시오.

(1) 두 자연수 24와 A의 최대공약수는 6이고, 최소공배수는 120이다.

(2) 두 자연수 30과 A의 최대공약수는 15이고, 최소공배수는 90이다.

(3) 두 자연수 56과 84의 최대공약수는 28이고, 최소공배수는 A이다.

(4) 두 자연수 60과 105의 최대공약수는 A이고, 최소공배수는 420이다.

(5) 두 자연수 $2^2\times5$와 A의 최대공약수는 2×5이고, 최소공배수는 $2^2\times3\times5$이다.

(6) 두 자연수 $2^2\times3\times7^2$과 A의 최대공약수가 $2^2\times3\times7$이고, 최소공배수는 $2^2\times3^2\times7^2$이다.

개념 05 **두 분수를 자연수로 만들기**

(1) 두 분수 $\frac{A}{n}$, $\frac{B}{n}$가 모두 자연수가 되게 하는 n의 값은 A, B의 ☐ 이다.

(2) 두 분수 $\frac{1}{A}$, $\frac{1}{B}$의 어느 것에 곱하여도 자연수가 되는 수는 A, B의 ☐ 이다.

(3) 두 분수 $\frac{B}{A}$, $\frac{D}{C}$의 어느 것에 곱하여도 자연수가 되는 가장 작은 분수는 $\frac{(A,\ C\text{의 최소공배수})}{(B,\ D\text{의 최대공약수})}$이다.

답: 공약수, 공배수

11 다음 분수가 모두 자연수가 되게 하는 자연수 n의 값 중 가장 큰 값을 구하시오.

(1) $\frac{18}{n}$, $\frac{32}{n}$

(2) $\frac{12}{n}$, $\frac{15}{n}$

(3) $\frac{8}{n}$, $\frac{36}{n}$

(4) $\frac{20}{n}$, $\frac{35}{n}$

(5) $\frac{12}{n}$, $\frac{42}{n}$

(6) $\frac{24}{n}$, $\frac{36}{n}$

(7) $\frac{1}{36}$, $\frac{1}{90}$

(8) $\frac{1}{54}$, $\frac{1}{60}$

12 다음 분수 중 어느 것에 곱하여도 그 결과가 모두 자연수가 되게 하는 가장 작은 자연수를 구하시오.

(1) $\frac{1}{15}$, $\frac{1}{21}$

(2) $\frac{1}{18}$, $\frac{1}{24}$

(3) $\frac{1}{9}$, $\frac{1}{12}$

(4) $\frac{1}{20}$, $\frac{1}{36}$

(5) $\frac{1}{12}$, $\frac{1}{30}$

(6) $\frac{1}{6}$, $\frac{1}{16}$

13 다음 분수 중 어느 것에 곱하여도 그 결과가 자연수가 되게 하는 기약분수 중 가장 작은 수를 구하시오.

(1) $\frac{20}{9}$, $\frac{5}{24}$

(2) $\frac{9}{5}$, $\frac{21}{25}$

(3) $\frac{28}{7}$, $\frac{8}{21}$

(4) $\frac{27}{8}$, $\frac{9}{10}$

(5) $\frac{32}{15}$, $\frac{24}{35}$

(6) $\frac{14}{5}$, $\frac{7}{8}$

≫ 정답과 풀이 3쪽

개념 06 최대공약수의 활용

다음과 같은 문제는 최대공약수를 이용한다.
(1) 두 종류 이상의 물건을 가능한 한 많은 사람에게 남김 없이 똑같이 나누어 주는 문제
(2) 직사각형(직육면체) 모양을 가능한 한 큰 정사각형(정육면체) 모양으로 빈틈없이 채우는 문제
(3) 두 개 이상의 자연수를 동시에 나누어떨어지게 하는 가장 큰 자연수를 구하는 문제

• 가능한 한 많은 • 가능한 한 큰, 되도록 큰 • 가장 큰 수	+	• 똑같이 나눈다. • 정사각형 모양으로 채운다. • ~를 나누면 ~가 남는다.
↳ '최대'를 의미		↳ '공약수'를 의미

14 자두 12개와 사과 20개를 가능한 한 많은 학생들에게 남김없이 똑같이 나누어 주려고 한다. □ 안에 알맞은 것을 써넣으시오.

(1) 자두 12개를 나누어 줄 수 있는 학생 수
⇨ 1명, □명, 3명, □명, □명, 12명
⇨ □의 약수

(2) 사과 20개를 나누어 줄 수 있는 학생 수
⇨ 1명, 2명, □명, 5명, □명, 20명
⇨ □의 약수

(3) 자두 12개와 사과 20개를 나누어 줄 수 있는 학생 수
⇨ 1명, □명, □명
⇨ □와 □의 공약수

(4) 자두 12개와 사과 20개를 나누어 줄 수 있는 가능한 한 많은 학생 수
⇨ □명
⇨ □와 □의 □

15 가로의 길이가 36 m, 세로의 길이가 45 m인 직사각형 모양의 벽에 크기가 같은 정사각형 모양의 타일을 겹치지 않게 빈틈없이 붙이려고 한다. 가능한 한 큰 타일을 붙일 때, □ 안에 알맞은 것을 써넣으시오.

(1) 가로 36 m를 빈틈없이 붙일 수 있는 타일의 한 변의 길이
⇨ 1 m, 2 m, □ m, 4 m, □ m, 9 m, □ m, □ m, 36 m ⇨ □의 약수

(2) 세로 45 m를 빈틈없이 붙일 수 있는 타일의 한 변의 길이
⇨ 1 m, □ m, 5 m, □ m, □ m, 45 m
⇨ □의 약수

(3) 가로 36 m와 세로 45 m를 빈틈없이 붙일 수 있는 타일의 한 변의 길이
⇨ 1 m, 3 m, □ m ⇨ 36과 □의 □

(4) 가로 36 m와 세로 45 m를 빈틈없이 붙일 수 있는 가능한 한 큰 타일의 한 변의 길이
⇨ □ m ⇨ □과 □의 최대공약수

16 어떤 자연수로 73을 나누면 1이 남고, 90을 나누면 2가 남는다고 할 때, 이러한 수 중 가장 큰 수를 구하려고 한다. □ 안에 알맞은 것을 써넣으시오.

(1) 어떤 자연수로 73을 나누면 1이 남는다.
⇨ 어떤 자연수로 73−□을 나누면 나누어떨어진다.

(2) 어떤 자연수로 90을 나누면 2가 남는다.
⇨ 어떤 자연수로 90−□를 나누면 나누어떨어진다.

(3) 어떤 자연수는 □와 □를 동시에 나누어떨어지게 하는 수이다.
⇨ 그중 가장 큰 수는 □와 □의 최대공약수인 □이다.

개념 07 최소공배수의 활용

다음과 같은 문제는 최소공배수를 이용한다.
(1) 두 버스가 처음으로 다시 동시에 출발하는 시각을 구하는 문제
(2) 직사각형을 이어 붙여 가능한 한 작은 정사각형을 만드는 문제
(3) 두 개 이상의 자연수로 모두 나누어떨어지는 가장 작은 자연수를 구하는 문제

• 다음으로, 처음으로 다시 • 가능한 한 작은, 되도록 작은 • 가장 작은 수	+	• 동시에 출발한다. • 정육면체 모양을 만든다. • ~ 중 어느 것으로 나누어도 ~이 남는다.
└ '최소'를 의미		└ '공배수'를 의미

17 어느 버스정류장에서 A 버스는 9분마다, B 버스는 15분마다 출발한다고 한다. 오전 8시에 두 버스가 동시에 출발한 후 처음으로 다시 동시에 출발하는 시각을 구하려고 한다. □ 안에 알맞은 것을 써넣으시오.

(1) 동시 출발 후 A 버스가 출발하는 시각
⇨ 9, □, □, □, □, … (분 후)
⇨ □의 배수

(2) 동시 출발 후 B 버스가 출발하는 시각
⇨ 15, □, □, □, … (분 후)
⇨ □의 배수

(3) 동시 출발 후 두 버스가 동시에 출발하는 시각
⇨ □, □, …(분 후)
⇨ □와 □의 □

(4) 동시 출발 후 두 버스가 처음으로 다시 동시에 출발하는 시각
⇨ 오전 8시 □분
⇨ □와 □의 □

18 가로의 길이가 24 cm, 세로의 길이가 40 cm인 직사각형 모양의 색종이를 겹치지 않게 빈틈없이 붙여서 가능한 한 작은 정사각형을 만들려고 한다. □ 안에 알맞은 것을 써넣으시오.

(1) 색종이를 붙여 만들 수 있는 정사각형의 가로가 될 수 있는 길이
⇨ 24 cm, □ cm, □ cm, □ cm,
□ cm, … ⇨ □의 배수

(2) 색종이를 붙여 만들 수 있는 정사각형의 세로가 될 수 있는 길이
⇨ 40 cm, □ cm, □ cm, □ cm,
□ cm, … ⇨ □의 배수

(3) 색종이를 붙여 만들 수 있는 정사각형의 한 변의 길이
⇨ □ cm, □ cm, …
⇨ □와 □의 공배수

(4) 색종이를 붙여 만들 수 있는 가장 작은 정사각형의 한 변의 길이
⇨ □ cm ⇨ □와 □의 최소공배수

19 두 자연수 4와 9 중 어떤 수로 나누어도 나머지가 3인 자연수 중 가장 작은 자연수를 구하려고 한다. □ 안에 알맞은 것을 써넣으시오.

(1) 4로 나누어 나머지가 3인 자연수
⇨ (4의 배수) + □

(2) 9로 나누어 나머지가 3인 자연수
⇨ (9의 배수) + □

(3) 구하는 자연수는 (4와 9의 공배수) + □이다.
⇨ 그중 가장 작은 자연수는 4와 9의 최소공배수인 □보다 3만큼 큰 수인 □이다.

≫ 정답과 풀이 6쪽

대단원 마무리

1

다음 수 중에서 소수는 a개, 합성수는 b개일 때, $b-a$의 값을 구하시오.

1, 4, 13, 25, 27, 31, 38, 42, 49, 57

2

다음 중 합성수만으로 이루어진 것은?

① 3, 7 ② 2, 12 ③ 9, 23
④ 14, 39 ⑤ 25, 53

3

$3^a=243$일 때, 자연수 a의 값은?

① 3 ② 4 ③ 5
④ 6 ⑤ 7

4

다음 중 옳은 것은?

① $8^3=256$
② $\frac{1}{a}\times\frac{1}{a}\times\frac{1}{a}=\frac{3}{a}$
③ $3\times3\times5\times5\times5\times5=2^3\times4^5$
④ $\frac{1}{3}\times\frac{1}{3}\times\frac{1}{3}=\frac{1}{3^3}$
⑤ $a+a+a+a+a=a^5$

5

126을 소인수분해하였을 때, 모든 소인수들의 합은?

① 5 ② 7 ③ 10
④ 12 ⑤ 14

6

다음 중 소인수분해가 바르게 된 것은?

① $64=2^8$ ② $75=3^2\times5^2$
③ $80=2^3\times5$ ④ $120=2^2\times3\times5$
⑤ $150=2\times3\times5^2$

7

54에 자연수를 곱하여 어떤 자연수의 제곱이 되도록 할 때, 곱할 수 있는 가장 작은 자연수는?

① 4　② 5　③ 6　④ 7　⑤ 8

8

245를 자연수로 나누어 어떤 자연수의 제곱이 되도록 할 때, 나눌 수 있는 가장 작은 자연수는?

① 3　② 5　③ 7　④ 8　⑤ 9

9

350에 가장 작은 자연수 a를 곱하여 어떤 자연수 b의 제곱이 되게 하려고 한다. 이때 $b-a$의 값은?

① 36　② 40　③ 52　④ 56　⑤ 64

10

다음 중 80의 약수가 아닌 것은?

① 2×5　② $2^2\times5$　③ 2^4　④ $2^2\times5^2$　⑤ $2^4\times5$

11

72의 약수의 개수를 a개, 모든 소인수의 합을 b라 할 때, $a+b$의 값은?

① 15　② 16　③ 17　④ 18　⑤ 19

12

다음 중 24와 약수의 개수가 다른 것은?

① 18　② 40　③ 54　④ $2^3\times7$　⑤ 135

≫ 정답과 풀이 6쪽

13

다음 중 두 수가 서로소가 아닌 것은?

① 5, 8 ② 13, 21
③ 15, 66 ④ 34, 27
⑤ 51, 40

14

다음 중 서로소에 대한 설명으로 옳지 않은 것은?

① 9와 10은 서로소이다.
② 17과 68은 서로소가 아니다.
③ 서로소인 두 수의 최대공약수는 1이다.
④ 서로 다른 두 짝수는 서로소가 아니다.
⑤ 서로 다른 두 홀수는 서로소이다.

15

다음 중 두 수 $2^3\times5$, $2^2\times3\times5^2$의 공약수가 아닌 것은?

① 2 ② 3 ③ 5
④ 2×5 ⑤ $2^2\times5$

16

두 자연수의 최소공배수가 180일 때, 다음 중 이 두 수의 공배수가 될 수 없는 것은?

① $2^2\times3^2\times5$ ② $2^2\times3^3\times5$
③ $2^2\times3\times5$ ④ $2^2\times3^2\times5\times7$
⑤ $2^2\times3^3\times5\times11$

17

세 수 $2^2\times3$, $2\times3^2\times5$, $2\times3^3\times7$의 최대공약수와 최소공배수를 바르게 구한 것은?

	최대공약수	최소공배수
①	2×3	$2\times3\times5\times7$
②	$2^2\times3$	$2^2\times3^3\times5\times7$
③	$3^2\times5$	$2\times3^2\times5\times7$
④	2×3	$2^2\times3^3\times5\times7$
⑤	$2\times3\times5\times7$	$2^2\times3^3\times5\times7$

18

세 수 $3^3\times5$, $2^2\times3^2\times5^2$, A의 최대공약수가 $3^2\times5$일 때, 다음 중 A의 값이 될 수 없는 것은?

① $2\times3^2\times5$ ② $3^3\times5$
③ $3\times5\times7$ ④ $2\times3^2\times5^3$
⑤ $2\times3^2\times5\times7$

19

세 자연수 a, b, c에 대하여 $2^a \times 3 \times 5$, $2^3 \times 3^b \times 7$의 최대공약수가 $2^2 \times 3$이고 최소공배수가 $2^3 \times 3^4 \times 5 \times c$일 때, $a+b+c$의 값은?

① 10　② 11　③ 12
④ 13　⑤ 14

20

두 수 A, B의 최소공배수가 756이고 $A=7 \times G$, $B=9 \times G$일 때, $A+B+G$의 값은? (단, G는 두 수 A, B의 최대공약수)

① 72　② 90　③ 180
④ 204　⑤ 216

21

다음 중 두 분수 $\frac{24}{n}$, $\frac{30}{n}$을 자연수가 되도록 하는 자연수 n의 값이 아닌 것은?

① 1　② 2　③ 3
④ 4　⑤ 6

22

남학생 72명, 여학생 90명이 체험학습을 가기 위해 모둠을 짜려고 한다. 각 모둠에 속하는 남학생 수와 여학생 수를 각각 같게 하여 가능한 한 많은 모둠을 짜려고 할 때, 몇 개의 모둠을 짤 수 있는지 구하시오.

23

어느 시외버스터미널에서 광주행 버스는 15분마다, 인천행 버스는 12분마다, 춘천행 버스는 24분마다 출발한다. 오전 9시에 동시에 출발하였을 때, 처음으로 다시 동시에 출발하는 시각은?

① 오전 9시 24분　② 오전 9시 45분
③ 오전 10시　④ 오전 10시 30분
⑤ 오전 11시

24

가로의 길이가 16 cm, 세로의 길이가 12 cm인 직사각형 모양의 색종이를 겹치지 않게 빈틈없이 붙여서 정사각형을 만들려고 한다. 가장 작은 정사각형을 만드는데 필요한 색종이의 수를 구하시오.

II 정수와 유리수

1. 정수와 유리수

2. 유리수의 덧셈과 뺄셈

3. 유리수의 곱셈과 나눗셈

1 정수와 유리수

01 양수와 음수

(1) 양의 부호와 음의 부호

어떤 기준에 대하여 서로 반대되는 성질을 갖는 두 양을 수로 나타낼 때, 기준이 되는 수를 0으로 두고 한쪽에는 양의 부호 $+$를, 다른 한쪽에는 음의 부호 $-$를 붙여 나타낼 수 있다.

참고 서로 반대되는 두 성질을 $+$, $-$로 나타낸 예는 다음과 같다.

$+$	영상	증가	지상	이익	수입	~후
$-$	영하	감소	지하	손해	지출	~전

(2) 양수와 음수

① 양수: 0보다 큰 수로 양의 부호($+$)를 붙인 수

예 0보다 3만큼 큰 수: $+3$

② 음수: 0보다 작은 수로 음의 부호($-$)를 붙인 수

예 0보다 3만큼 작은 수: -3

02 정수와 유리수

(1) 정수

양의 정수, 0, 음의 정수를 통틀어 정수라 한다.

① 양의 정수: 자연수에 양의 부호($+$)를 붙인 수

예 $+1,\ +2,\ +3,\ \cdots$

② 음의 정수: 자연수에 음의 부호($-$)를 붙인 수

예 $-1,\ -2,\ -3,\ \cdots$

참고 0은 양의 정수도, 음의 정수도 아니다.

(2) 유리수

양의 유리수, 0, 음의 유리수를 통틀어 유리수라 한다.

① 양의 유리수: 분모, 분자가 모두 자연수인 분수에 양의 부호($+$)를 붙인 수

예 $+\frac{1}{3},\ +\frac{2}{5},\ +\frac{5}{9},\ \cdots$

② 음의 유리수: 분모, 분자가 모두 자연수인 분수에 음의 부호($-$)를 붙인 수

예 $-\frac{2}{3},\ -\frac{5}{6},\ -\frac{4}{7},\ \cdots$

(3) 유리수의 분류

유리수
- 정수
  - 양의 정수(자연수): $+1,\ +2,\ +3,\ \cdots$
  - 0
  - 음의 정수: $-1,\ -2,\ -3,\ \cdots$
- 정수가 아닌 유리수: $-\frac{1}{3},\ -\frac{1}{2},\ +\frac{1}{2},\ +\frac{1}{3},\ \cdots$

참고 $\frac{(\text{정수})}{(0\text{이 아닌 정수})}$의 꼴로 나타낼 수 있으면 유리수이다.

03 수직선과 절댓값

(1) 수직선

직선 위에 기준이 되는 점을 정하여 그 점에 0을 대응시키고, 그 점에 좌우에 일정한 간격으로 점을 잡아 오른쪽의 점에 양의 정수 $+1$, $+2$, $+3$, …을, 왼쪽의 점에 음의 정수 -1, -2, -3, …을 대응시킨다. 이와 같이 수를 대응시킨 직선을 수직선이라 한다.

-5 -4 -3 -2 -1 0 $+1$ $+2$ $+3$ $+4$ $+5$

음수 ← → 양수

참고 모든 유리수는 수직선 위에 점으로 나타낼 수 있다.

(2) 절댓값

수직선 위에서 0을 나타내는 점과 어떤 수를 나타내는 점 사이의 거리를 절댓값이라 한다. 유리수 a의 절댓값을 기호로 $|a|$와 같이 나타낸다.

예 $+5$의 절댓값: $|+5|=5$

-5의 절댓값: $|-5|=5$

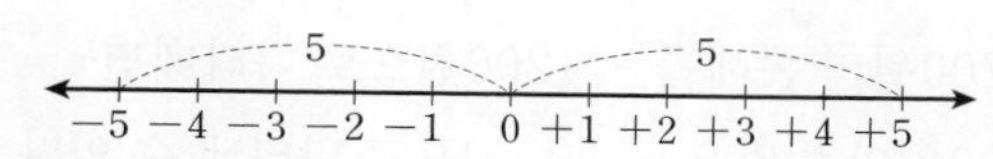

① 양수와 음수의 절댓값은 그 수에서 부호 $+$, $-$를 떼어낸 수이다.

② 0의 절댓값은 0이다. $|0|=0$

③ 절댓값은 거리를 나타내므로 0 또는 양수이다.

④ 0을 나타내는 점에서 멀리 떨어질수록 절댓값이 크다.

04 수의 대소 관계

(1) 수의 대소 관계

수직선에서 수는 오른쪽으로 갈수록 커지고, 왼쪽으로 갈수록 작아진다.

오른쪽으로 갈수록 커진다.

-3 -2 -1 0 1 2 3

절대값이 큰 수가 작다. 절대값이 큰 수가 크다.

① 양수는 0보다 크고 음수는 0보다 작다.

② 양수는 음수보다 크다.

③ 두 양수끼리는 절댓값이 큰 수가 크다.

④ 두 음수끼리는 절댓값이 큰 수가 작다.

(2) 부등호의 사용

$a>b$	$a<b$	$a\geq b$	$a\leq b$
a는 b보다 크다. a는 b 초과이다.	a는 b보다 작다. a는 b 미만이다.	a는 b보다 크거나 같다. a는 b보다 작지 않다. a는 b 이상이다.	a는 b보다 작거나 같다. a는 b보다 크지 않다. a는 b 이하이다.

연산으로 개념잡기

개념 01 양의 부호와 음의 부호

서로 반대되는 성질을 가진 두 양을 수로 나타낼 때, 어떤 기준을 중심으로 한쪽에는 양의 부호(□)를, 다른 한쪽에는 음의 부호(□)를 붙여 나타낸다.

답: $+$, $-$

1 다음 □ 안에 알맞은 것을 써넣으시오.

(1) 1200원의 손해를 -1200원으로 나타내면
900원의 이익은 □ 으로 나타낼 수 있다.

(2) 5년 후를 $+5$년으로 나타내면
5년 전은 □ 으로 나타낼 수 있다.

(3) 영하 15°C를 -15°C로 나타내면
영상 7°C는 □ 로 나타낼 수 있다.

(4) 학생 수 20명 증가를 $+20$명으로 나타내면
학생 수 15명 감소는 □ 으로 나타낼 수 있다.

2 다음을 부호 $+$, $-$를 사용하여 나타내시오.

(1) 이익 300만 원 ....
손해 80만 원 ....

(2) 해발 1800 m ....
해저 2500 m ....

(3) 인상 20 % ....
인하 9 % ....

(4) 지출 10000원 ....
수입 25000원 ....

3 다음 수를 부호 $+$, $-$를 사용하여 나타내시오.

꿀팁 0보다 ■만큼 큰 수는 $+$■이고, 0보다 ▲만큼 작은 수는 $-$▲이다.

(1) 0보다 9만큼 큰 수 ....

(2) 0보다 2.8만큼 작은 수 ....

(3) 0보다 $1\frac{3}{5}$만큼 큰 수

(4) 0보다 $\frac{1}{6}$만큼 작은 수

(5) 0보다 23만큼 큰 수

(6) 0보다 5.4만큼 작은 수

(7) 0보다 3.8만큼 큰 수

(8) 0보다 $2\frac{3}{4}$만큼 작은 수

개념 02 양수와 음수

0보다 큰 수로 양의 부호 '+'를 붙인 수를 ☐라 하고,
0보다 작은 수로 음의 부호 '−'를 붙인 수를 ☐라 한다.

답: 양수, 음수

4 다음 수를 부호 +, −를 사용하여 나타내고, 나타낸 수가 양수이면 '양'을, 음수이면 '음'을 ( ) 안에 써넣으시오.

(1) 0보다 12만큼 큰 수 ( )

(2) 0보다 15만큼 작은 수 ( )

(3) 0보다 $\frac{7}{9}$만큼 작은 수 ( )

(4) 0보다 6.7만큼 큰 수 ( )

(5) 0보다 $5\frac{3}{8}$만큼 작은 수 ( )

개념 03 **정수와 유리수**

양의 유리수, 0, 음의 유리수를 통틀어 ☐라고 한다.

유리수
- ☐
  - 양의 정수(자연수)
  - 0
  - ☐
- 정수가 아닌 유리수

답: 유리수, 정수, 음의 정수

5 다음 수를 **보기**에서 모두 고르시오.

보기

$-\frac{11}{8}$, $+10.5$, -6, 0, $+\frac{4}{4}$, $+\frac{2}{9}$, 13

(1) 양의 정수 ....

(2) 음의 정수 ....

(3) 정수 ....

(4) 음의 유리수 ....

(5) 양의 유리수 ....

(6) 정수가 아닌 유리수 ....

6 다음 표에서 주어진 수가 각각 정수, 유리수, 양수, 음수에 해당하면 ○표, 해당하지 않으면 ×표를 하시오.

수의 분류 \ 수	-4	0	$+\frac{5}{7}$	$-\frac{8}{2}$	$+0.7$
정수					
유리수					
양수					
음수					

7 다음 중 옳은 것은 ○표, 옳지 않은 것은 ×표를 ( ) 안에 써넣으시오.

(1) 모든 정수는 유리수이다. ( )

(2) 모든 자연수는 정수이다. ( )

(3) 0은 정수도 유리수도 아니다. ( )

(4) 정수는 양의 정수와 음의 정수로 이루어져 있다. (　　)

(5) 양수는 양의 부호 +를 생략하여 나타낼 수 없다. (　　)

(6) 유리수는 양의 유리수, 0, 음의 유리수로 이루어져 있다. (　　)

(7) 자연수는 모두 유리수이다. (　　)

(8) 음의 유리수는 음의 부호 −를 생략하여 나타낼 수 있다. (　　)

(9) 유리수는 분자가 정수이고 분모가 0이 아닌 정수인 분수로 나타낼 수 있는 수이다. (　　)

개념 04 수직선

직선 위에 기준이 되는 점을 정하여 그 점에 ☐을 대응시키고, 그 점의 오른쪽에 ☐를, 왼쪽에 ☐를 대응시킨 직선을 수직선이라고 한다.

답: 0, 양수, 음수

8 다음 수직선에서 두 점 A, B에 대응하는 수를 각각 구하시오.

(1)

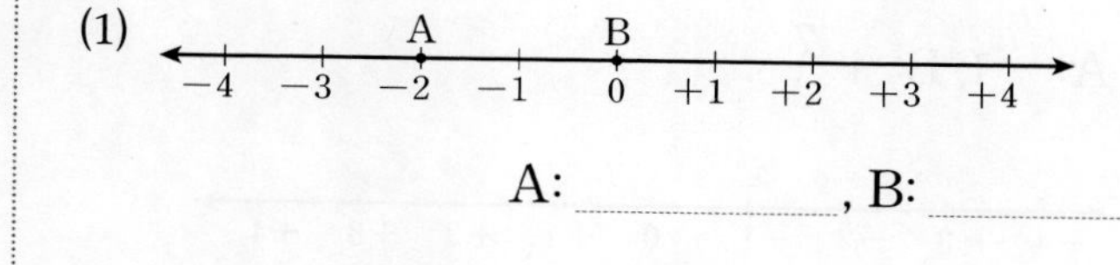

A: ________, B: ________

(2)

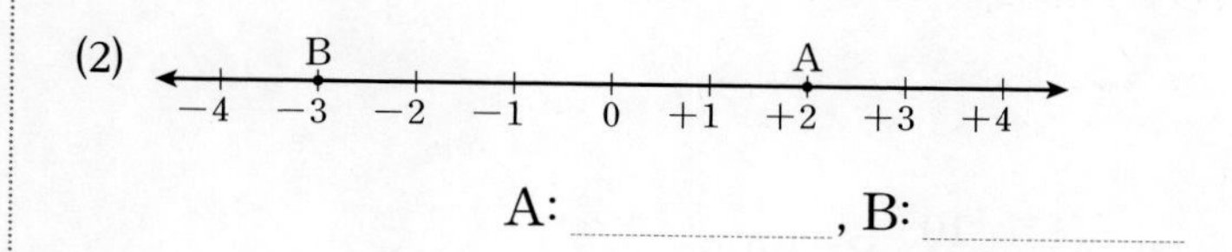

A: ________, B: ________

(3)

A: ________, B: ________

(4)

A: ________, B: ________

(5)

A: ________, B: ________

9 다음 수에 해당하는 점을 수직선 위에 나타내시오.

(1) A: -2, B: $+3$

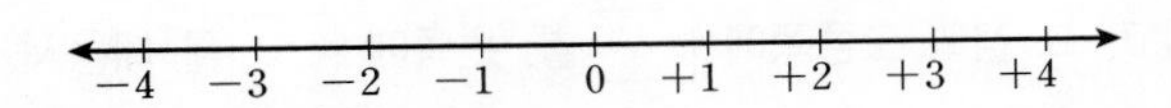

(2) A: -1, B: $+\frac{7}{2}$

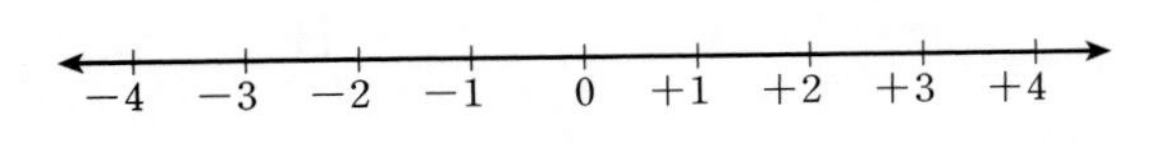

(3) A: $-\frac{10}{3}$, B: $+0.5$

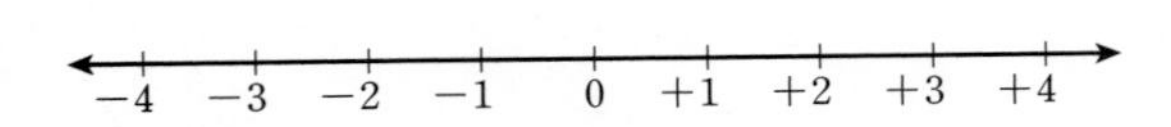

(4) A: -1.5, B: $+2\frac{1}{2}$

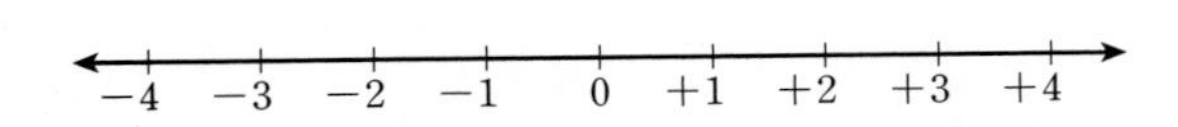

(5) A: $+\frac{8}{3}$, B: -0.25

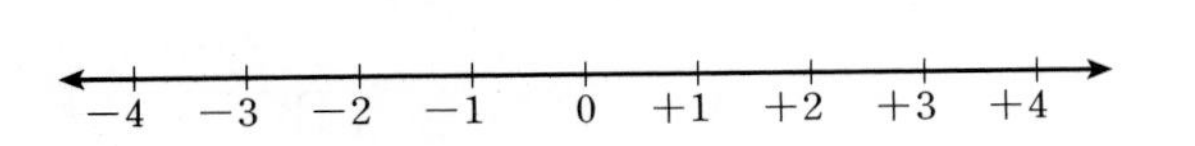

개념 05 절댓값

수직선 위에서 0을 나타내는 점과 어떤 수를 나타내는 점 사이의 [ ]를 그 수의 절댓값이라 한다.

(1) 양수, 음수의 절댓값은 그 수의 [ ]를 떼어낸 수와 같다.

(2) 0의 절댓값은 [ ]이다.

(3) 절댓값은 항상 [ ] 또는 [ ]이다.

답: 거리, 부호, 0, 0, 양수

10 수직선 위에서 0을 나타내는 점과의 거리가 다음과 같은 점에 대응하는 두 수를 구하시오.

(1)

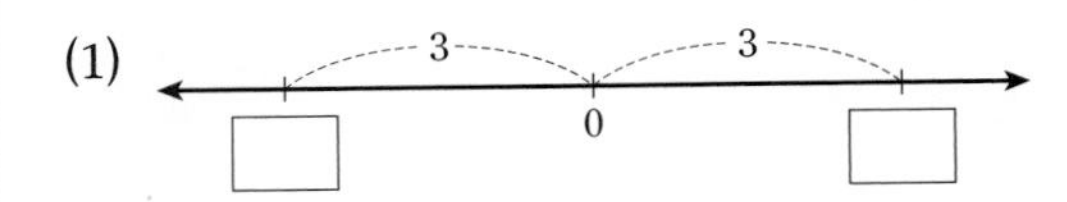

(2)

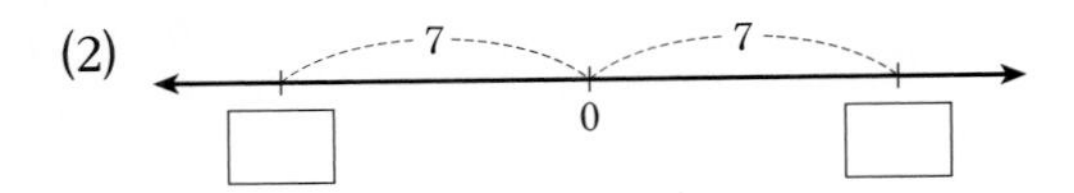

(3)

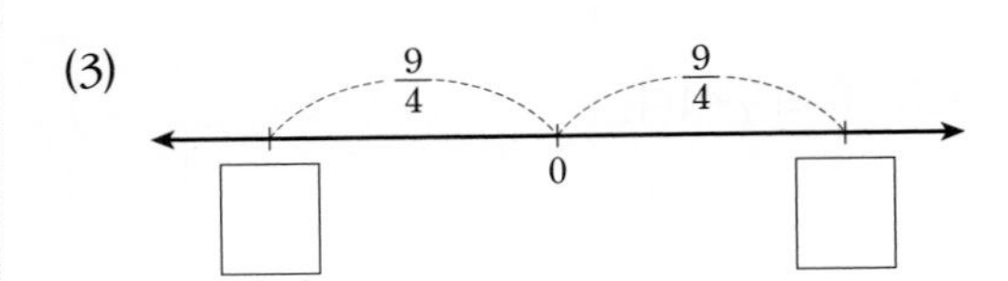

11 다음 수의 절댓값을 기호를 사용하여 나타내고, 그 값을 구하시오.

(1) -15 ⇨ 기호: ____________, 값: ____________

(2) $+8$ ⇨ 기호: ____________, 값: ____________

(3) -4.1 ⇨ 기호: ____________, 값: ____________

(4) $+7.4$ ⇨ 기호: ________, 값: ________

(5) $+\frac{4}{19}$ ⇨ 기호: ________, 값: ________

12 다음을 구하시오.

(1) $|+7|$ ________

(2) $|-19|$ ________

(3) $|+5.4|$ ________

(4) $\left|+\frac{9}{5}\right|$ ________

(5) $\left|-\frac{2}{11}\right|$ ________

13 다음을 구하시오.

(1) 절댓값이 1인 수 ________

(2) 절댓값이 $\frac{12}{7}$인 수 ________

(3) 절댓값이 3.2인 음수 ________

(4) 절댓값이 $\frac{7}{4}$인 양수 ________

(5) 0을 나타내는 점으로부터 거리가 10인 수 ________

(6) 0을 나타내는 점으로부터 거리가 3.8인 수 ________

14 다음 중 옳은 것은 ○표, 옳지 않은 것은 ×표를 ( ) 안에 써넣으시오.

(1) 절댓값은 항상 양수이다. ( )

(2) 절댓값이 같은 수는 항상 2개이다. ( )

(3) 절댓값이 작을수록 그 수를 나타내는 점은 0을 나타내는 점에 가깝다. ( )

개념 06 수의 대소 관계

(1) (□) < 0 < (양수)
(2) □ 끼리는 절댓값이 큰 수가 크다.
(3) □ 끼리는 절댓값이 작은 수가 크다.

답: 음수, 양수, 음수

15 다음 ○ 안에 부등호 >, <중에서 알맞은 것을 써넣으시오.

(1) -2 ○ 0

(2) $+3$ ○ -5

(3) $+9$ ○ -10

(4) $+\frac{1}{5}$ ○ $-\frac{4}{5}$

(5) $+4.9$ ○ -2.8

(6) $-\frac{2}{3}$ ○ $+0.5$

(7) -2.7 ○ $+\frac{4}{7}$

16 다음 □ 안에는 알맞은 수를, ○ 안에는 부등호 >, < 중에서 알맞은 것을 써넣으시오.

(1) $+\frac{1}{3}, +\frac{2}{5}$ $\xrightarrow{\text{통분}}$ $+\frac{□}{15}, +\frac{□}{15}$
$\xrightarrow{\text{비교}}$ $+\frac{1}{3}$ ○ $+\frac{2}{5}$

(2) $-\frac{3}{5}, -0.8$ $\xrightarrow{\text{통분}}$ $-\frac{□}{10}, -\frac{□}{10}$
$\xrightarrow{\text{비교}}$ $-\frac{3}{5}$ ○ -0.8

17 다음 ○ 안에 부등호 >, < 중에서 알맞은 것을 써넣으시오.

(1) $+3$ ○ $+5.1$

(2) $+\frac{8}{3}$ ○ $+\frac{9}{4}$

(3) -1.3 ○ $-\frac{9}{2}$

(4) -2.7 ○ -2

(5) $+\frac{1}{6}$ ◯ $+0.8$

(6) $-\frac{3}{4}$ ◯ $-\frac{2}{3}$

18 다음 중 옳은 것은 ◯표를, 옳지 않은 것은 ×표를 ( ) 안에 써넣으시오.

(1) 가장 작은 유리수는 0이다. ( )

(2) 음수는 양수보다 크다. ( )

(3) 수직선에서 오른쪽에 있을수록 더 큰 수이다. ( )

(4) 양수는 절댓값이 클수록 크다. ( )

(5) 음수는 절댓값이 클수록 크다. ( )

개념 07 부등호의 사용

$x>2$	$x<2$
x는 2보다 크다. x는 2 ☐ 이다.	x는 2보다 작다. x는 2 ☐ 이다.
$x\geq 2$	$x\leq 2$
x는 2보다 크거나 같다. x는 2보다 작지 않다. x는 2 ☐ 이다.	x는 2보다 작거나 같다. x는 2보다 크지 않다. x는 2 ☐ 이다.

답: 초과, 미만, 이상, 이하

19 다음 ◯ 안에 부등호 $>$, $\geq$, $<$, $\leq$ 중에서 알맞은 것을 써넣으시오.

(1) x는 3보다 작다. ⇨ x ◯ 3

(2) x는 5보다 작지 않다. ⇨ x ◯ 5

(3) x는 2.1 초과이다. ⇨ x ◯ 2.1

(4) x는 -2보다 크거나 같다. ⇨ x ◯ -2

(5) x는 $\frac{11}{3}$보다 크지 않다. ⇨ x ◯ $\frac{11}{3}$

(6) x는 -4보다 크거나 같고 2보다 작다.
⇨ -4 ◯ x ◯ 2

(7) x는 -3.5보다 크고 1 이하이다.

⇨ $-3.5 \bigcirc x \bigcirc 1$

(8) x는 $-\frac{15}{4}$ 이상이고 -1 이하이다.

⇨ $-\frac{15}{4} \bigcirc x \bigcirc -1$

20 다음을 부등호를 사용하여 나타내시오.

(1) x는 5 미만이다.

(2) x는 2.8보다 크지 않다.

(3) x는 $\frac{7}{6}$보다 크거나 같다.

(4) x는 $\frac{1}{3}$ 초과이고 8 이하이다.

(5) x는 2보다 크거나 같고 7보다 작다.

(6) x는 -11보다 작지 않고 2.4 미만이다.

(7) x는 $-\frac{3}{10}$보다 크고 5.7보다 크지 않다.

21 다음을 만족시키는 정수 x를 모두 구하시오.

(1) $2<x<6$

(2) $-3\le x<1.5$

(3) $-\frac{7}{2}<x\le\frac{1}{3}$

(4) $-1.6\le x<3.2$

2 유리수의 덧셈과 뺄셈

01 유리수의 덧셈

(1) **부호가 같은 두 수의 덧셈**: 두 수의 절댓값의 합에 공통인 부호를 붙인다.

예 $(+2)+(+3)=+5$, $(-2)+(-3)=-(2+3)=-5$

(2) **부호가 다른 두 수의 덧셈**: 두 수의 절댓값의 차에 절댓값이 큰 수의 부호를 붙인다.

예 $(-2)+(+3)=+(3-2)=+1$, $(-3)+(+2)=-(3-2)=-1$

(3) 절댓값이 같고 부호가 다른 두 수의 합은 0이다.

예 $(-2)+(+2)=0$

참고 분모가 다른 두 분수의 덧셈은 분모의 최소공배수로 통분하여 계산한다.

02 덧셈의 계산 법칙

세 수 a, b, c에 대하여

(1) **덧셈의 교환법칙**: 두 수의 덧셈에서 두 수의 순서를 바꾸어 더하여도 그 결과는 같다.

⇨ $a+b=b+a$

예 $(-3)+(+4)=+1$, $(+4)+(-3)=+1$

(2) **덧셈의 결합법칙**: 세 수의 덧셈에서 어느 두 수를 먼저 더한 후 나머지 수를 더하여도 그 결과는 같다.

⇨ $(a+b)+c=a+(b+c)$

예 $\{(+5)+(-4)\}+(+2)=(+1)+(+2)=+3$

$(+5)+\{(-4)+(+2)\}=(+5)+(-2)=+3$

03 유리수의 뺄셈

두 수의 뺄셈은 빼는 수의 부호를 바꾸어 덧셈으로 고쳐서 계산한다.

예 $(+5)-(+2)=(+5)+(-2)=+(5-2)=+3$

$(+5)-(-2)=(+5)+(+2)=+(5+2)=+7$

참고 뺄셈에서는 교환법칙과 결합법칙이 성립하지 않는다.

04 덧셈과 뺄셈의 혼합 계산

(1) **덧셈과 뺄셈의 혼합 계산**

① 뺄셈은 모두 덧셈으로 고친다.

② 덧셈의 교환법칙이나 결합법칙을 이용하여 양수는 양수끼리, 음수는 음수끼리 모아서 계산한다.

예 $(+6)+(-3)-(-8)=(+6)+(-3)+(+8)=(+6)+(+8)+(-3)$

$=\{(+6)+(+8)\}+(-3)=(+14)+(-3)=+11$

(2) **부호가 생략된 수의 혼합 계산**: 괄호를 사용하여 생략된 양의 부호 +를 넣은 후 계산한다.

예 $-2+5-7=(-2)+(+5)+(-7)=(+5)+(-2)+(-7)$

$=(+5)+\{(-2)+(-7)\}=(+5)+(-9)=-4$

개념 01 **유리수의 덧셈 (1) – 부호가 같은 두 수의 덧셈**

부호가 같은 두 수의 덧셈은 두 수의 □ 의 합에 공통인 부호를 붙인다.

답: 절댓값

1 다음 수직선을 보고 □ 안에 알맞은 것을 써넣으시오.

(1)

0 +1 +2 +3 +4 +5 +6

$(+2)+(+1)=\square$

(2)

0 +1 +2 +3 +4 +5 +6

$(+1)+(+5)=\square$

(3)

−6 −5 −4 −3 −2 −1 0

$(-1)+(-3)=\square$

(4)

−6 −5 −4 −3 −2 −1 0

$(-4)+(-1)=\square$

2 다음 □ 안에 알맞은 수를 써넣으시오.

(1) $(+7)+(+2)=+(7+\square)=+\square$

(2) $(+3)+(+4)=+(\square+4)=+\square$

(3) $(-4)+(-9)=-(\square+9)=-\square$

(4) $(-11)+(-3)=-(11+\square)=-\square$

3 다음을 계산하시오.

(1) $(+8)+(+9)$

(2) $(+13)+(+5)$

(3) $(-6)+(-11)$

(4) $(-14)+(-7)$

(5) $(+1.8)+(+1.7)$

(6) $(-2.2)+(-1.3)$

4 다음을 계산하시오.

(1) $\left(+\frac{3}{4}\right)+\left(+\frac{5}{4}\right)$

(2) $\left(+\frac{2}{5}\right)+\left(+\frac{1}{5}\right)$

(3) $\left(-\frac{3}{7}\right)+\left(-\frac{5}{7}\right)$

(4) $\left(-\frac{2}{9}\right)+\left(-\frac{5}{9}\right)$

(5) $\left(+\frac{1}{2}\right)+\left(+\frac{3}{8}\right)$

(6) $\left(+\frac{5}{6}\right)+\left(+\frac{1}{3}\right)$

(7) $\left(-\frac{3}{5}\right)+\left(-\frac{3}{10}\right)$

(8) $\left(-\frac{3}{4}\right)+\left(-\frac{5}{6}\right)$

5 다음을 구하시오.

(1) $+2$보다 $+5$만큼 큰 수

(2) $+8$보다 $+12$만큼 큰 수

(3) -4보다 -11만큼 큰 수

(4) -13보다 -9만큼 큰 수

(5) $+1.9$보다 $+3.2$만큼 큰 수

(6) $+\frac{1}{6}$보다 $+\frac{5}{8}$만큼 큰 수

(7) -5보다 $-\frac{5}{9}$만큼 큰 수

(8) $-\frac{2}{7}$보다 $-\frac{3}{14}$만큼 큰 수

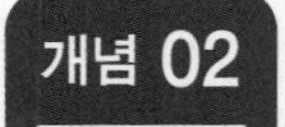

유리수의 덧셈 (2) – 부호가 다른 두 수의 덧셈

부호가 다른 두 수의 덧셈은 두 수의 절댓값의 □에 절댓값이 큰 수의 부호를 붙인다.

답: 차

6 다음 수직선을 보고 □ 안에 알맞은 것을 써넣으시오.

(1)

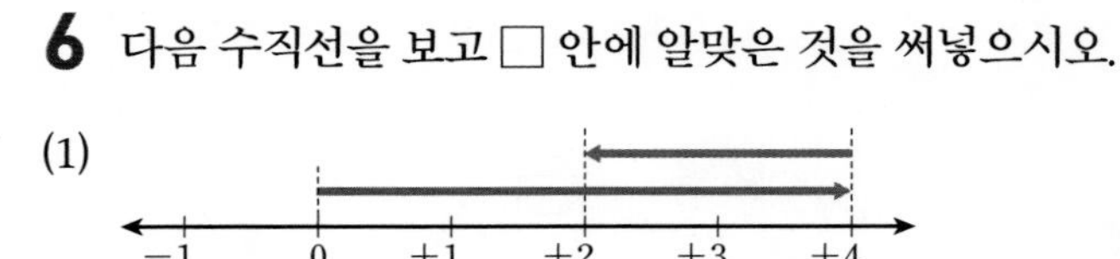

$(+4)+(-2)=$ □

(2)

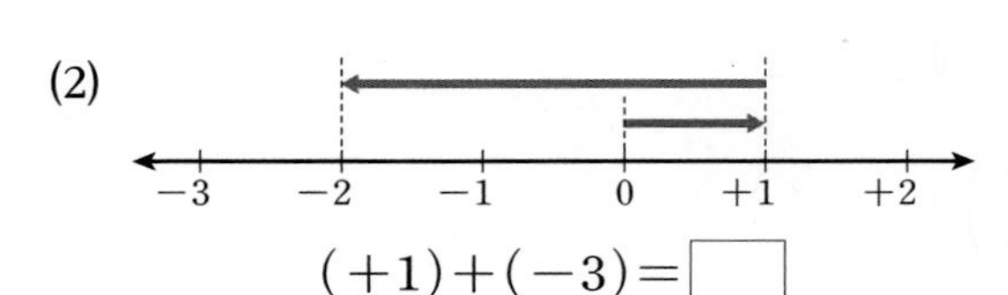

$(+1)+(-3)=$ □

(3)

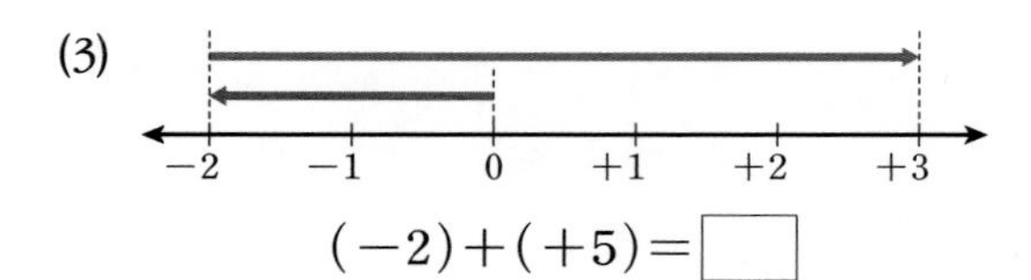

$(-2)+(+5)=$ □

(4)

−4 −3 −2 −1 0 +1

$(-3)+(+4)=$ □

≫ 정답과 풀이 9쪽

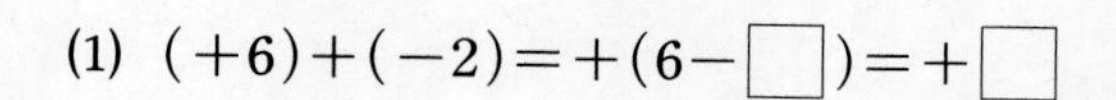

7 다음 □ 안에 알맞은 수를 써넣으시오.

(1) $(+6)+(-2)=+(6-\square)=+\square$

(2) $(+4)+(-7)=-(\square-4)=-\square$

(3) $(-9)+(+5)=-(9-\square)=-\square$

(4) $(-4)+(+12)=+(\square-4)=+\square$

8 다음을 계산하시오.

(1) $(+5)+(-13)$

(2) $(+16)+(-11)$

(3) $(-4)+(+8)$

(4) $(-12)+(+5)$

(5) $(+1.9)+(-1.3)$

(6) $(-5.1)+(+3.4)$

9 다음을 계산하시오.

(1) $\left(+\frac{1}{4}\right)+\left(-\frac{5}{4}\right)$

(2) $\left(+\frac{5}{6}\right)+\left(-\frac{1}{6}\right)$

(3) $\left(-\frac{2}{7}\right)+\left(+\frac{5}{7}\right)$

(4) $\left(-\frac{3}{10}\right)+\left(+\frac{7}{10}\right)$

(5) $\left(+\frac{1}{4}\right)+\left(-\frac{3}{8}\right)$

(6) $\left(+\frac{2}{9}\right)+\left(-\frac{5}{3}\right)$

(7) $\left(-\frac{7}{5}\right)+\left(+\frac{3}{10}\right)$

(8) $\left(-\frac{1}{2}\right)+\left(+\frac{5}{6}\right)$

10 다음을 구하시오.

(1) $+3$보다 -6만큼 큰 수

(2) $+7$보다 -13만큼 큰 수

(3) -5보다 $+10$만큼 큰 수

(4) -12보다 $+8$만큼 큰 수

(5) $+3$보다 $-\frac{2}{5}$만큼 큰 수

(6) $+\frac{3}{4}$보다 $-\frac{3}{8}$만큼 큰 수

(7) -3.1보다 $+4.5$만큼 큰 수

(8) $-\frac{4}{5}$보다 $+\frac{3}{10}$만큼 큰 수

개념 03 덧셈의 계산 법칙

세 유리수 a, b, c에 대하여

(1) □ 법칙: $a+b=b+a$

(2) 결합법칙: $(a+b)+c=a+(□+c)$

답: 교환, b

11 다음 계산 과정에서 □ 안에 알맞은 수나 말을 써넣으시오.

(1) $(+1)+(-6)+(+4)$
$=(-6)+(□)+(+4)$ ← □ 법칙
$=(-6)+\{(□)+(+4)\}$ ← □ 법칙
$=(-6)+(□)$
$=□$

(2) $(+3.2)+(-4.1)+(+1.5)$
$=(-4.1)+(□)+(+1.5)$ ← □ 법칙
$=(-4.1)+\{(□)+(+1.5)\}$ ← □ 법칙
$=(-4.1)+(□)$
$=□$

(3) $(-1.1)+(+2.5)+(-1.8)$
$=(+2.5)+(□)+(-1.8)$ ← □ 법칙
$=(+2.5)+\{(□)+(-1.8)\}$ ← □ 법칙
$=(+2.5)+(□)$
$=□$

(4) $\left(-\frac{2}{3}\right)+\left(+\frac{5}{2}\right)+\left(-\frac{7}{3}\right)$
$=\left(+\frac{5}{2}\right)+(□)+\left(-\frac{7}{3}\right)$ ← □ 법칙
$=\left(+\frac{5}{2}\right)+\left\{(□)+\left(-\frac{7}{3}\right)\right\}$ ← □ 법칙
$=\left(+\frac{5}{2}\right)+(□)$
$=□$

12 덧셈의 계산 법칙을 이용하여 다음을 계산하시오.

(1) $(-7)+(+4)+(-3)$ ________

(2) $(+4)+(-9)+(+6)$ ________

(3) $(+0.4)+(-1.5)+(+1.2)$ ________

Ⅱ 정수와 유리수

(4) $(-5.3)+(+2.7)+(-0.8)$ ________

(5) $(+3.2)+(-5.3)+(+1.5)$ ________

(6) $\left(-\frac{2}{5}\right)+\left(+\frac{6}{5}\right)+\left(-\frac{8}{5}\right)$ ________

(7) $(+3)+\left(-\frac{5}{6}\right)+\left(+\frac{7}{6}\right)$ ________

(8) $\left(-\frac{7}{2}\right)+\left(+\frac{9}{2}\right)+(-1)$ ________

(9) $\left(+\frac{3}{2}\right)+(-4)+\left(+\frac{1}{4}\right)$ ________

(10) $\left(-\frac{1}{2}\right)+\left(+\frac{2}{5}\right)+(-1)$ ________

개념 04 유리수의 뺄셈

두 수의 뺄셈은 빼는 수의 부호를 바꾸어 □으로 고쳐서 계산한다.

답: 덧셈

13 다음 ○ 안에는 +, − 중 알맞은 부호를, □ 안에는 알맞은 수를 써넣으시오.

(1) $(+9)-(+5)=(+9)+(\bigcirc\square)$
$=\bigcirc(9-\square)$
$=\bigcirc\square$

(2) $(-8)-(+12)=(-8)+(\bigcirc\square)$
$=\bigcirc(8+\square)$
$=\bigcirc\square$

(3) $(-0.1)-(-1.3)=(-0.1)+(\bigcirc\square)$
$=\bigcirc(\square-0.1)$
$=\bigcirc\square$

(4) $(+2.7)-(+5.7)=(+2.7)+(\bigcirc\square)$
$=\bigcirc(\square-2.7)$
$=\bigcirc\square$

(5) $\left(-\frac{1}{3}\right)-\left(+\frac{4}{3}\right)=\left(-\frac{1}{3}\right)+(\bigcirc\square)$
$=\bigcirc\left(\frac{1}{3}+\square\right)$
$=\bigcirc\square$

≫ 정답과 풀이 9쪽

14 다음을 계산하시오.

(1) $(+15)-(+21)$

(2) $(-7)-(+13)$

(3) $(+9)-(-5)$

(4) $(-11)-(-4)$

(5) $(+3.7)-(+1.5)$

(6) $(+2.9)-(-2.6)$

(7) $\left(-\frac{5}{12}\right)-\left(+\frac{11}{12}\right)$

(8) $\left(+\frac{2}{3}\right)-\left(-\frac{5}{6}\right)$

개념 05 덧셈과 뺄셈의 혼합 계산

(1) 덧셈과 뺄셈의 혼합 계산에서 뺄셈은 모두 □으로 고친다.

(2) 덧셈의 □법칙이나 결합법칙을 이용하여 덧셈의 순서를 적당히 바꾸어 계산하면 편리하다.

답: 덧셈, 교환

15 다음 □ 안에 알맞은 수를 써넣으시오.

(1) $(+3)-(-7)+(+11)$
$=(+3)+(\square)+(+11)$
$=(\square)+(+11)$
$=\square$

(2) $(+6)+(-9)-(-4)$
$=(+6)+(-9)+(\square)$
$=(+6)+(\square)+(-9)$
$=(\square)+(-9)$
$=\square$

(3) $(-2.2)-(-3.4)+(+1.5)$
$=(-2.2)+(\square)+(+1.5)$
$=(-2.2)+(\square)$
$=\square$

(4) $\left(+\frac{2}{3}\right)-\left(-\frac{7}{3}\right)+\left(-\frac{10}{3}\right)$

$=\left(+\frac{2}{3}\right)+(\square)+\left(-\frac{10}{3}\right)$

$=(\square)+\left(-\frac{10}{3}\right)$

$=\square$

16 다음을 계산하시오.

(1) $(+13)+(+2)-(-10)$ ________

(2) $(-8)-(+11)+(-4)$ ________

(3) $(+7)+(-9)-(-15)$ ________

(4) $(-3)-(-10)+(+5)$ ________

(5) $(+1.5)+(+3.4)-(+2.9)$ ________

(6) $(-4.9)+(+3.1)-(-2.4)$ ________

(7) $(-2.3)-(-3.4)+(+2.6)$ ________

(8) $\left(+\frac{1}{5}\right)+\left(+\frac{3}{5}\right)-\left(-\frac{7}{5}\right)$ ________

(9) $\left(+\frac{5}{8}\right)-\left(+\frac{3}{2}\right)+\left(-\frac{3}{4}\right)$ ________

(10) $\left(-\frac{5}{6}\right)-\left(-\frac{2}{3}\right)+\left(-\frac{1}{2}\right)$ ________

개념 06 **부호가 생략된 수의 혼합 계산**

부호가 생략된 수에서는 □의 부호 □가 생략된 것이므로 괄호를 사용하여 생략된 부호를 넣은 후 계산한다.

답: 양, +

17 다음 □ 안에 알맞은 것을 써넣으시오.

(1) $7+9=(+7)+(+\square)$
$=\square$

(2) $5-10=(+5)-(+10)$
$=(+5)+(\square)$
$=\square$

(3) $(-11)-6=(-11)-(\square)$
$=(-11)+(\square)$
$=\square$

(4) $-3.4-2.9-1.6$
$=(-3.4)-(\square)-(+1.6)$
$=(-3.4)+(\square)+(-1.6)$
$=(\square)+(-1.6)$
$=\square$

(5) $-7.5+2.3-3.4$
$=(-7.5)+(+2.3)-(\square)$
$=(-7.5)+(+2.3)+(\square)$
$=(-7.5)+(\square)+(+2.3)$
$=(\square)+(+2.3)$
$=\square$

18 다음을 계산하시오.

(1) $-10+3$

(2) $9-15$

(3) $-13-4$

(4) $0.9-1.2$

(5) $-\frac{4}{11}-\frac{5}{11}$

(6) $5-9+3$

(7) $-12+4-7$

(8) $2.1-1.4-0.5$

3 유리수의 곱셈과 나눗셈

01 유리수의 곱셈

(1) **부호가 같은 두 수의 곱셈**: 두 수의 절댓값의 곱에 양의 부호 +를 붙인다.

예 $(+2)\times(+5)=+(2\times5)=+10$ $(-3)\times(-4)=+(3\times4)=+12$

(2) **부호가 다른 두 수의 곱셈**: 두 수의 절댓값의 곱에 음의 부호 −를 붙인다.

예 $(+2)\times(-5)=-(2\times5)=-10$ $(-3)\times(+4)=-(3\times4)=-12$

(3) **곱셈의 계산 법칙**

세 수 a, b, c에 대하여

① 교환법칙: $a\times b=b\times a$ ② 결합법칙: $(a\times b)\times c=a\times(b\times c)$

③ 분배법칙: $a\times(b+c)=a\times b+a\times c$, $(a+b)\times c=a\times c+b\times c$

(4) **세 수 이상의 곱셈**

곱의 부호를 정한 후 각 수의 절댓값의 곱에 결정된 부호를 붙인다.

곱해진 음수의 개수가 $\begin{cases}\text{짝수 개} \Rightarrow + \\ \text{홀수 개} \Rightarrow -\end{cases}$

02 유리수의 나눗셈

(1) **부호가 같은 두 수의 나눗셈**: 두 수의 절댓값의 나눗셈의 몫에 양의 부호 +를 붙인다.

예 $(+6)\div(+2)=+(6\div2)=+3$ $(-6)\div(-2)=+(6\div2)=+3$

(2) **부호가 다른 두 수의 나눗셈**: 두 수의 절댓값의 나눗셈의 몫에 음의 부호 −를 붙인다.

예 $(+6)\div(-2)=-(6\div2)=-3$ $(-6)\div(+2)=-(6\div2)=-3$

(3) **역수를 이용한 나눗셈**

① 역수: 어떤 두 수의 곱이 1이 될 때, 한 수를 다른 수의 역수라고 한다.

예 -5의 역수는 $-\frac{1}{5}$이고, $-\frac{1}{5}$의 역수는 -5이다.

② 역수를 이용한 나눗셈: 나누는 수의 역수를 곱해서 계산한다.

예 $(+4)\div\left(-\frac{4}{7}\right)=(+4)\times\left(-\frac{7}{4}\right)=-\left(4\times\frac{7}{4}\right)=-7$

03 덧셈, 뺄셈, 곱셈, 나눗셈의 혼합 계산

(1) 거듭제곱이 있으면 거듭제곱을 먼저 계산한다.

(2) 괄호가 있으면 괄호 안을 먼저 계산한다.

이때 괄호는 소괄호( ) → 중괄호{ } → 대괄호[ ]의 순서로 계산한다.

(3) 곱셈과 나눗셈을 계산한다.

(4) 덧셈과 뺄셈을 계산한다.

≫ 정답과 풀이 12쪽

개념 01 유리수의 곱셈

(1) 부호가 같은 두 수의 곱셈

두 수의 ☐의 곱에 ☐의 부호를 붙인다.

$(+3)\times(+5)=+(3\times5)=+15$

$(-8)\times(-2)=+(8\times2)=+16$

(2) 부호가 다른 두 수의 곱셈

두 수의 ☐의 곱에 ☐의 부호를 붙인다.

$(+3)\times(-5)=-(3\times5)=-15$

$(-8)\times(+2)=-(8\times2)=-16$

답: 절댓값, 양, 절댓값, 음

1 다음 ○ 안에는 +, − 중 알맞은 부호를, ☐ 안에는 알맞은 수를 써넣으시오.

(1) $(+2)\times(+6)=\bigcirc(2\times\square)=\bigcirc\square$

(2) $(-4)\times(-7)=\bigcirc(\square\times7)=\bigcirc\square$

(3) $(+6)\times(-8)=\bigcirc(6\times\square)=\bigcirc\square$

(4) $(-1)\times(+10)=\bigcirc(\square\times10)=\bigcirc\square$

(5) $\left(+\frac{1}{4}\right)\times\left(+\frac{3}{5}\right)=\bigcirc\left(\square\times\frac{3}{5}\right)=\bigcirc\square$

(6) $\left(-\frac{6}{7}\right)\times\left(+\frac{3}{4}\right)=\bigcirc\left(\frac{6}{7}\times\square\right)=\bigcirc\square$

2 다음을 계산하시오.

(1) $(+4)\times(+6)$ ....

(2) $(-9)\times(-3)$ ....

(3) $(+3)\times(-8)$ ....

(4) $(-7)\times(+6)$ ....

3 다음을 계산하시오.

(1) $\left(-\frac{3}{8}\right)\times(-16)$

(2) $\left(+\frac{9}{20}\right)\times\left(-\frac{5}{3}\right)$

(3) $\left(+\frac{2}{9}\right)\times\left(-\frac{15}{8}\right)$

(4) $(+14)\times\left(+\frac{5}{7}\right)$

(5) $\left(+\frac{3}{5}\right)\times\left(-\frac{1}{3}\right)$

(6) $\left(-\frac{12}{5}\right)\times\left(-\frac{10}{3}\right)$

개념 02 곱셈의 계산 법칙

(1) 곱셈의 ☐ 법칙

두 수를 곱할 때, 곱하는 두 수의 순서를 바꾸어도 그 결과는 같다.

$(+7)\times(-2)=-14$, $(-2)\times(+7)=-14$

(2) 곱셈의 ☐ 법칙

세 수를 곱할 때, 앞의 두 수 또는 뒤의 두 수를 먼저 곱한 후 나머지 수를 곱하여도 그 결과는 같다.

$\{(-5)\times(+3)\}\times(-2)=(-15)\times(-2)=+30$

$(-5)\times\{(+3)\times(-2)\}=(-5)\times(-6)=+30$

답: 교환, 결합

4 다음 계산 과정에서 ☐ 안에 알맞은 수나 말을 써넣으시오.

(1) $(+5)\times(-7)\times(-2)$
$=(-7)\times(+5)\times(-2)$ ← ☐ 법칙
$=(-7)\times\{(+5)\times(-2)\}$ ← ☐ 법칙
$=(-7)\times(-10)$
$=+70$

(2) $(-10)\times(+4)\times(-0.8)$
$=(-10)\times(\square)\times(+4)$ ← ☐ 법칙
$=\{(-10)\times(\square)\}\times(+4)$ ← ☐ 법칙
$=(\square)\times(+4)$
$=\square$

(3) $(-8)\times\left(+\frac{2}{5}\right)\times\left(+\frac{3}{4}\right)$
$=\left(+\frac{2}{5}\right)\times(\square)\times\left(+\frac{3}{4}\right)$ ← ☐ 법칙
$=\left(+\frac{2}{5}\right)\times\left\{(\square)\times\left(+\frac{3}{4}\right)\right\}$ ← ☐ 법칙
$=\left(+\frac{2}{5}\right)\times(\square)$
$=\square$

(4) $\left(+\frac{20}{3}\right)\times\left(-\frac{1}{5}\right)\times\left(-\frac{9}{4}\right)$

$=\left(+\frac{20}{3}\right)\times(\square)\times\left(-\frac{1}{5}\right)$ ← $\square$ 법칙

$=\left\{\left(+\frac{20}{3}\right)\times(\square)\right\}\times\left(-\frac{1}{5}\right)$ ← $\square$ 법칙

$=(\square)\times\left(-\frac{1}{5}\right)$

$=\square$

5 다음을 곱셈의 계산 법칙을 이용하여 계산하시오.

(1) $(+6)\times(-3)\times(+5)$

(2) $(-5)\times(-4)\times(+8)$

(3) $\left(-\frac{11}{3}\right)\times(-7)\times\left(-\frac{6}{11}\right)$

(4) $(+18)\times\left(-\frac{1}{5}\right)\times\left(+\frac{4}{9}\right)$

(5) $\left(+\frac{25}{4}\right)\times\left(-\frac{3}{7}\right)\times\left(-\frac{12}{5}\right)$

(6) $(-10)\times\left(+\frac{8}{3}\right)\times\left(-\frac{9}{16}\right)$

(7) $(-4)\times(-7)\times(-0.5)$

(8) $\left(+\frac{4}{9}\right)\times\left(+\frac{3}{11}\right)\times\left(-\frac{15}{4}\right)$

(9) $\left(-\frac{24}{7}\right)\times(+2.1)\times\left(-\frac{5}{8}\right)$

개념 03 세 수 이상의 곱셈

세 수 이상을 곱할 때에는 먼저 곱의 부호를 정하고, 각 수들의 □ 의 곱에 부호를 붙인다.

이때 곱의 부호는 음의 부호가 { 짝수 개 ⇨ □ / 홀수 개 ⇨ □

$\underbrace{(-)\times(-)\times\cdots\times(-)}_{\text{짝수 개}}=(+)$

$\underbrace{(-)\times(-)\times\cdots\times(-)}_{\text{홀수 개}}=(-)$

답: 절댓값, +, −

6 다음 ○ 안에는 +, − 중 알맞은 부호를, □ 안에는 알맞은 수를 써넣으시오.

(1) $(+4)\times(-3)\times(+2)$
$=○(4\times3\times2)$
$=○□$

(2) $(-2)\times(-5)\times(-8)$
$=○(2\times5\times8)$
$=○□$

(3) $(+20)\times\left(-\frac{14}{15}\right)\times\left(-\frac{6}{7}\right)$
$=○\left(20\times\frac{14}{15}\times\frac{6}{7}\right)$
$=○□$

(4) $(-6)\times(+1)\times(-3)\times(-5)$
$=○(6\times1\times3\times5)$
$=○□$

7 다음을 계산하시오.

(1) $(-7)\times(-3)\times(-5)$ ....

(2) $(+11)\times(-1)\times(+6)$ ....

(3) $(-2)\times(-9)\times(+3)$ ....

(4) $\left(-\frac{4}{15}\right)\times\left(+\frac{5}{8}\right)\times(-12)$ ....

(5) $\left(-\frac{4}{5}\right)\times(-20)\times\left(-\frac{7}{2}\right)$ ....

(6) $\left(-\frac{4}{7}\right)\times\left(-\frac{3}{2}\right)\times\left(+\frac{1}{5}\right)$ ....

(7) $(-1)\times(-1)\times(+1)\times(-1)$ ....

(8) $(+8)\times(-3)\times(+5)\times(-2)$ ....

개념 04 거듭제곱

(1) 양수의 거듭제곱의 부호는 항상 ☐이다.

$(+)^{짝수} \Rightarrow +$, $(+)^{홀수} \Rightarrow +$

(2) 음수의 거듭제곱의 부호는

지수가 짝수이면 ☐이고, 지수가 홀수이면 ☐이다.

$(-)^{짝수} \Rightarrow +$, $(-)^{홀수} \Rightarrow -$

답: +, +, −

8 다음을 계산하시오.

(1) $(+2)^3$

(2) $(-4)^2$

(3) -3^2

(4) $\left(+\frac{1}{3}\right)^3$

(5) $-(-6)^2$

(6) $-(-1^8)$

(7) $\left(-\frac{3}{4}\right)^3$

(8) $-\left(-\frac{1}{5}\right)^2$

9 다음을 계산하시오.

(1) $(+2)\times(-5)^2$

(2) $(+2)^2\times(+11)$

(3) $(+3)^3\times(-2)^2$

(4) $\left(-\frac{1}{4}\right)^2\times(+2)^3$

(5) $(-3^2)\times(-1)^{101}$

(6) $\left(-\frac{2}{3}\right)^3\times\left(+\frac{3}{4}\right)^2$

(7) $\left(-\frac{2}{5}\right)\times\left(-\frac{1}{2}\right)^3\times(-1^8)$

(8) $\left(-\frac{9}{4}\right)\times(-6)^2\times\left(-\frac{2}{3}\right)^3$

개념 05 분배법칙

세 유리수 a, b, c에 대하여

(1) $a\times(b+c)=a\times b+\square$

(2) $(a+b)\times c=a\times c+\square$

답: $a\times c$, $b\times c$

10 다음은 분배법칙을 이용하여 계산하는 과정이다. □ 안에 알맞은 수를 써넣으시오.

(1) $13\times(100+3)=\square\times100+13\times\square$
$=\square+39$
$=\square$

(2) $(100-8)\times35=100\times35-8\times\square$
$=\square-\square$
$=\square$

(3) $7\times54+7\times46=\square\times(54+46)$
$=\square\times100$
$=\square$

꿀팁 $a\times b+a\times c=a\times(b+c)$

(4) $64\times9-14\times9=(64-14)\times\square$
$=\square\times\square$
$=\square$

11 분배법칙을 이용하여 다음을 계산하시오.

(1) $5\times(20+8)$

(2) $(-3)\times27+(-3)\times23$

(3) $12\times\left(\frac{3}{4}-\frac{5}{6}\right)$

(4) $\left(\frac{1}{2}-\frac{1}{3}\right)\times(-12)$

(5) $6\times92-6\times52$

(6) $23\times\left(-\frac{3}{5}\right)+17\times\left(-\frac{3}{5}\right)$

(7) $(-20)\times\frac{8}{3}+11\times\frac{8}{3}$

(8) $12\times2.5-2\times2.5$

≫ 정답과 풀이 12쪽

개념 06 유리수의 나눗셈

(1) 부호가 같은 두 수의 나눗셈

두 수의 절댓값의 나눗셈의 □에 □의 부호를 붙인다.

$(+8)\div(+2)=+(8\div2)=+4$

$(-10)\div(-5)=+(10\div5)=+2$

(2) 부호가 다른 두 수의 나눗셈

두 수의 절댓값의 나눗셈의 □에 □의 부호를 붙인다.

$(+8)\div(-2)=-(8\div2)=-4$

$(-10)\div(+5)=-(10\div5)=-2$

답: 몫, 양, 몫, 음

12 다음 ○ 안에는 $+$, $-$ 중 알맞은 부호를, □ 안에는 알맞은 수를 써넣으시오.

(1) $(+12)\div(+6)=$○$(12\div6)=$○□

(2) $(-24)\div(-4)=$○$(24\div4)=$○□

(3) $(+27)\div(-3)=$○$(27\div3)=$○□

(4) $(-35)\div(+7)=$○$(35\div7)=$○□

13 다음을 계산하시오.

(1) $(+15)\div(+3)$

(2) $(+20)\div(+4)$

(3) $(-27)\div(-9)$

(4) $(-64)\div(-16)$

(5) $(-45)\div(+15)$

(6) $(+54)\div(-3)$

(7) $0\div(-11)$

(8) $(-65)\div(+13)$

(9) $(+7.2)\div(-1.2)$

(10) $(-5.6)\div(-0.8)$

개념 07 역수를 이용한 유리수의 나눗셈

(1) 두 수의 곱이 □이 될 때, 한 수를 다른 한 수의 역수라고 한다.

■의 역수 ⇨ $\frac{1}{■}$

(2) **역수를 이용한 나눗셈**

나누는 수를 역수로 바꾸고, 나눗셈을 곱셈으로 고쳐서 계산한다.

$\frac{▲}{●} \div \frac{★}{■} = \frac{▲}{●} \times \frac{■}{★}$

답: 1

14 다음 수의 역수를 구하시오.

(1) 8

(2) -5

(3) $\frac{6}{11}$

(4) $-\frac{1}{7}$

(5) $\frac{13}{5}$

(6) 2.5

15 다음을 계산하시오.

(1) $(+20)\div\left(+\frac{4}{3}\right)$

(2) $\left(-\frac{7}{12}\right)\div(-14)$

(3) $\left(-\frac{16}{7}\right)\div\left(-\frac{8}{35}\right)$

(4) $\left(-\frac{5}{3}\right)\div\left(+\frac{10}{21}\right)$

(5) $\left(-\frac{7}{10}\right)\div(-2.1)$

(6) $\left(-\frac{2}{3}\right)\div\left(-\frac{4}{9}\right)$

(7) $\left(-\frac{9}{16}\right)\div(+3)$

(8) $(-0.4)\div\left(-\frac{8}{5}\right)$

16 다음을 계산하시오.

(1) $(-5)\div\left(+\frac{1}{3}\right)\times\left(-\frac{11}{30}\right)$

(2) $(-40)\times\left(-\frac{1}{5}\right)\div\left(-\frac{16}{3}\right)$

(3) $\left(+\frac{18}{5}\right)\div(-12)\times\left(-\frac{20}{3}\right)$

(4) $\left(-\frac{6}{5}\right)\div\left(-\frac{9}{10}\right)\times\left(-\frac{7}{4}\right)$

(5) $\left(-\frac{3}{4}\right)^2\times(-2)\div(-2.1)$

(6) $(-1)^4\times(-2)^3\div\left(+\frac{24}{5}\right)$

개념 08 **덧셈, 뺄셈, 곱셈, 나눗셈의 혼합 계산**

(1) 거듭제곱이 있으면 거듭제곱을 먼저 계산한다.
(2) 괄호가 있으면 괄호 안을 계산한다. 이때 괄호를 푸는 순서는 (☐) → { ☐ } → [☐]의 순서로 한다.
(3) 곱셈과 ☐ 을 계산한다.
(4) ☐ 과 뺄셈을 계산한다.

답: 소괄호, 중괄호, 대괄호, 나눗셈, 덧셈

17 다음 식의 계산 순서를 쓰고, 계산하시오.

(1) $15+12\div6\times4$

↑ ㉠ (+), ↑ ㉡ (÷), ↑ ㉢ (×)

⇨ 계산 순서:
⇨ 계산 결과:

(2) $(-5)+4^2\times(-1)$

↑ ㉠ (+), ↑ ㉡ (거듭제곱), ↑ ㉢ (×)

⇨ 계산 순서:
⇨ 계산 결과:

(3) $14-30\div\{5-(-1)\}$

↑ ㉠ (−), ↑ ㉡ (÷), ↑ ㉢ (−)

⇨ 계산 순서:
⇨ 계산 결과:

(4) $11-\left(-\frac{1}{2}\right)\times\{(-3)^2+5\}$

↑ ㉠ ↑ ㉡ ↑ ㉢ ↑ ㉣

⇨ 계산 순서:

⇨ 계산 결과:

(5) $3\times[12\div\{9-(4-1)\}]$

↑ ㉠ ↑ ㉡ ↑ ㉢ ↑ ㉣

⇨ 계산 순서:

⇨ 계산 결과:

18 다음을 계산하시오.

(1) $21-16\div(-4)$

(2) $-3+(-2)^3\times\frac{3}{4}$

(3) $\left(\frac{5}{3}\right)^2\div\left(-\frac{5}{9}\right)-\frac{6}{7}\times\left(-\frac{14}{3}\right)$

(4) $10-2+(-3)^2\times2\div4$

(5) $-5-\frac{4}{5}\times\left(-\frac{2}{7}\right)\div\frac{4}{35}-(-2)^3\times\left(\frac{1}{2}\right)^2$

(6) $13-20\times\left\{-6+\frac{3}{4}\times\left(1-\frac{2}{3}\right)\right\}$

(7) $[9-\{5-7\times(-3)-11\}]\div3$

(8) $-5-18\times\left\{1-\left(-\frac{2}{3}+\frac{5}{2}\right)\right\}$

(9) $-12+13\div\left\{-\frac{5}{3}+16\times\left(-\frac{1}{2}\right)^5\right\}$

(10) $-3^2-\left[1+6\div\left\{\frac{3}{4}-(-1)^{10}\right\}\times\frac{5}{8}\right]$

≫ 정답과 풀이 16쪽

1
다음 중 수직선 위에 나타내었을 때, 가장 왼쪽에 있는 수는?

① -4　② 2　③ $\frac{1}{3}$
④ 3.1　⑤ -1.6

2
다음 중 절댓값이 가장 큰 수는?

① -1.8　② $-\frac{2}{3}$　③ -0.9
④ $+\frac{3}{4}$　⑤ 1

3
-5의 절댓값을 a, 절댓값이 2인 수 중 음수를 b라 할 때, $a+b$의 값은?

① -7　② -3　③ 1
④ 3　⑤ 7

4
절댓값이 3보다 작은 정수를 모두 구하시오.

5
절댓값에 대한 다음 설명 중 옳은 것을 모두 고르면? (정답 2개)

① 절댓값이 가장 작은 수는 없다.
② 음수는 절댓값이 작을수록 크다.
③ 어떤 수의 절댓값은 항상 0보다 크거나 같다.
④ 양수는 절댓값이 클수록 작다.
⑤ $a>b$이면 a의 절댓값이 b의 절댓값보다 크다.

6
절댓값이 같고 부호가 반대인 두 수가 있다. 수직선에서 이 두 수에 대응하는 두 점 사이의 거리가 12일 때, 이를 만족하는 두 수를 구하시오.

7
다음 □ 안에 들어갈 부등호의 방향이 나머지 넷과 다른 것은?

① -7 ◯ -13　② 2 ◯ -1.4
③ $\frac{1}{5}$ ◯ $|-1|$　④ $|-2.4|$ ◯ $-\frac{2}{3}$
⑤ $\left|\frac{12}{5}\right|$ ◯ 1.4

8

다음 수를 큰 수부터 차례로 나열할 때, 세 번째에 오는 수는?

$$-4,\quad +\frac{5}{8},\quad |-2|,\quad 0,\quad -1.4,\quad |+1.2|$$

① $+\frac{5}{8}$ ② $|+1.2|$ ③ 0
④ $|-2|$ ⑤ -1.4

9

'a는 1 초과이고 8 미만이다.'를 부등호를 사용하여 나타내시오.

10

x는 $-\frac{7}{4}$ 초과이고 3보다 작거나 같을 때, 정수 x의 개수는?

① 2개 ② 3개 ③ 4개
④ 5개 ⑤ 6개

11

$\frac{10}{3}$보다 작은 양의 정수의 개수를 a개, -4보다 작지 않은 음의 정수의 개수를 b개라 할 때, $a+b$의 값을 구하시오.

12

다음 수 중에서 절댓값이 가장 큰 수를 a, 절댓값이 가장 작은 수를 b라 할 때, $a+b$의 값을 구하시오.

$$-0.3,\quad +\frac{8}{5},\quad +2.1,\quad -\frac{9}{4}$$

13

다음 중 수직선에서 $-\frac{7}{3}$을 나타내는 점으로부터 오른쪽으로 $-\frac{4}{3}$만큼 떨어진 점이 나타내는 수는?

① $-\frac{11}{3}$ ② -1 ③ 1
④ $\frac{11}{3}$ ⑤ 2

14

다음 중 계산 결과를 수직선 위에 나타내었을 때, 가장 오른쪽에 있는 것은?

① $\left(+\frac{1}{4}\right)+\left(-\frac{2}{5}\right)$
② $(-7)+(+5)$
③ $(+6.2)+(-3.1)$
④ $\left(-\frac{1}{6}\right)+(+1)$
⑤ $\left(+\frac{5}{14}\right)+\left(-\frac{1}{7}\right)$

15

-1보다 4만큼 작은 수와 $\frac{2}{5}$보다 m만큼 큰 수가 서로 같을 때, 유리수 m의 값을 구하시오.

16

$A=\left(+\frac{1}{2}\right)-\left(+\frac{2}{3}\right)$, $B=\left(-\frac{5}{6}\right)+\left(+\frac{1}{3}\right)$일 때, $A-B$의 값을 구하시오.

17

두 수 a, b에 대하여 $a\circ b=a+b-2$라 할 때, $-5\circ 3$의 값을 구하시오.

18

$|a|=5$, $|b|=7$일 때, $a-b$의 최댓값과 최솟값을 각각 구하시오.

19

다음 중 잘못 계산한 사람을 모두 고른 것은?

미나: $(-1.1)-(-1.9)=-0.8$
지희: $(-3.3)+(-2.5)=-5.8$
진수: $\frac{3}{8}-2=-\frac{19}{8}$
하진: $1.4-5=-3.6$

① 미나, 지희 ② 미나, 진수
③ 지희, 진수 ④ 지희, 하진
⑤ 진수, 하진

20

$\left(+\frac{1}{4}\right)-\left(-\frac{5}{2}\right)+\left(-\frac{2}{3}\right)=\frac{a}{b}$라 할 때, $a-b$의 값을 구하시오. $\left(\text{단, } \frac{a}{b}\text{는 기약분수}\right)$

21

다음 계산 과정에서 ㉠, ㉡에 사용된 계산 법칙을 각각 말하시오.

$\left(-\frac{7}{9}\right)\times(+8)\times\left(-\frac{27}{14}\right)$
$=(+8)\times\left(-\frac{7}{9}\right)\times\left(-\frac{27}{14}\right)$) 곱셈의 ㉠
$=(+8)\times\left\{\left(-\frac{7}{9}\right)\times\left(-\frac{27}{14}\right)\right\}$) 곱셈의 ㉡
$=(+8)\times\left(+\frac{3}{2}\right)$
$=+12$

Ⅱ 정수와 유리수

22

다음을 계산하시오.

$$\left(-\frac{1}{2}\right)\times\left(-\frac{2}{3}\right)\times\cdots\times\left(-\frac{48}{49}\right)\times\left(-\frac{49}{50}\right)$$

23

다음 중 가장 작은 수는?

① $\left(-\frac{1}{2}\right)^3$ ② $-\left(-\frac{1}{2}\right)^4$

③ $-\left(-\frac{1}{3}\right)^3$ ④ $-\left(\frac{1}{4}\right)^2$

⑤ $\left(-\frac{2}{3}\right)^2$

24

$(-1)+(-1)^2+(-1)^3+\cdots+(-1)^{100}$을 계산하시오.

25

오른쪽 정육면체에서 마주 보는 면에 적힌 두 수의 곱이 1일 때, 보이지 않는 세 면에 적힌 수의 곱을 구하시오.

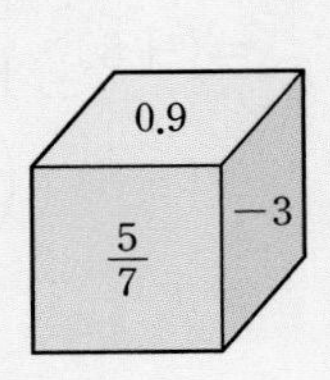

26

$0<a<1$일 때, 다음 중 가장 작은 수는?

① a^2 ② $(-a)^3$ ③ $\frac{1}{a}$

④ $-\frac{1}{a}$ ⑤ $\left(-\frac{1}{a}\right)^5$

27

$a\times(-4)=64$, $b\div\left(-\frac{5}{9}\right)=\frac{9}{2}$일 때, $a\times b$의 값을 구하시오.

28

$A=\frac{25}{11}\times\left(-\frac{3}{5}\right)^2\div\frac{1}{22}$일 때, A보다 작은 자연수의 개수를 구하시오.

29

다음을 계산하시오.

$$21\times\left\{\left(-\frac{1}{3}\right)^2\div\left(-\frac{7}{3}\right)+2\right\}+7$$

III

문자와 식

1 문자의 사용과 식의 계산

01 문자의 사용

(1) **문자의 사용**: 문자를 사용하면 수량 사이의 관계를 간단히 나타낼 수 있다.

(2) **문자를 사용하여 식 세우기**

① 문제의 뜻을 파악하여 규칙을 찾는다.

② 수와 문자를 사용하여 ①의 규칙에 맞도록 식을 세운다.

참고 문자를 사용한 식에 자주 쓰이는 수량 사이의 관계

• $(\text{거리})=(\text{속력})\times(\text{시간})$, $(\text{시간})=\frac{(\text{거리})}{(\text{속력})}$, $(\text{속력})=\frac{(\text{거리})}{(\text{시간})}$

• $(\text{소금물의 농도})=\frac{(\text{소금의 양})}{(\text{소금물의 양})}\times100(\%)$, $(\text{소금의 양})=\frac{(\text{소금물의 농도})}{100}\times(\text{소금물의 양})$

02 곱셈과 나눗셈 기호의 생략

(1) **곱셈 기호의 생략**

① $(\text{수})\times(\text{문자})$: 곱셈 기호 ×를 생략하고, 수를 문자 앞에 쓴다.

예 $3\times a=3a$

② $(\text{문자})\times(\text{문자})$: 곱셈 기호 ×를 생략하고, 알파벳 순서로 쓴다.

예 $a\times x\times y=axy$

③ $1\times(\text{문자})$, $(-1)\times(\text{문자})$: 곱셈 기호 ×와 1을 생략한다.

예 $1\times a=a$, $(-1)\times a=-a$

참고 $0.1\times x$는 $0.x$로 쓰지 않고, $0.1x$로 쓴다.

④ 같은 문자의 곱: 거듭제곱의 꼴로 나타낸다.

예 $a\times a\times a\times b\times b=a^3b^2$

⑤ 괄호가 있는 식과 수의 곱: 곱셈 기호 ×를 생략하고, 수를 괄호 앞에 쓴다.

예 $(x+y)\times5=5(x+y)$

(2) **나눗셈 기호의 생략**

① 나눗셈 기호 ÷를 생략하고 분수의 꼴로 나타낸다.

예 $a\div2=\frac{a}{2}$

② 나눗셈을 역수의 곱셈으로 고친 후 곱셈 기호 ×를 생략한다.

예 $a\div2=a\times\frac{1}{2}=\frac{a}{2}$

03 식의 값

(1) **대입**: 문자를 사용한 식에서 문자를 어떤 수로 바꾸어 넣는 것

(2) **식의 값**: 문자를 사용한 식의 문자에 어떤 수를 대입하여 계산한 결과

(3) **식의 값을 구하는 방법**

① 주어진 식에서 생략된 곱셈 기호가 있는 경우, 곱셈 기호 ×를 다시 쓴다.

② 분모에 분수를 대입할 때에는 생략된 나눗셈 기호 ÷를 다시 쓴다.

③ 문자에 주어진 수를 대입하여 계산한다. 이때 음수를 대입할 때에는 반드시 괄호를 사용한다.

≫ 정답과 풀이 18쪽

연산으로 개념잡기

개념 01 문자를 사용한 식

(1) 문제의 뜻을 파악하여 규칙을 찾는다.
(2) (1)에서 찾은 규칙에 맞게 문자를 사용하여 식으로 나타낸다.

예 한 개에 800원인 빵 n개를 살 때 필요한 금액
⇨ 800×(빵의 개수)(원)
⇨ $800\times n$(원)

1 다음을 문자를 사용한 식으로 나타내시오.

(1) 한 자루에 600원인 연필 x자루의 가격

(2) 한 개에 x원인 사과 3개의 가격

(3) 한 개에 900원 하는 우유 a개와 한 개에 700원 하는 과자 b개를 살 때, 지불해야 하는 금액

(4) 500원짜리 붕어빵을 x개 사고 5000원을 내었을 때의 거스름돈

(5) 한 문제에 5점인 문제를 a개 맞혔을 때의 점수

(6) 현재 x살인 래오의 7년 후의 나이

(7) a살인 누나보다 3살 적은 동생의 나이

(8) 양 x마리와 오리 y마리의 다리의 수의 합

(9) x를 4배한 것에서 12를 뺀 수

(10) 연속된 세 자연수 중 가장 큰 수가 a일 때, 가장 작은 수

(11) 십의 자리의 숫자가 x, 일의 자리의 숫자가 y인 두 자리 자연수

(12) 백의 자리의 숫자가 a, 십의 자리의 숫자가 5, 일의 자리의 숫자가 b인 세 자리 자연수

개념 02 곱셈 기호의 생략

문자를 사용한 식에서 수와 문자, 문자와 문자의 곱을 나타낼 때, 곱셈 기호 ×를 생략하여 나타낸다.

(1) 수와 문자의 곱에서 수는 문자 앞에 쓴다.
(2) 문자끼리의 곱에서 문자는 알파벳 순서로 쓴다.
(3) 같은 문자의 곱은 [ ]의 꼴로 나타낸다.
(4) 1 또는 −1과 문자의 곱에서 1은 생략한다.
(5) 수와 괄호가 있는 식에서는 수를 괄호 앞에 쓴다.

답: 거듭제곱

2 다음 식을 곱셈 기호 ×를 생략하여 나타내시오.

(1) $7\times x$

(2) $a\times(-3)$

(3) $x\times a\times b$

(4) $x\times0.1$

(5) $x\times x\times x\times y\times y$

(6) $0.1\times a\times b$

(7) $a\times a\times4\times b$

3 다음 식을 곱셈 기호 ×를 생략하여 나타내시오.

(1) $5\times(x+y)$

(2) $(a-b)\times\frac{3}{8}$

(3) $(-1)\times(x+y)\times a$

(4) $a\times\frac{5}{2}\times4\times(x+y)$

(5) $2\times x\times y-3\times x$

(6) $(-5)\times a\times a+a\times b$

(7) $8\times(a+b)+(-5)\times b\times c$

(8) $x\times(-7)\times y-(-1)\times(x+y)$

≫ 정답과 풀이 18쪽

개념 03 나눗셈 기호의 생략

(1) 나눗셈 기호 ÷를 생략하고, ☐의 꼴로 나타낸다.
(2) 나눗셈을 ☐의 곱셈으로 바꾼 후 곱셈 기호를 생략한다.
(3) 1 또는 -1로 나누는 경우는 1을 생략한다.

답: 분수, 역수

4 다음 식을 나눗셈 기호 ÷를 생략하여 나타내시오.

(1) $x \div 8$

(2) $(-9) \div a$

(3) $4y \div 5$

(4) $(a-4) \div b$

(5) $x \div (3+y)$

(6) $(-1) \div (a+b)$

(7) $(3x+y) \div (2m+n)$

(8) $s \div (-r) \div t$

(9) $(x-y) \div 3 \div z$

(10) $a \div (b \div c)$

(11) $x \div \left(\frac{1}{y} \div \frac{1}{z}\right)$

(12) $x \div (a \div b) \div 9$

5 다음 식을 ×, ÷를 생략하여 나타내시오.

(1) $x \div y \times 10$

(2) $4 \times (a+b) \div 5$

(3) $x \times (-10) \div (b+c)$

(4) $(3x-y) \div b \times a$

(5) $a \times a \div y \div (-2)$

(6) $x \times z \div y \times 8 \times z$

(7) $a \times 2 \div \left(\frac{1}{b} \times c\right)$

(8) $x \times x \div (y \div 6)$

6 다음 식을 ×, ÷를 생략하여 나타내시오.

(1) $x \div 9 + y \times 2$

(2) $a \times 7 - 8 \div b$

(3) $a \div (-4) + b \times (-2)$

(4) $1 \times x + y \div (-1)$

(5) $-8 \div x - 6 \times y$

(6) $1 \div a + b \times 0.1$

(7) $x \times 4 \times y + z \div \frac{1}{6}$

(8) $4 \times z \div (-x) + y \times (-0.1)$

≫ 정답과 풀이 18쪽

개념 04 문자를 사용한 식으로 나타내기

(1) (삼각형의 넓이) $=\frac{1}{2}\times$ (밑변의 길이) $\times$ (높이)

(사다리꼴의 넓이)

$=\frac{1}{2}\times\{$(윗변의 길이) $+$ (아랫변의 길이)$\}\times$ ($\square$)

(2) (거리) $=$ (속력) $\times$ ($\square$),

(시간) $=\frac{(\text{거리})}{(\text{속력})}$, (속력) $=\frac{(\text{거리})}{(\text{시간})}$

(3) (소금물의 농도) $=\frac{(\text{소금의 양})}{(\text{소금물의 양})}\times$ $\square$ (%)

(소금의 양) $=\frac{(\text{소금물의 농도})}{100}\times$ (소금물의 양)

답: 높이, 시간, 100

7 다음을 문자를 사용한 식으로 나타내시오.

(1) 밑변의 길이가 x cm, 높이가 y cm인 삼각형의 넓이

(2) 윗변의 길이가 a cm, 아랫변의 길이가 3 cm, 높이가 6 cm인 사다리꼴의 넓이

(3) 시속 60 km로 달리는 자동차가 x시간 동안 이동한 거리

(4) 8시간 동안 x km 걸었을 때의 속력

(5) 시속 110 km로 달리는 자동차가 x km를 이동하는 데 걸린 시간

(6) 시속 a km로 5 km를 걸었을 때 걸린 시간

(7) 설탕이 x g 녹아 있는 설탕물 500 g의 농도

(8) 소금이 20 g 녹아 있는 소금물 a g의 농도

(9) 농도가 x %인 소금물 300 g에 녹아 있는 소금의 양

(10) 농도가 12 %인 소금물 x g에 녹아 있는 소금의 양

(11) 정가가 5000원인 물건을 a % 할인하여 샀을 때 지불한 금액

(12) 정가가 x원인 물건을 15 % 할인하여 판매한 가격

개념 05 식의 값

(1) **대입:** 문자를 사용한 식에서 문자에 어떤 수를 바꾸어 넣는 것

(2) **식의 값:** 문자를 사용한 식의 문자에 어떤 수를 ☐하여 계산한 결과

(3) **식의 값을 구하는 순서**

① 주어진 식에서 생략된 기호 ×, ÷를 다시 쓴다.

② 문자에 주어진 수를 대입하여 식을 계산한다. 이때 대입하는 수가 ☐이면 반드시 괄호를 사용한다.

답: 대입, 음수

8 $a=2$일 때, 다음 식의 값을 구하시오.

(1) $4a$

(2) $3-\frac{1}{2}a$

(3) $-a+5$

(4) $|5-3a|$

9 $a=-4$일 때, 다음 식의 값을 구하시오.

(1) $6-a$

(2) $3a-7$

(3) $\frac{3}{4}a+2$

(4) $(-a)^2$

(5) $-a^3$

(6) $-a^2+3a$

10 $x=-2$, $y=3$일 때, 다음 식의 값을 구하시오.

(1) $x+y$

(2) $-2x-y$

(3) $x-2y+10$

(4) $(x-y)y$

(5) x^2-y

≫ 정답과 풀이 18쪽

(6) x^2+y^2

(7) $3x+y^2$

11 다음 식의 값을 구하시오.

(1) $x=-4$일 때, $-\frac{1}{2}x-1$

(2) $x=\frac{1}{5}$일 때, $10x+3$

(3) $x=\frac{1}{2}$일 때, $\frac{4x-5}{2x-2}$

(4) $x=-4$, $y=2$일 때, $\frac{x-y}{3}$

(5) $x=-\frac{1}{5}$, $y=-1$일 때, $10x-y$

(6) $a=-2$, $b=1$일 때, $\frac{b+3}{a-2}$

12 다음 식의 값을 구하시오.

(1) $x=\frac{1}{3}$, $y=\frac{1}{4}$일 때, $\frac{1}{x}-\frac{2}{y}$

(2) $x=-\frac{1}{2}$, $y=\frac{1}{2}$일 때, $-\frac{1}{x}+\frac{2}{y}$

(3) $a=\frac{1}{3}$, $b=-\frac{1}{10}$일 때, $-\frac{2}{a}-\frac{1}{b}$

(4) $a=-\frac{3}{4}$, $b=\frac{1}{5}$일 때, $\frac{6}{a}+\frac{2}{b}$

(5) $x=\frac{4}{5}$, $y=\frac{2}{3}$일 때, $-\frac{8}{x}+\frac{6}{y}$

(6) $a=-\frac{1}{2}$, $b=\frac{1}{3}$, $c=\frac{1}{4}$일 때, $\frac{2}{a}-\frac{3}{b}+\frac{4}{c}$

2 일차식과 그 계산

01 다항식과 일차식

(1) **항**: 수 또는 문자의 곱으로만 이루어진 식

(2) **상수항**: 수로만 이루어진 항

(3) **계수**: 문자를 포함한 항에서 문자 앞에 곱해진 수

(4) **다항식**: 한 개 또는 두 개 이상의 항의 합으로 이루어진 식

참고 분모에 문자가 있는 식은 다항식이 아니다.

(5) **단항식**: 다항식 중에서 하나의 항으로만 이루어진 식

예 다항식: $-x+5$, $3a-2b+1$, 단항식: $3x$, $-2a^2$, 5

(6) **차수**: 항에서 문자가 곱해진 개수

참고 상수항의 차수는 0이다.

(7) **다항식의 차수**: 다항식을 이루는 각 항의 차수 중에서 가장 큰 값

(8) **일차식**: 차수가 1인 다항식

x의 계수, y의 계수, 상수항

$3x-2y+7$

항

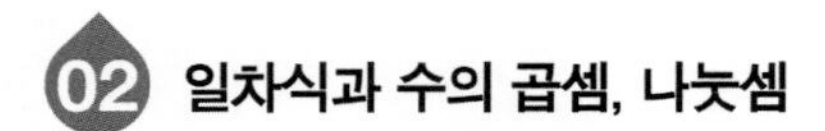

02 일차식과 수의 곱셈, 나눗셈

(1) **(수)×(일차식)**: 분배법칙을 이용하여 일차식의 각 항에 그 수를 곱해 계산한다.

예 $3\times(4x-2)=3\times4x-3\times2=12x-6$

(2) **(일차식)÷(수)**: 나눗셈을 곱셈으로 고쳐서 계산한다. 즉, 분배법칙을 이용하여 나누는 수의 역수를 일차식의 각 항에 곱해 계산한다.

예 $(8x-6)\div2=(8x-6)\times\frac{1}{2}=8x\times\frac{1}{2}-6\times\frac{1}{2}=4x-3$

03 일차식의 덧셈과 뺄셈

(1) **동류항**: 문자와 차수가 각각 같은 항

(2) **동류항의 계산**: 동류항끼리 모은 후 분배법칙을 이용하여 간단히 한다.

(3) **일차식의 덧셈과 뺄셈**

① 괄호가 있으면 분배법칙을 이용하여 괄호를 푼다. 이때 괄호 앞에 +가 있으면 괄호 안의 부호를 그대로, −가 있으면 괄호 안의 부호를 반대로 쓴다.

② 동류항끼리 모아서 계산한다.

(4) **복잡한 일차식의 덧셈과 뺄셈**

① 괄호가 여러 개 있을 때에는, 소괄호( ) → 중괄호{ } → 대괄호[ ]의 순으로 괄호를 푼 후 동류항끼리 모아서 계산한다.

② 계수가 분수일 때, 분모의 최소공배수로 통분한 후 동류항끼리 모아서 계산한다.

≫ 정답과 풀이 20쪽

연산으로 개념잡기

개념 01 다항식

(1) **항:** 수 또는 문자의 곱으로만 이루어진 식
(2) ☐ : 수로만 이루어진 항
(3) **계수:** 문자 앞에 곱해진 수
(4) **다항식:** 한 개 또는 두 개 이상의 항의 합으로 이루어진 식
(5) ☐ : 하나의 항으로만 이루어진 식

답: 상수항, 단항식

1 주어진 다항식에 대하여 다음을 구하시오.

(1) $3x+5y-1$
① 항
② 상수항
③ x의 계수
④ y의 계수

(2) $2a^2-7a+4$
① 항
② 상수항
③ a^2의 계수
④ a의 계수

(3) $\frac{1}{2}x-x^2+6$
① 항
② 상수항
③ x^2의 계수
④ x의 계수

(4) $-5x+0.5y-2$
① 항
② 상수항
③ x의 계수
④ y의 계수

(5) $\frac{1}{4}a-\frac{3}{5}b$
① 항
② 상수항
③ a의 계수
④ b의 계수

2 다음 중 단항식인 것에는 ○표, 단항식이 아닌 것에는 ×표를 하시오.

(1) $-x+4$ ( )

(2) 16 ( )

(3) $\frac{1}{5}x+2y$ ( )

(4) $-\frac{3}{2}a^2$ ( )

(5) $7x-4y+9$ ( )

개념 02 일차식

(1) **차수:** 항에서 ☐가 곱해진 개수
(2) **다항식의 차수:** 다항식을 이루는 각 항의 차수 중 가장 큰 값
(3) ☐ : 차수가 1인 다항식

답: 문자, 일차식

3 다음 다항식의 차수를 구하시오.

(1) $3x+4$ ....

(2) x^2-6x-7 ....

(3) $\frac{1}{4}x-3x^2+5$ ....

(4) $-a^2+\frac{2}{3}$ ....

(5) 15 ....

(6) $5x^3-2x^2+2x+1$ ....

(7) $-\frac{1}{3}m+2$ ....

(8) $0.4y-2y^2+9$ ....

4 다음 중 일차식인 것은 ○표, 일차식이 <u>아닌</u> 것은 ×표를 ( ) 안에 써넣으시오.

(1) $-a+3$ ( )

(2) x^2-3x ( )

(3) $0.1x+0.5$ ( )

(4) $y-y^2-7$ ( )

(5) $0\times x$ ( )

(6) $\frac{4}{x}-6$ ( )

(7) $x-\frac{1}{2}x^3+4$ ( )

(8) $2a^2-2a-2a^2$ ( )

개념 03 단항식과 수의 곱셈, 나눗셈

(1) (단항식) × (수): 수끼리 곱하여 ☐ 앞에 쓴다.

(2) (단항식) ÷ (수): 나누는 수의 ☐를 곱하여 계산한다.

답: 문자, 역수

5 다음을 계산하시오.

(1) $5x \times 3$

(2) $-4x \times 2$

(3) $7 \times (-3x)$

(4) $(-9) \times 6x$

(5) $15x \times \left(-\frac{1}{3}\right)$

(6) $\frac{3}{4}x \times 12$

(7) $-20x \times \frac{2}{5}$

(8) $\left(-\frac{5}{8}x\right) \times 16$

6 다음을 계산하시오.

(1) $8x \div 4$

(2) $(-9x) \div 3$

(3) $10x \div (-5)$

(4) $(-14x) \div (-2)$

(5) $(-12x) \div 6$

(6) $\frac{8}{3}x \div (-2)$

(7) $\frac{9}{5}x \div 3$

(8) $\left(-\frac{14}{3}x\right) \div \frac{7}{6}$

III 문자와 식

개념 04 **일차식과 수의 곱셈, 나눗셈**

(1) (수)×(일차식), (일차식)×(수): [ ] 을 이용하여 일차식의 각 항에 그 수를 곱하여 계산한다.
(2) (일차식)÷(수): 분배법칙을 이용하여 나누는 수의 역수를 일차식의 각 항에 곱하여 계산한다.

답: 분배법칙

7 다음을 계산하시오.

(1) $2(x-4)$

(2) $-3(2x+1)$

(3) $\frac{1}{4}(12x-8)$

(4) $-(-5x+2)$

(5) $-6\left(\frac{1}{3}x-1\right)$

(6) $8\left(\frac{3}{4}x-\frac{1}{2}\right)$

(7) $(2x+3)\times(-9)$

(8) $(12x-8)\times\frac{1}{4}$

(9) $(10x-5)\times\left(-\frac{2}{5}\right)$

(10) $\left(-\frac{5}{8}x+\frac{1}{4}\right)\times16$

(11) $\left(\frac{1}{3}x-5\right)\times(-6)$

(12) $\left(\frac{1}{2}x+\frac{3}{4}\right)\times\frac{8}{3}$

≫ 정답과 풀이 20쪽

8 다음을 계산하시오.

(1) $(15x-10)\div(-5)$

(2) $(6x+12)\div 2$

(3) $(18x-9)\div(-3)$

(4) $(2x+3)\div\frac{1}{2}$

(5) $(-14x+21)\div 7$

(6) $(-32x-24)\div(-8)$

(7) $(21x+12)\div\left(-\frac{3}{2}\right)$

(8) $\left(\frac{15}{4}x-\frac{9}{5}\right)\div(-3)$

(9) $6(x-5)\div 3$

(10) $-(5x+10)\div 5$

(11) $(2y-7)\times 3\div\frac{1}{2}$

(12) $(-3x+6)\div\frac{3}{4}\times 2$

개념 05 동류항

(1) **동류항:** 문자와 [ ]가 같은 항

예 x와 $3x$, $5y$와 $-y$, -2와 7

(2) **동류항의 덧셈과 뺄셈**

동류항끼리 모은 후 [ ]을 이용하여 계산한다.

예 $2x+3y+4x-y=2x+4x+3y-y=6x+2y$

답: 차수, 분배법칙

9 다음에서 동류항끼리 짝지어 쓰시오.

(1) $5,\ -3x,\ x^2,\ -3x^2,\ 2x,\ 1$

(2) $4x,\ 4,\ -\frac{1}{4},\ -2x^2,\ x,\ 7x^2$

(3) $-a^2,\ a,\ 2,\ \frac{1}{3}a,\ 4a^2,\ 8$

(4) $-7xy,\ 4x,\ -3y,\ 4y,\ -3x,\ 2xy$

(5) $5a,\ 2b^2,\ ab,\ \frac{1}{2}b^2,\ -a,\ 7ab$

10 다음 다항식에서 동류항을 모두 찾으시오.

(1) $3x+4-x$

(2) $4a-5a+11$

(3) $-x+7y+2x-5x$

(4) $\frac{1}{5}x-3+x+8$

(5) $a^2+4-a-\frac{1}{2}$

(6) $x-\frac{1}{5}y-2x-7+y$

(7) $-\frac{1}{2}x-3y+1-x+y-4$

11 다음 식을 간단히 하시오.

(1) $4x+5x$

(2) $-8x+6x$

(3) $x-10x$

(4) $0.4y-(-1.2y)$

(5) $-x+2x-3x$

(6) $4a+(-2a)+5a$

(7) $7x-(-3x)-9x$

(8) $-2y-(-3y)+4y$

(9) $-3x+10+2x+4$

(10) $4a-3b+7a-3b$

(11) $1-\frac{4}{5}x+2x-\frac{3}{5}$

(12) $x-5y-2x+3y-6x$

개념 06 일차식의 덧셈과 뺄셈

일차식의 덧셈과 뺄셈은 다음과 같은 순서로 계산한다.

(1) 괄호가 있으면 [   ]을 이용하여 괄호를 푼다.

괄호 앞에 ┌ $+$가 있으면 ⇨ 괄호 안의 부호를 그대로
　　　　　└ $-$가 있으면 ⇨ 괄호 안의 부호를 반대로

(2) [   ]끼리 모아서 계산한다.

답: 분배법칙, 동류항

12 다음 식을 간단히 하시오.

(1) $(-4x+2)+(x-5)$

(2) $(-8+3x)-(7x-2)$

(3) $12x-(-2x+1)$

(4) $(x-3)+(-2x+3)$

(5) $(9x-2)+(-6x+5)$

(6) $(8x+4)-(x-6)$

(7) $\left(\frac{3}{5}x-2\right)+\left(\frac{7}{5}x+\frac{1}{3}\right)$

(8) $\left(\frac{5}{4}x+\frac{1}{3}\right)-\left(\frac{1}{2}x-\frac{1}{4}\right)$

13 다음 식을 간단히 하시오.

(1) $3(2x+5)-4$

(2) $7x+4(x-2)$

(3) $-(x-3)+9x$

(4) $3(x-1)+2(5-x)$

(5) $2(4-x)-4(x-1)$

(6) $-(2x-5)+2(x-5)$

(7) $5(x-y)+2(2x+y)$

(8) $-2(x-3y)+3(y-4x)$

(9) $-\frac{3}{4}(4x-8)-3(x+5)$

(10) $\frac{2}{3}(9x-15y)-\frac{1}{4}(-16x-12y)$

(11) $8\left(\frac{1}{4}a-1\right)-15\left(\frac{1}{3}a+\frac{2}{5}\right)$

14 다음 식을 간단히 하시오.

(1) $5x-\{3x-(x-1)\}$

(2) $-2y-\{y-(4-5y)\}$

(3) $8-\{-3x-(2-x)\}$

(4) $3(2x-1)-\frac{1}{6}\{9x-(-3x+6)\}$

(5) $4a-[5-\{2a-1-(-a+2)\}]$

꿀팁 (소괄호) → {중괄호} → [대괄호]의 순서로 괄호를 푼다.

(6) $-(2x-5)-\left[3x-\frac{2}{5}\{-4x+(15-6x)\}\right]$

15 다음 식을 간단히 하시오.

(1) $\frac{x-1}{3}+\frac{2x+1}{2}$

꿀팁 분수 꼴인 경우 분모의 최소공배수로 통분한 후 계산한다.

(2) $\frac{1-x}{4}+\frac{x-3}{2}$

(3) $\frac{a-4}{3}-\frac{5a+2}{6}$

(4) $\frac{x-3}{2}+\frac{x-1}{7}$

(5) $-\frac{x+9}{4}-2+3x$

(6) $2x-5-\frac{x+1}{2}$

16 $A=x-1$, $B=x+2$일 때, 다음 식을 x를 사용한 식으로 나타내시오.

(1) $A+B$

(2) $2A+B$

(3) $3A-B$

(4) $-A+4B$

17 $A=2x-y$, $B=-x+3y$일 때, 다음 식을 x, y를 사용한 식으로 나타내시오.

(1) $-A+B$

(2) $2A-B$

(3) $A+3B$

(4) $4A-3B$

3 일차방정식

중요한 개념정리

01 등식

(1) **등식**: 등호(=)를 사용하여 수 또는 식이 서로 같음을 나타낸 식
(2) 등식에서 등호의 왼쪽 부분을 좌변, 오른쪽 부분을 우변, 좌변과 우변을 통틀어 양변이라 한다.

02 방정식과 항등식

(1) **방정식**: 미지수의 값에 따라 참이 되기도 하고 거짓이 되기도 하는 등식
① 미지수: 방정식에 있는 문자
② 방정식의 해(근): 방정식을 참이 되게 하는 미지수의 값
③ 방정식을 푼다: 방정식의 해(근)를 구하는 것
(2) **항등식**: 미지수에 어떤 수를 대입해도 항상 참이 되는 등식

03 등식의 성질

(1) 등식의 양변에 같은 수를 더하여도 등식은 성립한다. ⇨ $a=b$이면 $a+c=b+c$
(2) 등식의 양변에서 같은 수를 빼어도 등식은 성립한다. ⇨ $a=b$이면 $a-c=b-c$
(3) 등식의 양변에 같은 수를 곱하여도 등식은 성립한다. ⇨ $a=b$이면 $ac=bc$
(4) 등식의 양변을 0이 아닌 같은 수로 나누어도 등식은 성립한다. ⇨ $a=b$이면 $\frac{a}{c}=\frac{b}{c}$ (단, $c\neq0$)

04 일차방정식과 그 풀이

(1) **이항**: 등식의 한 변에 있는 항을 부호를 바꾸어 다른 변으로 옮기는 것
+를 이항 ⇨ −, −를 이항 ⇨ +
(2) **일차방정식**: 방정식에서 우변의 모든 항을 좌변으로 이항하여 정리하였을 때,
(x에 대한 일차식)=0의 꼴로 나타나는 방정식을 x에 대한 일차방정식이라 한다.
(3) **일차방정식의 풀이**
① 미지수 x를 포함하는 항은 좌변으로, 상수항은 우변으로 이항한다.
② 양변을 정리하여 $ax=b(a\neq0)$의 꼴로 만든다.
③ x의 계수 a로 양변을 나눈다.

05 복잡한 일차방정식의 풀이

(1) **괄호가 있는 경우**: 분배법칙을 이용하여 괄호를 먼저 푼다.
(2) **계수가 소수인 경우**: 양변에 10, 100, 1000, …을 곱하여 계수를 정수로 고친다.
(3) **계수가 분수인 경우**: 양변에 분모의 최소공배수를 곱하여 계수를 정수로 고친다.

06 일차방정식의 활용

(1) 문제의 뜻을 이해하고, 구하려는 값을 미지수 x로 놓는다.
(2) 문제의 뜻에 맞게 x에 대한 일차방정식을 세운다.
(3) 일차방정식을 풀고, 구한 해가 문제의 뜻에 맞는지 확인한다.

연산으로 개념잡기

개념 01 등식

(1) ☐: 등호(=)를 사용하여 수 또는 식이 서로 같음을 나타낸 식
① 좌변: 등식에서 등호의 왼쪽 부분
② 우변: 등식에서 등호의 오른쪽 부분
③ ☐: 등식에서 좌변과 우변

(2) **문장을 등식으로 나타내기**
좌변과 우변에 해당하는 식을 구한 후, 등호를 사용하여 나타낸다.

답: 등식, 양변

1 다음 중 등식인 것은 ○표, 등식이 아닌 것은 ×표를 ( ) 안에 써넣으시오.

(1) $x+3$ ( )

(2) $4x-1=11$ ( )

(3) $2x-7\leq 0$ ( )

(4) $2+4=5+1$ ( )

(5) $5x=3x+2x$ ( )

(6) $a+3=b+3$ ( )

2 다음을 등식으로 나타내시오.

(1) 어떤 수 x의 3배에서 2를 뺀 수는 x의 4배와 같다.

(2) 어떤 수 x에 5를 더한 값은 x의 3배에서 10을 뺀 값과 같다.

(3) 사탕이 x개 있었는데 동생에게 6개를 주었더니 9개가 되었다.

(4) 한 개에 700원인 사과 x개와 한 개에 500원인 귤 y개를 사고 4100원을 지불했다.

(5) 한 개에 a원 하는 지우개 8개를 사고 5000원을 내었을 때의 거스름돈은 1600원이다.

(6) 시속 60 km로 x시간 동안 이동한 거리는 120 km이다.

≫ 정답과 풀이 24쪽

개념 02 방정식과 항등식

(1) [ ] : 미지수의 값에 따라 참이 되기도 하고 거짓이 되기도 하는 등식
(2) **미지수:** 방정식에 있는 x, y 등의 문자
(3) **방정식의 해(근):** 방정식을 참이 되게 하는 미지수의 값
(4) **방정식을 푼다:** 방정식의 해(근)를 구하는 것
(5) [ ] : 미지수에 어떤 값을 대입해도 항상 참이 되는 등식

답: 방정식, 항등식

3 다음 중 방정식인 것은 '방', 항등식인 것은 '항'을 ( ) 안에 써넣으시오.

(1) $2x=6$ ( )

(2) $x-5=-5+x$ ( )

(3) $4x=x+3x$ ( )

(4) $x-1=2x+7$ ( )

(5) $2x+4=5x-3$ ( )

(6) $2(x-1)=2x-2$ ( )

4 다음 방정식에 $x=3$을 대입했을 때, 등식이 참이 되는 것은 ○표, 거짓이 되는 것은 ×표를 ( ) 안에 써넣으시오.

(1) $x+2=4$ ( )

(2) $3x-7=2$ ( )

(3) $-5x-1=-16$ ( )

(4) $4x=5x+8$ ( )

(5) $x+3=6x-9$ ( )

(6) $2(1-x)=3x-13$ ( )

5 x의 값이 -1, 0, 1일 때, 다음 방정식에 대하여 표를 완성하고 방정식의 해를 구하시오.

(1) $-2x+3=1$

x의 값	좌변	우변	참, 거짓
-1	$-2\times(-1)+3=5$	1	거짓
0			
1			

해:

(2) $3x=2+x$

x의 값	좌변	우변	참, 거짓
-1			
0			
1			

해:

(3) $4x-1=-2x-7$

x의 값	좌변	우변	참, 거짓
-1			
0			
1			

해:

6 다음 등식이 x에 대한 항등식이 되도록 하는 상수 a, b의 값을 각각 구하시오.

(1) $3x-b=ax+4$

꿀팁 $ax+b=cx+d$가 x에 대한 항등식이려면 $a=c$, $b=d$이어야 한다. 즉 x의 계수끼리 같고, 상수항끼리 같아야 한다.

(2) $ax+7=2x+b$

(3) $-x+a=bx-5$

(4) $3-ax=x+b$

(5) $a+4x=2(5+bx)$

(6) $-2x+a=3(bx-1)$

≫ 정답과 풀이 24쪽

개념 03 등식의 성질

(1) **등식의 성질**

① 등식의 양변에 같은 수를 더하여도 등식은 성립한다.
⇨ $a=b$이면 $a+c=\square$이다.

② 등식의 양변에서 같은 수를 빼어도 등식은 성립한다.
⇨ $a=b$이면 $a-c=b-c$이다.

③ 등식의 양변에 같은 수를 곱하여도 등식은 성립한다.
⇨ $a=b$이면 $ac=bc$이다.

④ 등식의 양변을 0이 아닌 같은 수로 나누어도 등식은 성립한다. ⇨ $a=b$이면 $\frac{a}{c}=\square$ (단, $c\neq0$)이다.

(2) **등식의 성질을 이용한 방정식의 풀이**

등식의 성질을 이용하여 주어진 방정식을 '$x=$(수)'의 꼴로 고쳐서 해를 구한다.

답: $b+c$, $\frac{b}{c}$

7 $a=b$일 때, □ 안에 알맞은 것을 써넣으시오.

(1) $a+3=b+\square$

(2) $a-\square=b-k$

(3) $a\times m=b\times\square$

(4) $a\div\square=b\div5$

(5) $\frac{a}{k}=\frac{b}{\square}$ (단, $k\neq0$)

8 다음 중 옳은 것은 ○표, 옳지 않은 것은 ×표를 ( ) 안에 써넣으시오.

(1) $a=b$이면 $a+4=b+4$이다. ( )

(2) $a=b$이면 $a-10=10-b$이다. ( )

(3) $a=b$이면 $5a=5b$이다. ( )

(4) $x=y$이면 $\frac{x}{a}=\frac{y}{a}$이다. ( )

(5) $a+7=b+7$이면 $a=b$이다. ( )

(6) $3x=3y$이면 $x+11=y+11$이다. ( )

(7) $\frac{a}{3}=\frac{b}{4}$이면 $3a=4b$이다. ( )

(8) $ac=bc$이면 $a=b$이다. ( )

9 다음은 등식의 성질을 이용하여 방정식을 푸는 과정이다. □ 안에 알맞은 수를 써넣으시오.

(1) $x-3=6$의 양변에 $\square$을 더하면

$x-3+\square=6+\square$

$\therefore x=\square$

(2) $\frac{x}{8}=3$의 양변에 $\square$을 곱하면

$\frac{x}{8}\times\square=3\times\square$

$\therefore x=\square$

(3) $12x=-6$의 양변을 $\square$로 나누면

$\frac{12x}{\square}=\frac{-6}{\square}$

$\therefore x=\square$

(4) $4x+3=-5$의 양변에서 $\square$을 빼면

$4x+3-\square=-5-\square$

$4x=\square$의 양변을 $\square$로 나누면

$\frac{4x}{\square}=\frac{\square}{\square}$

$\therefore x=\square$

(5) $2x-9=1$의 양변에 $\square$를 더하면

$2x-9+\square=1+\square$

$2x=\square$의 양변을 $\square$로 나누면

$\frac{2x}{\square}=\frac{\square}{\square}$

$\therefore x=\square$

10 등식의 성질을 이용하여 다음 방정식을 푸시오.

(1) $x+2=-4$

(2) $x-7=1$

(3) $\frac{2}{5}x=-6$

(4) $-4x=20$

(5) $4x-3=13$

(6) $-3x-2=1$

(7) $\frac{2}{3}x-5=9$

(8) $\frac{1}{6}x-\frac{5}{2}=-3$

≫ 정답과 풀이 24쪽

개념 04 일차방정식

(1) □: 등식의 한 변에 있는 항을 부호를 바꾸어 다른 변으로 옮기는 것

(2) □: 방정식에서 우변의 모든 항을 좌변으로 이항하여 정리하였을 때, (일차식)$=0$의 꼴로 나타나는 방정식

답: 이항, 일차방정식

11 다음 등식에서 밑줄 친 항을 이항하시오.

(1) $2x\underline{-3}=1$

(2) $x\underline{+6}=13$

(3) $3x=\underline{-2x}+7$

(4) $-x=9\underline{-4x}$

(5) $x\underline{+4}=3\underline{-2x}$

(6) $x\underline{-3}=\underline{-5x}+3$

12 다음 방정식을 이항만을 이용하여 $ax=b$의 꼴로 나타내시오.

(1) $x-3=1-2x$

(2) $3x-4=-2x+9$

(3) $-2x+5=-x+10$

(4) $5x+7=3x-2$

(5) $4x-9=5-6x$

(6) $x-2=\frac{1}{3}x+5$

(7) $\frac{1}{4}x+5=-2x+1$

Ⅲ 문자와 식

13 다음 중 일차방정식인 것은 ○표, 일차방정식이 아닌 것은 ×표를 ( ) 안에 써넣으시오.

(1) $3x-5=4$ ( )

(2) $2x-7=3+2x$ ( )

(3) $5=-3x-15$ ( )

(4) $4x-5=2x-5$ ( )

(5) $2x+1=-x^2$ ( )

(6) $8x-3=4(2x+1)$ ( )

(7) $2(x^2-1)=2x^2-6x+7$ ( )

(8) $x(x+5)=x^2-4x+1$ ( )

14 다음 등식이 x에 대한 일차방정식이 되도록 하는 상수 a의 조건을 구하시오.

(1) $ax+6=3x-2$ ________

(2) $5x=12-ax$ ________

(3) $ax+21=9-4x$ ________

(4) $8-ax=2x+9$ ________

≫ 정답과 풀이 24쪽

개념 05 **일차방정식의 풀이**

(1) 미지수 x를 포함한 항은 좌변으로, 상수항은 우변으로 □ 한다.

(2) 양변을 정리하여 $ax=b(a\neq0)$의 꼴로 바꾼다.

(3) 양변을 x의 계수 a로 나누어 해 $x=$ □ 를 구한다.

답: 이항, $\frac{b}{a}$

15 다음은 이항을 이용하여 일차방정식의 해를 구하는 과정이다. □ 안에 알맞은 것을 써넣으시오.

(1) $x+4=7$
$x=7-\square$
$\therefore x=\square$

(2) $10x-15=25$
$10x=25+\square$
$10x=\square$
$\therefore x=\square$

(3) $3x-22=x$
$3x-\square=\square$
$\square x=\square$
$\therefore x=\square$

(4) $-x+14=5$
$-x=5-\square$
$-x=\square$
$\therefore x=\square$

(5) $2x+13=9-2x$
$2x+\square=9-\square$
$\square x=\square$
$\therefore x=\square$

(6) $5x-2=4x-1$
$5x-\square=-1+\square$
$\therefore x=\square$

16 다음 일차방정식을 푸시오.

(1) $x-6=-5$

(2) $2x-1=3x$

(3) $8-5x=-x$

(4) $-x+7=x-9$

(5) $14-3x=-7-10x$

(6) $x-3=-2x-9$

(7) $2x+11=4-5x$

(8) $4x+11=2x-7$

개념 06 **복잡한 일차방정식의 풀이**

(1) **괄호가 있는 경우:** 분배법칙을 이용하여 괄호를 푼 후 일차방정식을 푼다.
(2) **계수가 소수인 경우:** 양변에 [ ] 의 거듭제곱을 곱하여 계수를 정수로 바꾼 후 푼다.
(3) **계수가 분수인 경우:** 양변에 분모의 [ ] 를 곱하여 계수를 정수로 바꾼 후 푼다.

답: 10, 최소공배수

17 다음 일차방정식을 푸시오.

(1) $2(x-2)=4x-6$

(2) $-5(2-x)=3x-4$

(3) $5+3(x-1)=23-4x$

(4) $10-4(x-2)=7-3x$

(5) $6(2x-1)=9(x-3)$

(6) $8(x-3)+5(x+2)=-1$

(7) $2(x+9)-11=7-(x-1)$

(8) $9-3(x+2)=-5(x+3)$

18 다음 일차방정식을 푸시오.

(1) $0.3x+1.4=0.1x$

(2) $0.5x+1.6=0.2x+0.1$

(3) $1.2x-8=1.6$

(4) $0.3x+0.8=-0.2x-1.7$

(5) $0.06x-0.02=0.15x-2$

(6) $0.4x-0.7=0.3(x+1)$

(7) $0.8(x+1)=x-4$

(8) $0.25x+0.8=0.6(x-1)$

(9) $1.5(x+4)=1.3x-2$

(10) $0.2(3x+1)=0.25(x-1)-0.3$

19 다음 일차방정식을 푸시오.

(1) $\frac{1}{6}x+3=\frac{1}{4}x$

(2) $\frac{2}{3}x-\frac{1}{6}=\frac{5}{2}$

(3) $\frac{1}{5}x-\frac{x+1}{2}=1$

(4) $\frac{x-5}{4}=\frac{3x-1}{5}$

(5) $\frac{2x-1}{3}=\frac{x+3}{5}$

(6) $\frac{3}{4}x-1=\frac{1}{8}x+\frac{1}{4}$

(7) $\frac{2x+3}{18}-2=\frac{x-5}{6}$

(8) $\frac{3}{4}x-\frac{2}{3}=\frac{1}{12}(x+8)$

20 다음 일차방정식을 푸시오.

꿀팁 계수에 소수와 분수가 모두 있는 경우
소수를 분수로 고친 후, 분모의 최소공배수를 양변에 곱한다.

(1) $\frac{3}{2}x=0.4x+1.1$

(2) $\frac{3}{4}x-2=0.5x$

(3) $\frac{1}{6}x-1.2=0.7x+2$

(4) $0.8x+3=\frac{7}{2}(x-3)$

(5) $\frac{3}{5}(x-2)=2.6+0.4x$

(6) $\frac{1}{8}x-\frac{1}{4}=0.6(x-2)$

(7) $\frac{3x-5}{4}=0.2(2-3x)$

(8) $0.5(x+3)=x+\frac{x+9}{4}$

21 다음 비례식을 만족시키는 x의 값을 구하시오.

(1) $(x+1):(x-3)=1:2$

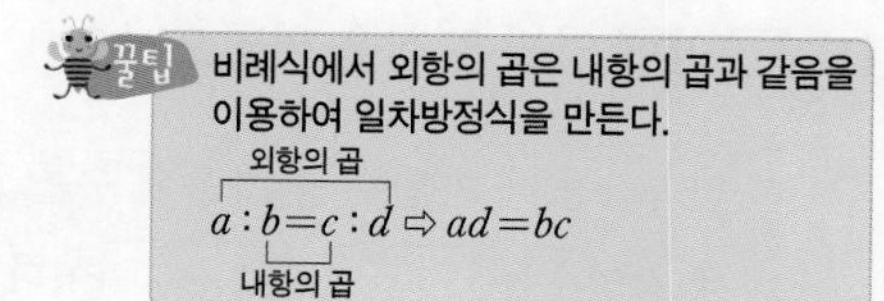

꿀팁
비례식에서 외항의 곱은 내항의 곱과 같음을 이용하여 일차방정식을 만든다.
외항의 곱
a : b = c : d ⇨ ad = bc
내항의 곱

(2) $(3x+1):(x-4)=3:2$

(3) $5:2x=3:(x-4)$

(4) $(6-x):3=(2x-4):2$

(5) $(4x+1):0.5=(x-1):0.2$

(6) $4:\dfrac{x-6}{2}=3:(2x+1)$

22 다음 x에 대한 두 일차방정식의 해가 서로 같을 때, 상수 a의 값을 구하시오.

(1) $-3x+5=2,\ ax-2=1$

(2) $4x+9=1,\ ax-2=-10$

(3) $4x-5=7,\ 2x+a=4$

(4) $-2x+10=2,\ 7x+5a=13$

(5) $-x+7=x+17,\ -3x+a=-x-9a$

(6) $3x-4=2x-5,\ -(x+2a)=-3x-a$

개념 07 **일차방정식의 활용 (1)**

일차방정식의 활용 문제를 푸는 순서는 다음과 같다.

(1) ☐ **정하기:** 문제의 뜻을 이해하고 구하려는 값을 미지수 x로 놓는다.

(2) **방정식 세우기:** 문제의 뜻에 맞게 x에 대한 일차방정식을 세운다.

(3) **방정식 풀기:** 방정식을 푼다.

(4) **확인하기:** 구한 ☐가 문제의 뜻에 맞는지 확인한다.

답: 미지수, 해

23 어떤 수에 4를 더한 것은 어떤 수의 2배에서 7을 뺀 것과 같을 때, 다음 물음에 답하시오.

(1) 어떤 수를 x라 할 때, ☐ 안에 알맞은 식을 써넣으시오.

어떤 수에 4를 더한 것 ⇨ ☐

어떤 수의 2배에서 7을 뺀 것 ⇨ ☐

(2) (1)을 이용하여 방정식을 세우시오.

(3) (2)에서 세운 방정식을 푸시오.

(4) 어떤 수를 구하시오.

24 어떤 수에 3을 더하여 2배한 것은 어떤 수의 3배보다 8 작다고 할 때, 어떤 수를 구하시오.

25 연속하는 세 자연수의 합이 69일 때, 다음 물음에 답하시오.

(1) ☐ 안에 알맞은 식을 써넣으시오.

연속하는 세 자연수 중 가운데 수를 x라 하면
세 자연수는 ☐, x, ☐이다.

(2) (1)을 이용하여 방정식을 세우시오.

(3) (2)에서 세운 방정식을 푸시오.

(4) 연속하는 세 자연수를 구하시오.

26 연속하는 세 자연수의 합이 138일 때, 세 자연수를 구하시오.

≫ 정답과 풀이 24쪽

27 십의 자리의 숫자가 7인 두 자리 자연수가 있다. 이 자연수의 십의 자리의 숫자와 일의 자리의 숫자를 바꾼 수는 처음 수보다 18만큼 작다고 할 때, 다음 물음에 답하시오.

(1) 처음 수의 일의 자리의 숫자를 x라 할 때, 다음 표를 완성하시오.

	십의 자리	일의 자리
처음 수$(70+x)$	7	x
바꾼 수(　　)		

(2) (1)을 이용하여 방정식을 세우시오.

(3) (2)에서 세운 방정식을 푸시오.

(4) 처음 수를 구하시오.

28 십의 자리의 숫자가 5인 두 자리 자연수가 있다. 이 자연수의 십의 자리의 숫자와 일의 자리의 숫자를 바꾼 수는 처음 수보다 9만큼 크다고 할 때, 처음 수를 구하시오.

29 한 자루에 600원 하는 볼펜과 한 자루에 1000원 하는 색연필을 합하여 12자루를 사고 10400원을 지불하였다. 다음 물음에 답하시오.

(1) 볼펜을 x자루 샀다고 할 때, 다음 표를 완성하시오.

	자루당 금액(원)	개수(자루)	총 금액(원)
볼펜	600	x	
색연필	1000		

(2) (1)을 이용하여 방정식을 세우시오.

(3) (2)에서 세운 방정식을 푸시오.

(4) 볼펜과 색연필을 각각 몇 자루씩 샀는지 구하시오.

볼펜: 　　　자루
색연필: 　　　자루

30 한 개에 1200원 하는 마카롱과 한 개에 900원 하는 크루아상을 합하여 15개를 사고 15000원을 지불하였다. 구입한 마카롱과 크루아상의 개수를 각각 구하시오.

마카롱: 　　　개
크루아상: 　　　개

31 올해 어머니의 나이는 48살이고 수영이의 나이는 10살일 때, 다음 물음에 답하시오.

(1) x년 후에 어머니의 나이가 수영이의 나이의 3배가 된다고 할 때, 다음 표를 완성하시오.

	어머니	수영
올해 나이(살)	48	10
x년 후의 나이(살)		

(2) (1)을 이용하여 방정식을 세우시오.

(3) (2)에서 세운 방정식을 푸시오.

(4) 어머니의 나이가 수영이의 나이의 3배가 되는 것은 몇 년 후인지 구하시오.

년 후

32 도은이와 이모의 나이 차는 28살이고, 12년 후에는 이모의 나이가 도은이의 나이의 2배가 된다고 한다. 현재 도은이의 나이를 구하시오.

살

33 가로의 길이가 세로의 길이보다 4 cm 더 긴 직사각형이 있다. 이 직사각형의 둘레의 길이가 52 cm일 때, 다음 물음에 답하시오.

(1) 직사각형의 가로의 길이를 x cm라 할 때, 다음 표를 완성하시오.

	가로	세로	둘레
길이(cm)			

(2) (1)을 이용하여 방정식을 세우시오.

(3) (2)에서 세운 방정식을 푸시오.

(4) 직사각형의 가로의 길이와 세로의 길이를 각각 구하시오.

가로: cm
세로: cm

34 가로의 길이가 세로의 길이보다 5 cm 더 짧은 직사각형이 있다. 이 직사각형의 둘레의 길이가 46 cm일 때, 이 직사각형의 넓이를 구하시오.

cm^2

≫ 정답과 풀이 24쪽

개념 08 일차방정식의 활용 (2) — 거리, 속력, 시간

(1) (거리)=(속력)×(□), (속력)=$\dfrac{(\ \square\ )}{(\text{시간})}$,

(시간)=$\dfrac{(\text{거리})}{(\ \square\ )}$

(2) **중간에 속력이 바뀌는 경우**

(각 구간에서 걸린 시간의 합)=(총 걸린 시간)임을 이용하여 방정식을 세운다.

답: 시간, 거리, 속력

35 태영이가 두 지점 A, B 사이를 왕복하는 데 갈 때는 시속 5 km의 속력으로 뛰고, 올 때는 같은 길을 시속 3 km로 걸어서 총 2시간이 걸렸다고 한다. 다음 물음에 답하시오.

(1) 두 지점 A, B 사이의 거리를 x km라 할 때, 다음 표를 완성하시오.

	갈 때	올 때
거리	x km	
속력	시속 5 km	
시간		$\dfrac{x}{3}$시간

(2) (1)을 이용하여 방정식을 세우시오.

(3) (2)에서 세운 방정식을 푸시오.

(4) 두 지점 A, B 사이의 거리를 구하시오.

km

36 은호가 등산을 하는 데 올라갈 때는 시속 3 km로 걷고, 내려올 때는 올라갈 때보다 2 km 더 먼 거리를 시속 4 km로 걸어서 총 4시간이 걸렸다고 한다. 다음 물음에 답하시오.

(1) 올라간 거리를 x km라 할 때, 다음 표를 완성하시오.

	올라갈 때	내려올 때
거리	x km	
속력	시속 3 km	
시간	$\dfrac{x}{3}$시간	

(2) (1)을 이용하여 방정식을 세우시오.

(3) (2)에서 세운 방정식을 푸시오.

(4) 은호가 올라간 거리를 구하시오.

km

37 등산을 하는데 올라갈 때는 시속 2 km로 걷고, 내려올 때는 올라갈 때보다 3 km 더 긴 다른 코스를 시속 4 km로 걸어서 총 3시간이 걸렸다. 이때 올라간 거리를 구하시오.

km

개념 09 일차방정식의 활용 (3) — 농도

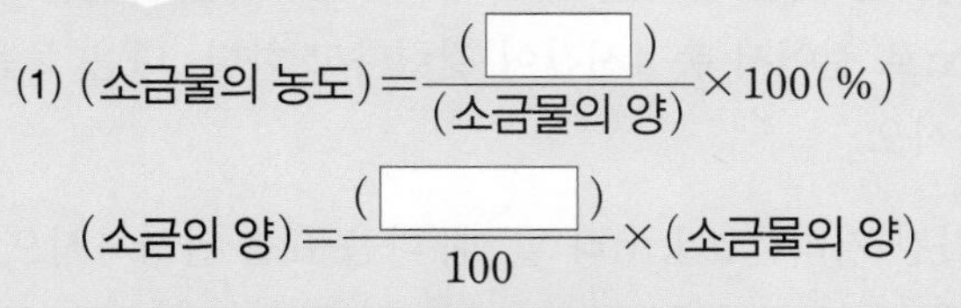

(1) $(\text{소금물의 농도}) = \dfrac{(\boxed{\quad})}{(\text{소금물의 양})} \times 100(\%)$

$(\text{소금의 양}) = \dfrac{(\boxed{\quad})}{100} \times (\text{소금물의 양})$

(2) 소금물에 물을 더 넣거나 증발시켜도 소금의 양은 변하지 않음에 주의한다.

답: 소금의 양, 소금물의 농도

38 8 %의 소금물 300 g에 물을 더 넣어 6 %의 소금물을 만들었다. 다음 물음에 답하시오.

(1) 더 넣은 물의 양을 x g이라 할 때, 다음 표를 완성하시오.

	물을 넣기 전	물을 넣은 후
농도(%)	8	6
소금물의 양(g)	300	
소금의 양(g)		

(2) (1)을 이용하여 방정식을 세우시오.

(3) (2)에서 세운 방정식을 푸시오.

(4) 더 넣은 물의 양을 구하시오.

g

39 9 %의 소금물 500 g과 15 %의 소금물을 섞어서 12 %의 소금물을 만들려고 한다. 다음 물음에 답하시오.

(1) 15 %의 소금물을 x g 섞는다고 할 때, 다음 표를 완성하시오.

	섞기 전		섞은 후
농도(%)	9	15	12
소금물의 양(g)	500	x	
소금의 양(g)			

(2) (1)을 이용하여 방정식을 세우시오.

(3) (2)에서 세운 방정식을 푸시오.

(4) 15 %의 소금물의 양을 구하시오.

g

40 14 %의 설탕물 150 g과 10 %의 설탕물을 섞어서 13 %의 설탕물을 만들려고 한다. 이때 10 %의 설탕물은 몇 g 섞어야 하는지 구하시오.

g

≫ 정답과 풀이 29쪽

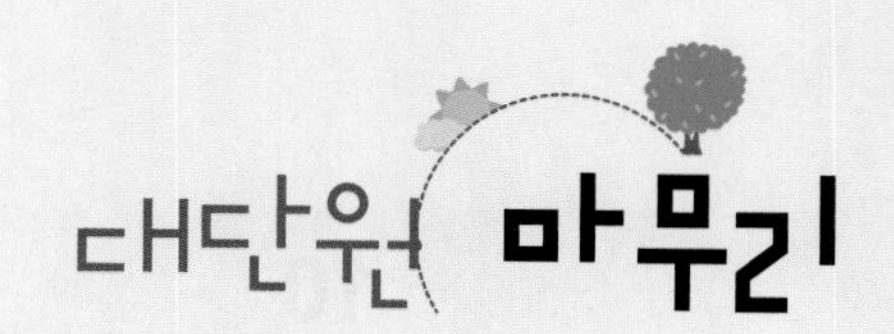

1
다음 중 옳지 않은 것을 모두 고르면? (정답 2개)

① $0.1\times a\times a=0.2a$
② $x\times x\times x=x^3$
③ $x+y\div z=x+\frac{y}{z}$
④ $x\times(-1)\times y=x-y$
⑤ $a\times0.01\times b\times a=0.01a^2b$

2
다음 중 $-\frac{2a^2}{a+b}$과 같은 것은?

① $2\times a\times a\div(a-b)$
② $2\times a\times a-a+b$
③ $(-1)\times2\times a\times a\div b$
④ $(-1)\times2\times a\times a\div(-a+b)$
⑤ $(-1)\times2\times a\times a\div(a+b)$

3
다음 중 문자를 사용하여 나타낸 식으로 옳은 것은?

① 한 개에 x원 하는 도넛 3개와 한 개에 y원 하는 쿠키 5개의 값 ⇨ $(5x+3y)$원
② 한 변의 길이가 a cm인 정사각형의 둘레의 길이 ⇨ a^4 cm
③ 십의 자리의 숫자가 a이고, 일의 자리의 숫자가 b인 두 자리 자연수 ⇨ $a+b$
④ 4명에게 와플 x개씩 나눠 주고 2개가 남았을 때, 와플의 총 개수 ⇨ $(4x+2)$개
⑤ 8장에 a원인 색종이 한 장의 값 ⇨ $\frac{8}{a}$원

4
$x=-2$, $y=1$일 때, 다음 중 식의 값이 가장 큰 것은?

① $2x+y$　② $x-y$　③ $-x+2y$
④ $-3x-4y$　⑤ $x+5y$

5
$x=-3$일 때, 다음 식의 값 중 가장 작은 것은?

① x^3　② $3x$　③ $-x^2$
④ $(-x)^2+4$　⑤ $3x-(-x)^3$

6
기온이 x°C일 때, 공기 중에서 소리의 속력은 초속 $(0.6x+331)$ m이다. 기온이 20°C일 때의 소리의 속력을 구하시오.

III 문자와 식

7

다음 중 다항식 $\frac{x^2}{5}-2x+8$에 대한 설명으로 옳지 않은 것은?

① 다항식의 차수는 2이다.
② x^2의 계수는 $\frac{1}{5}$이다.
③ 항은 $\frac{x^2}{5}$, $2x$, 8의 3개이다.
④ 상수항은 8이다.
⑤ x의 계수는 -2이다.

8

다음 중 일차식인 것은?

① 3 ② $x-\frac{2}{x}$ ③ $x+5-x^2$
④ $\frac{2x}{5}-7$ ⑤ $\frac{y}{x}+3$

9

다음 중 옳은 것은?

① $-\frac{3}{5}\times 10x=-3x$
② $2\times(-4x)=-4x^2$
③ $\frac{1}{3}(6x-9)=2x-9$
④ $(5x-10)\div 5=x-2$
⑤ $(3x-2)\div\frac{1}{4}=\frac{3}{4}x-\frac{1}{2}$

10

다음 중 동류항끼리 짝지어진 것은?

① x, x^2 ② $2x$, $-3x$ ③ $5x^2$, $5y^2$
④ $\frac{y}{3}$, $\frac{3}{y}$ ⑤ -1, $-y$

11

다음 식을 간단히 하시오.

$$8x-[2x-\{10-4x-(8-3x)\}]$$

12

$A=-2x+y$, $B=\frac{1}{4}x-\frac{2}{3}y$일 때, $9A+12B$를 x, y를 사용한 식으로 나타내시오.

13

다음 중 등식인 것을 모두 고르면? (정답 2개)

① $-5x-1$　② $2-4x=13$
③ $7x-3\leq 11$　④ $5-8<3$
⑤ $2x+y=3y$

14

다음 중 항등식인 것은?

① $2x-3x=5$　② $2-x=x+2$
③ $3(x-1)-2x=3$　④ $3x+4x=7x$
⑤ $-4(x+1)=7-4x$

15

다음 중 옳은 것은?

① $a=2b$이면 $a+3=b+3$이다.
② $\frac{1}{3}-a=b+\frac{1}{3}$이면 $a=b$이다.
③ $3a=2b$이면 $\frac{a}{2}=\frac{b}{3}$이다.
④ $ac=bc$이면 $a=b$이다.
⑤ $a=\frac{b}{2}$이면 $a+3=2b+3$이다.

16

다음 중 일차방정식인 것을 모두 고르면? (정답 2개)

① $3x+2=3x-2$　② $4x=9$
③ $x^2-6=2x$　④ $2(x-5)=2x$
⑤ $x-3=-x+1$

17

다음 일차방정식 중 해가 가장 작은 것은?

① $2x+1=x-1$　② $13-3x=8x+5$
③ $4x-4=2x+5$　④ $5x+13=2x-11$
⑤ $3(1-x)=5+x$

18

다음 중 일차방정식 $2x-3=-(x-6)$과 해가 같은 것은?

① $2x+4=-x-5$
② $4x-6=7x$
③ $6-x=3x+5$
④ $5-x=2x-3$
⑤ $2(x+1)=4(x-1)$

19

일차방정식 $1.2x+2.8=\frac{1}{5}(x-1)$의 해가 $x=a$일 때, a^2-a의 값을 구하시오.

20

어떤 수에서 3을 뺀 수의 $\frac{1}{2}$은 어떤 수의 $\frac{1}{4}$보다 3만큼 작다고 한다. 어떤 수는?

① -6 ② -4 ③ -2
④ 2 ⑤ 4

21

연속하는 세 홀수의 합이 93일 때, 세 홀수 중 가장 큰 수는?

① 27 ② 29 ③ 31
④ 33 ⑤ 35

22

윗변의 길이가 8 cm이고, 아랫변의 길이가 10 cm인 사다리꼴의 넓이가 117 cm^2일 때, 이 사다리꼴의 높이는?

① 12 cm ② 13 cm ③ 14 cm
④ 15 cm ⑤ 16 cm

23

두 지점 A, B 사이의 거리는 220 km이다. 자동차로 A 지점에서 출발하여 시속 70 km로 가다가 늦을 거 같아 시속 80 km로 갔더니 B지점까지 총 3시간이 걸렸다. 이때 시속 70 km로 간 거리는?

① 90 km ② 100 km ③ 140 km
④ 160 km ⑤ 180 km

24

5 %의 소금물 200 g에서 물을 증발시켜 8 %의 소금물을 만들려고 한다. 이때 몇 g의 물을 증발시켜야 하는가?

① 55 g ② 63 g ③ 68 g
④ 70 g ⑤ 75 g

Ⅳ

좌표평면과 그래프

1 좌표평면과 그래프

01 순서쌍과 좌표평면

(1) **수직선 위의 점의 좌표**

① 수직선 위의 점이 나타내는 수를 그 점의 좌표라고 한다.

② 수직선 위의 점 P의 좌표가 a일 때, 기호로는 $\mathrm{P}(a)$로 나타낸다.

(2) **좌표평면**

두 수직선이 점 O에서 수직으로 만날 때,

① x축: 가로의 수직선

② y축: 세로의 수직선

③ 좌표축: x축과 y축을 통틀어 이르는 말

④ 원점: 두 좌표축이 만나는 점 O

⑤ 좌표평면: 두 좌표축이 그려진 평면

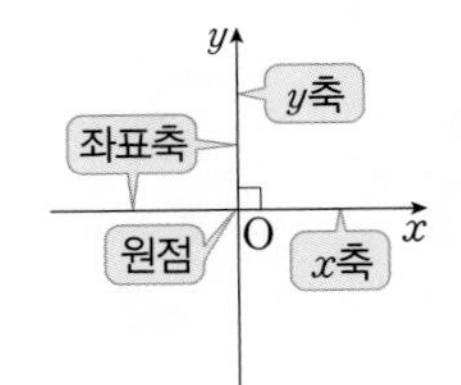

(3) **좌표평면 위의 점의 좌표**

① 순서쌍: 순서를 생각하여 두 수를 괄호 안에 짝지어 나타낸 것

② 좌표평면 위의 점 P에서 좌표축에 각각 수선을 긋고 이 수선과 x축, y축이 만나는 점이 나타내는 수를 각각 a, b라 할 때, 순서쌍 (a, b)를 점 P의 좌표라 하고 기호로는 $\mathrm{P}(a, b)$로 나타낸다.

02 사분면

좌표평면은 좌표축에 의해 네 개의 부분으로 나누어진다. 이때 그 각각을 제1사분면, 제2사분면, 제3사분면, 제4사분면이라 한다.

Tip 좌표축 위의 점은 어느 사분면에도 속하지 않는다.

제2사분면 $(-, +)$	제1사분면 $(+, +)$
제3사분면 $(-, -)$	제4사분면 $(+, -)$

03 대칭인 점의 좌표

$\mathrm{P}(a, b)$와

(1) x축에 대하여 대칭인 점 ⇨ $(a, -b)$

(2) y축에 대하여 대칭인 점 ⇨ $(-a, b)$

(3) 원점에 대하여 대칭인 점 ⇨ $(-a, -b)$

04 그래프

(1) **변수**: x, y와 같이 여러 가지로 변하는 값을 나타내는 문자

(2) **그래프**: 두 변수 x, y의 순서쌍 (x, y)를 좌표로 하는 점을 좌표평면 위에 모두 나타낸 것

(3) **그래프의 해석**: 주어진 두 변수 사이의 관계를 그래프로 나타내면 두 변수의 변화 관계를 쉽게 알아볼 수 있다.

≫ 정답과 풀이 31쪽

개념 01 수직선 위의 점의 좌표

(1) 수직선 위의 점이 나타내는 수를 그 점의 ☐라 한다.

(2) 점 P의 좌표가 a일 때, 기호로 ☐와 같이 나타낸다.

예
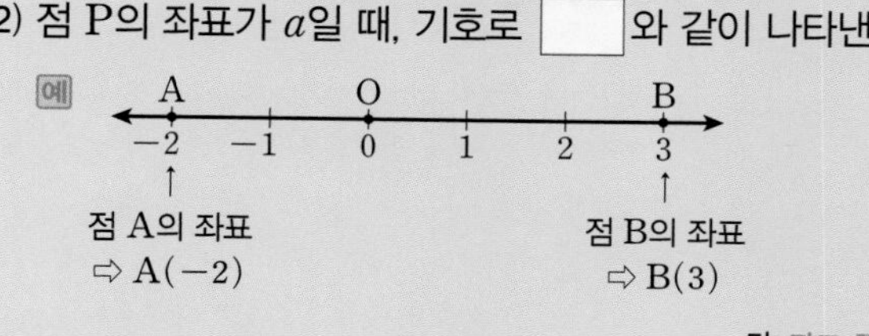

답: 좌표, $\mathrm{P}(a)$

1 다음 수직선 위의 네 점 A, B, C, D의 좌표를 각각 기호로 나타내시오.

(1)

(2)

(3)
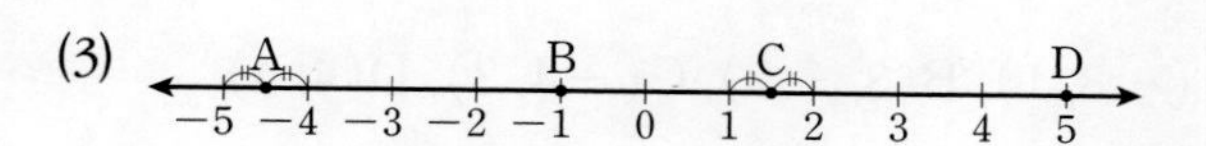

(4)

2 다음 점을 각각 수직선 위에 나타내시오.

(1) $\mathrm{A}(1)$, $\mathrm{B}(-2)$
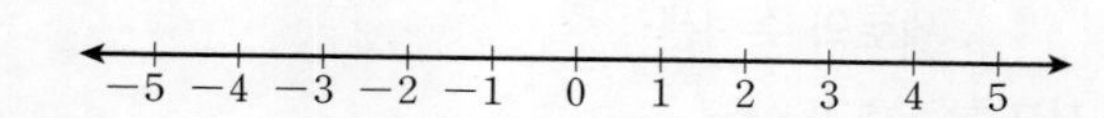

(2) $\mathrm{A}(-3)$, $\mathrm{B}(-1)$

(3) $\mathrm{A}\left(-\frac{1}{2}\right)$, $\mathrm{B}\left(\frac{5}{2}\right)$, $\mathrm{C}(0)$, $\mathrm{D}(5)$

(4) $\mathrm{A}\left(\frac{3}{2}\right)$, $\mathrm{B}(-4)$, $\mathrm{C}\left(\frac{9}{2}\right)$, $\mathrm{D}\left(-\frac{2}{3}\right)$

개념 02 순서쌍과 좌표평면

(1) **좌표평면:** 점 O에서 수직으로 만나는 두 수직선을 그었을 때

① [ ] : 가로의 수직선

② [ ] : 세로의 수직선

③ 좌표축: x축과 y축

④ 원점: 두 좌표축의 교점 O

(2) **좌표평면 위의 점의 좌표**

① 순서쌍: 순서를 생각하여 두 수를 짝지어 나타낸 것

② 좌표평면 위의 점 P의 x좌표가 a, y좌표가 b일 때, 기호로 [ ] 로 나타낸다.

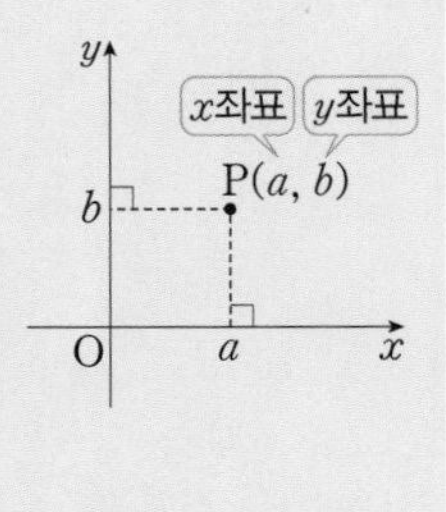

답: x축, y축, P(a, b)

3 다음 좌표평면 위의 점 A, B, C, D의 좌표를 구하시오.

(1)

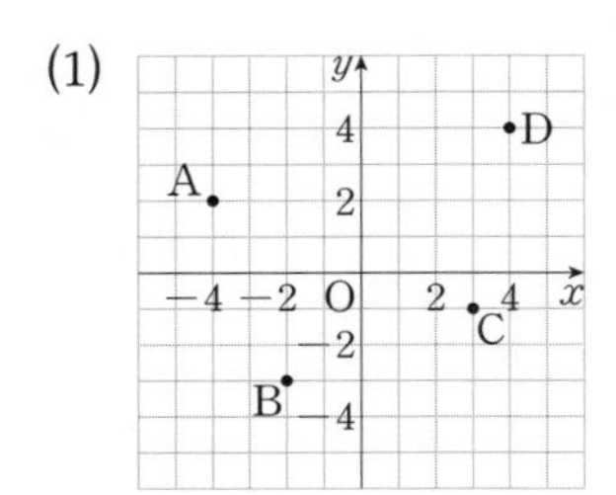

(2)

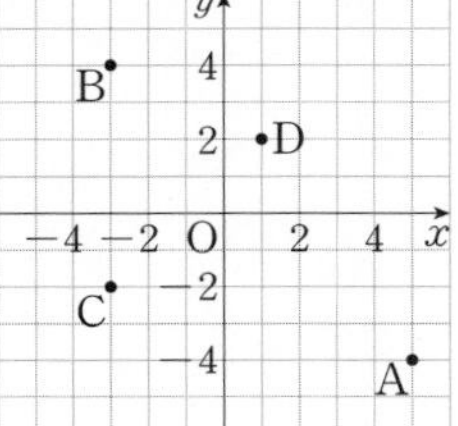

4 다음 점들을 좌표평면 위에 나타내시오.

(1) A(3, 4), B(−2, −2), C(−4, 1), D(0, 0)

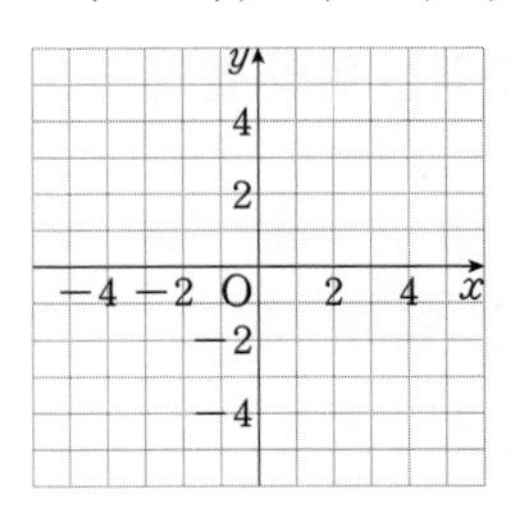

(2) A(−1, −2), B(3, 0), C(2, −3), D(1, 5)

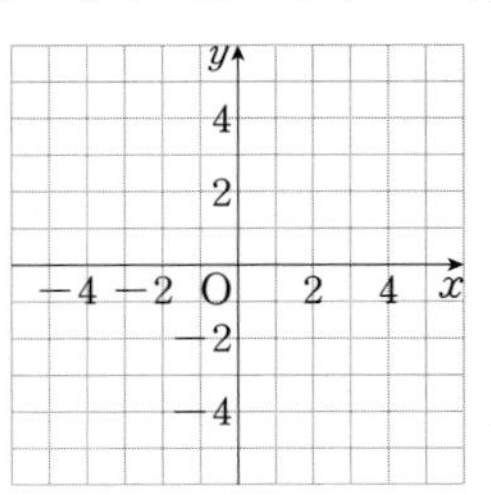

(3) A(−3, 1), B(3, −2), C(−4, 3), D(4, 4)

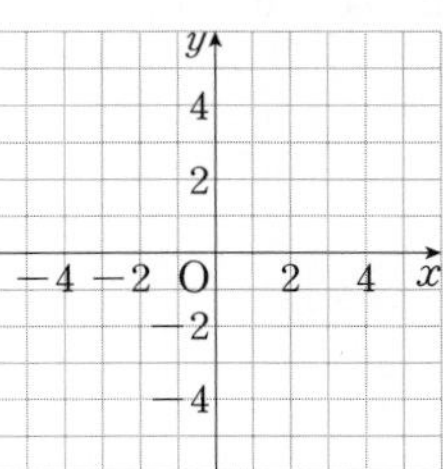

≫ 정답과 풀이 31쪽

5 다음 점의 좌표를 구하시오.

꿀팁 x축 위의 점의 좌표 ⇨ (x좌표, 0)
y축 위의 점의 좌표 ⇨ (0, y좌표)

(1) x좌표가 6, y좌표가 4인 점

(2) 원점

(3) x좌표가 -3, y좌표가 2인 점

(4) x좌표가 1, y좌표가 -3인 점

(5) x축 위에 있고 x좌표가 1인 점

(6) x축 위에 있고 x좌표가 -9인 점

(7) y축 위에 있고 y좌표가 -5인 점

(8) y축 위에 있고 y좌표가 4인 점

개념 03 좌표평면 위의 도형의 넓이

좌표평면 위의 도형의 넓이는 다음과 같은 순서로 구한다.
(1) 도형의 ☐을 좌표평면 위에 나타내어 선분으로 연결한다.
(2) 공식을 이용하여 도형의 넓이를 구한다. 이때 두 점 A(a, b), B(c, b)를 잇는 선분의 길이는 ☐임을 이용한다. $(c>a)$

답: 꼭짓점, $c-a$

6 다음 주어진 점을 좌표평면 위에 나타내고, 각 점을 꼭짓점으로 하는 도형의 넓이를 구하시오.

(1) A$(2, -2)$, B$(-3, -2)$, C$(2, 4)$

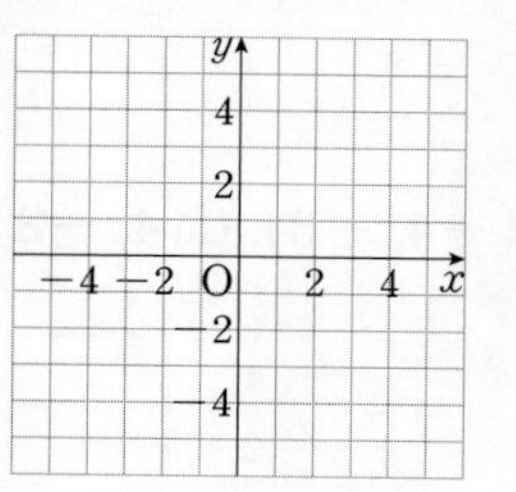

(2) A$(-1, 3)$, B$(-1, -4)$, C$(3, 0)$

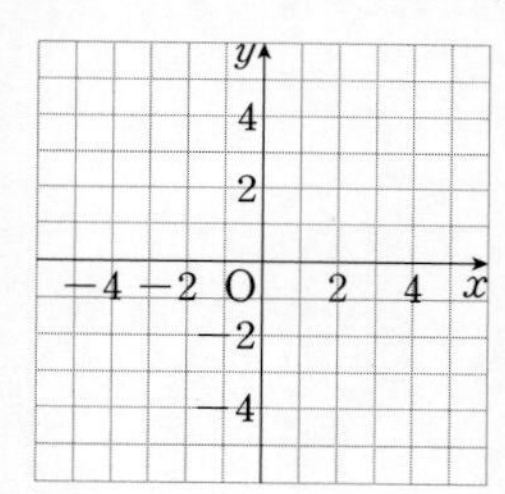

(3) A$(-3, -2)$, B$(1, 3)$, C$(2, -2)$

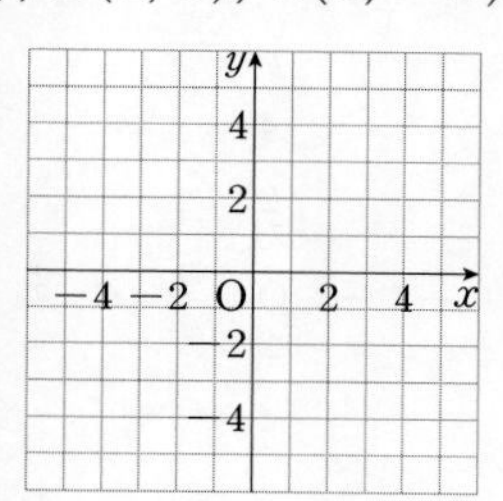

IV 좌표평면과 그래프

(4) A$(-3, 2)$, B$(3, -4)$, C$(3, 2)$

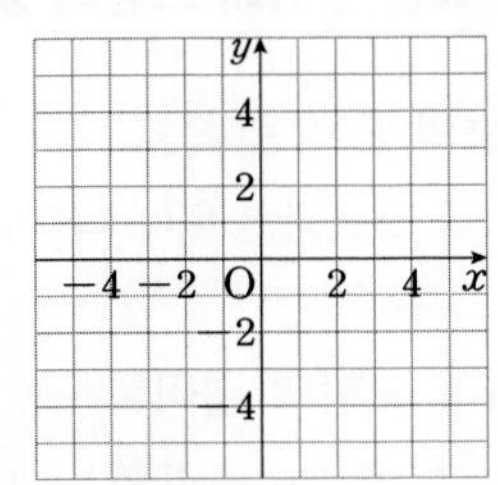

(5) A$(1, 4)$, B$(-4, -3)$, C$(4, -3)$

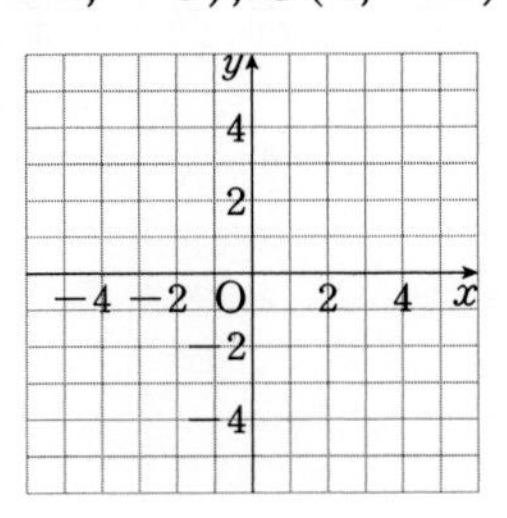

7 다음 주어진 점을 좌표평면 위에 나타내고, 각 점을 꼭짓점으로 하는 도형의 넓이를 구하시오.

(1) A$(4, 3)$, B$(-3, 3)$, C$(-3, -2)$, D$(4, -2)$

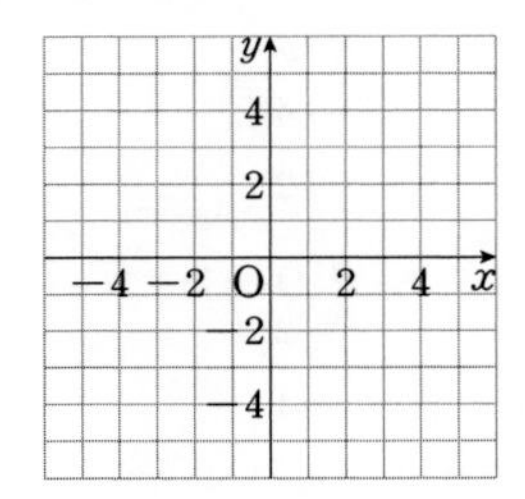

(2) A$(-2, 3)$, B$(-2, -2)$, C$(3, -2)$, D$(3, 3)$

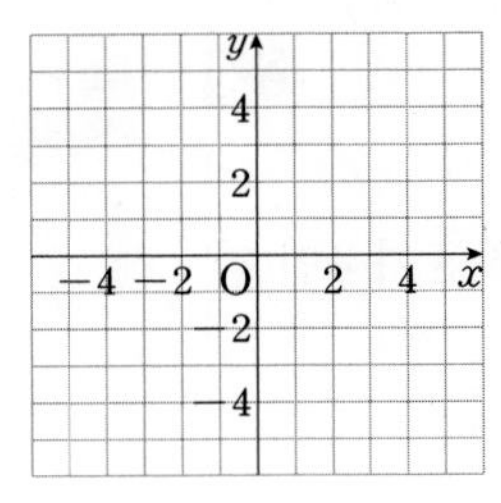

(3) A$(3, 2)$, B$(3, -4)$, C$(-3, -4)$, D$(-3, 2)$

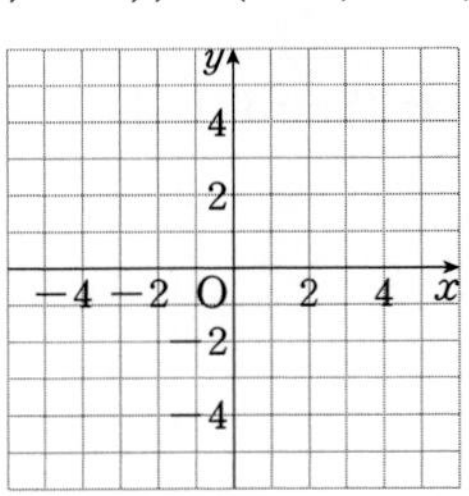

(4) A$(3, 0)$, B$(0, 3)$, C$(-3, 0)$, D$(0, -3)$

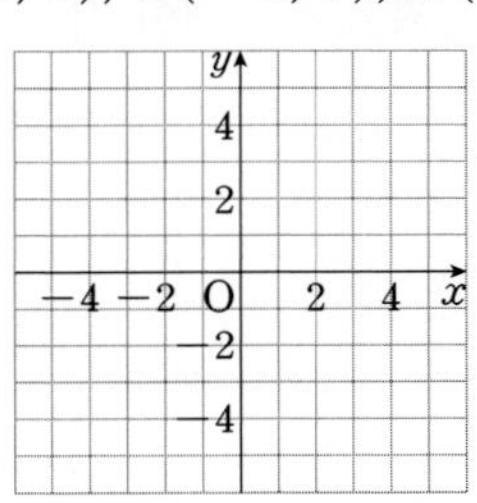

개념 04 **사분면**

좌표평면은 ☐에 의하여 네 부분으로 나누어지고, 그 각 부분을 제1사분면, 제2사분면, 제3사분면, 제4분면이라고 한다.

	제1사분면	제2사분면	제3사분면	제4사분면
x좌표의 부호	+	☐	−	+
y좌표의 부호	+	+	☐	☐

답: 좌표축, −, −, −

8 다음 점을 좌표평면 위에 나타내고, 어느 사분면 위의 점인지 쓰시오.

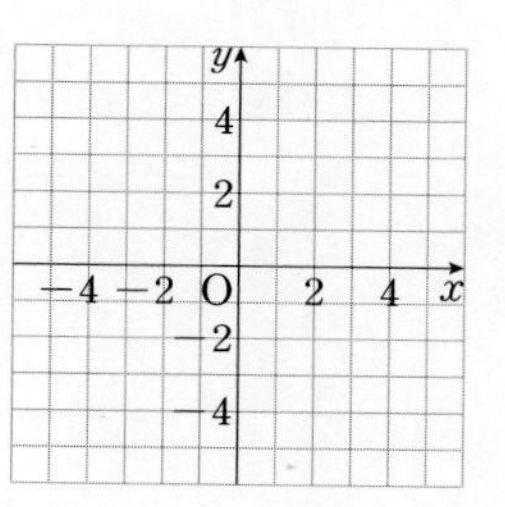

(1) $A(2,\ -3)$

(2) $B(1,\ 2)$

(3) $C(-3,\ 5)$

(4) $D(-4,\ -2)$

9 다음 보기의 점들에 대하여 물음에 답하시오.

보기

$A(3,\ -2)$　$B\left(\frac{2}{5},\ 0\right)$　$C(4,\ -1)$
$D(-1,\ -5)$　$E(-3,\ 1)$　$F(0,\ 0)$
$G(-6,\ 4)$　$H\left(0,\ \frac{1}{4}\right)$　$I(-2,\ -8)$

(1) 제2사분면 위의 점을 모두 고르시오.

(2) 제3사분면 위의 점을 모두 고르시오.

(3) 제4사분면 위의 점을 모두 고르시오.

(4) 어느 사분면에도 속하지 않는 점을 모두 고르시오.

10 두 순서쌍 $(a-5,\ 2b-1)$, $(3+2a,\ 3b-5)$가 서로 같을 때, 점 $(a,\ b)$는 어느 사분면 위의 점인지 구하시오.

개념 05 사분면의 결정 – 두 수의 부호를 이용하는 경우

(1) $\boldsymbol{ab>0}$일 때
① $a+b>0$이면 $a>0$, $b>0$
⇨ 점 (a, b)는 제□사분면 위의 점
② $a+b<0$이면 $a<0$, $b<0$
⇨ 점 (a, b)는 제□사분면 위의 점

(2) $\boldsymbol{ab<0}$일 때
① $a>b$이면 $a>0$, $b<0$
⇨ 점 (a, b)는 제□사분면 위의 점
② $a<b$이면 $a<0$, $b>0$
⇨ 점 (a, b)는 제□사분면 위의 점

답: 1, 3, 4, 2

11 $a+b<0$, $ab>0$일 때, 점 (a, b)는 어느 사분면 위의 점인지 구하시오.

12 $a<0$, $b<0$일 때, 다음 점은 어느 사분면 위의 점인지 쓰시오.

(1) $\mathrm{A}(a, b)$

(2) $\mathrm{B}(-a, b)$

(3) $\mathrm{C}(-a, -b)$

(4) $\mathrm{D}(b, -a)$

13 점 $\mathrm{P}(a, b)$가 제2사분면 위의 점일 때, 다음 점은 어느 사분면 위의 점인지 쓰시오.

(1) $\mathrm{A}(a, -b)$

(2) $\mathrm{B}(-a, b)$

(3) $\mathrm{C}(b, a)$

(4) $\mathrm{D}(-a, -b)$

(5) $\mathrm{E}(-b, -a)$

(6) $\mathrm{F}(-a, 2b)$

≫ 정답과 풀이 31쪽

개념 06 대칭인 점의 좌표

점 (a, b)에 대하여 대칭인 점의 좌표는 다음과 같다.

(1) x축에 대하여 대칭인 점의 좌표: $(a, \square)$

(2) y축에 대하여 대칭인 점의 좌표: $(\square, b)$

(3) 원점에 대하여 대칭인 점의 좌표: $(-a, \square)$

답: $-b$, $-a$, $-b$

14 주어진 점에 대하여 다음 점의 좌표를 구하시오.

(1) 점 $(2, 7)$

① x축에 대하여 대칭인 점

② y축에 대하여 대칭인 점

③ 원점에 대하여 대칭인 점

(2) 점 $(-5, 2)$

① x축에 대하여 대칭인 점

② y축에 대하여 대칭인 점

③ 원점에 대하여 대칭인 점

(3) 점 $(-3, -4)$

① x축에 대하여 대칭인 점

② y축에 대하여 대칭인 점

③ 원점에 대하여 대칭인 점

15 다음을 구하시오.

(1) 두 점 $\mathrm{P}(-2, a)$와 $\mathrm{Q}(b, -5)$가 x축에 대하여 대칭일 때, a, b의 값

(2) 두 점 $\mathrm{P}(a, 7)$과 $\mathrm{Q}(4, b)$가 y축에 대하여 대칭일 때, a, b의 값

(3) 두 점 $\mathrm{P}\left(a, \frac{1}{2}\right)$과 $\mathrm{Q}(-6, b)$가 x축에 대하여 대칭일 때, a, b의 값

(4) 두 점 $\mathrm{P}(2, a)$와 $\mathrm{Q}\left(b, -\frac{1}{5}\right)$이 y축에 대하여 대칭일 때, a, b의 값

(5) 두 점 $\mathrm{P}(a, 1)$과 $\mathrm{Q}(3, b)$가 원점에 대하여 대칭일 때, a, b의 값

(6) 두 점 $\mathrm{P}(-4, a)$와 $\mathrm{Q}(b, 10)$이 원점에 대하여 대칭일 때, a, b의 값

개념 07 그래프

(1) x, y와 같이 여러 가지로 변하는 값을 나타내는 문자를 ☐ 라고 한다.

(2) 서로 관계가 있는 두 변수 x, y의 순서쌍 (x, y)를 좌표로 하는 점을 좌표평면 위에 모두 나타낸 것을 ☐ 라고 한다.

답: 변수, 그래프

16 28 L의 물이 들어 있는 물탱크에서 1분마다 4 L씩 물을 빼낸다고 한다. 물을 뺀지 x분 후 물탱크에 남아 있는 물의 양을 y L라 할 때, 다음 물음에 답하시오.

(1) 표를 완성하시오.

x(분)	1	2	3	4	5	6	7
y(L)	24						

(2) (1)에서 두 변수 x, y의 순서쌍 (x, y)를 좌표로 하는 점을 다음 좌표평면 위에 나타내시오.

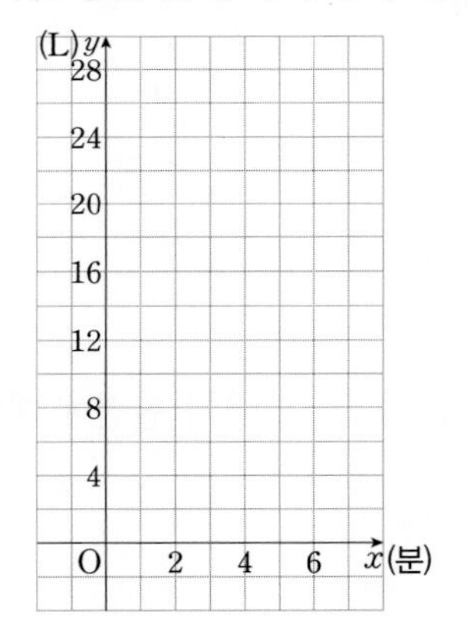

17 선호는 4자루의 연필을 갖고 있다. 여기에서 연필을 x자루 더 사면 y자루가 될 때, 다음 물음에 답하시오.

(1) 표를 완성하시오.

x(자루)	1	2	3	4	5
y(자루)	5				

(2) (1)에서 두 변수 x, y의 순서쌍 (x, y)를 좌표로 하는 점을 다음 좌표평면 위에 나타내시오.

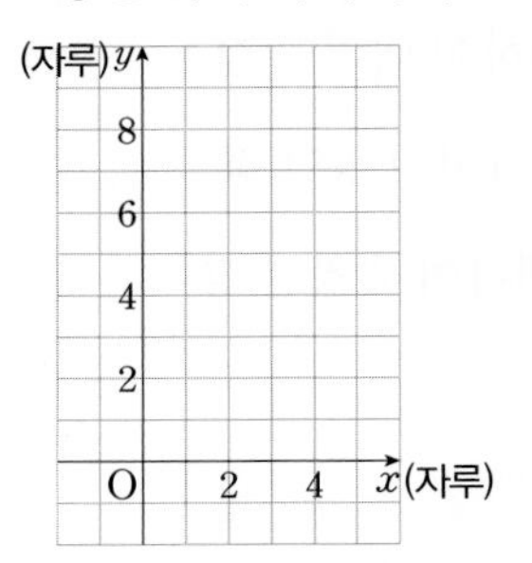

18 길이가 10 cm인 용수철에 무게가 같은 추를 한 개씩 매달 때마다 용수철의 길이가 1 cm씩 늘어난다고 한다. 추를 x개 매달았을 때의 용수철의 길이를 y cm라 하자. x의 값이 1, 2, 3, 4, 5일 때, 순서쌍 (x, y)를 좌표로 하는 점을 좌표평면 위에 나타내시오.

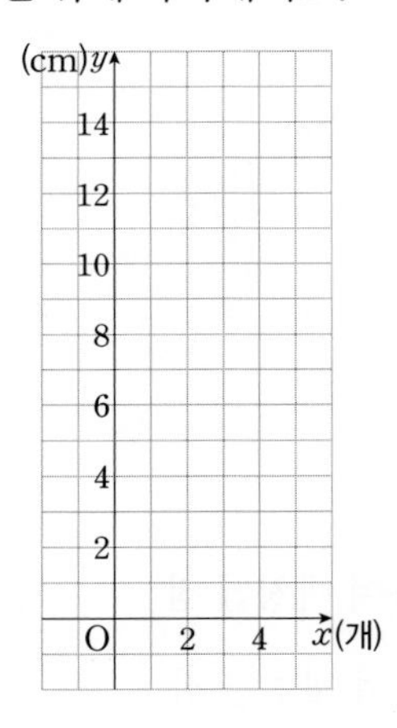

≫ 정답과 풀이 31쪽

개념 08 그래프의 해석

주어진 두 변수 사이의 관계를 [ ] 로 나타내면 두 변수 사이의 변화 관계를 쉽게 알아볼 수 있다.

답: 그래프

19 다음 그림은 수제 비누를 파는 가게에서 비누 1개의 판매 이익을 x원, 하루 동안 팔린 비누의 개수를 y개라 하고 두 변수 x, y 사이의 관계를 그래프로 나타낸 것이다. 다음 물음에 답하시오.

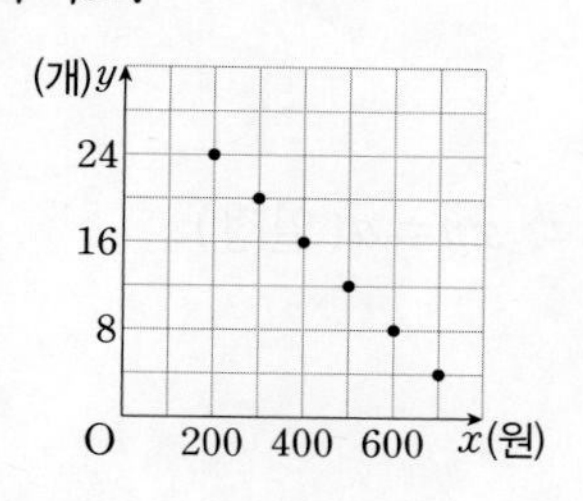

(1) 비누 1개의 판매 이익이 300원일 때, 팔린 비누의 개수를 구하시오.

개

(2) 팔린 비누의 개수가 8개일 때, 비누 1개의 판매 이익을 구하시오.

원

(3) 비누 1개의 판매 이익과 팔린 비누의 개수 사이에는 어떤 관계가 있는지 말하시오.

20 다음 그림은 승연이가 공원 입구에서 걷기 시작한 지 x분 후의 이동 거리를 y km라 할 때, x와 y 사이의 관계를 그래프로 나타낸 것이다. 다음 물음에 답하시오.

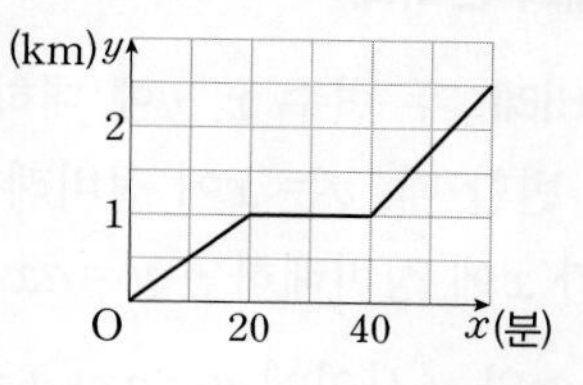

(1) 공원 입구에서 걷기 시작하여 20분 동안 이동한 거리를 구하시오.

km

(2) 공원 입구에서부터 0.5 km 이동한 것은 걷기 시작한 지 몇 분 후인지 구하시오.

분 후

(3) 중간에 이동하지 않고 멈춰 있던 시간은 몇 분인지 구하시오.

분

(4) 멈춰 있다가 다시 걷기 시작한 것은 공원 입구에서 걷기 시작한 지 몇 분 후인지 구하시오.

분 후

2 정비례와 반비례

01 정비례와 반비례

(1) **정비례**: 두 변수 x, y에 대하여 x의 값이 2배, 3배, 4배, …로 변함에 따라 y의 값도 2배, 3배, 4배, …로 변할 때, y는 x에 정비례한다고 한다.

(2) y가 x에 정비례하면 $y=ax(a\neq0)$가 성립한다.

또 x와 y 사이에 $y=ax(a\neq0)$가 성립하면 y는 x에 정비례한다. ⇨ $\frac{y}{x}=a$(일정)

(3) **반비례**: 두 변수 x, y에 대하여 x의 값이 2배, 3배, 4배, …로 변함에 따라 y의 값은 $\frac{1}{2}$배, $\frac{1}{3}$배, $\frac{1}{4}$배, …로 변할 때, y는 x에 반비례한다고 한다.

(4) y가 x에 반비례하면 $y=\frac{a}{x}(a\neq0)$가 성립한다.

또 x와 y 사이에 $y=\frac{a}{x}(a\neq0)$가 성립하면 y는 x에 반비례한다. ⇨ $xy=a$(일정)

02 정비례 관계 $y=ax(a\neq0)$의 그래프

x의 값의 범위가 수 전체일 때, 정비례 관계 $y=ax(a\neq0)$의 그래프는 원점을 지나는 직선이다.

	$a>0$일 때	$a<0$일 때
그래프	$y=ax$, $(1, a)$, O, 1, a	$y=ax$, $(1, a)$, O, 1, a
그래프의 모양	오른쪽 위로 향하는 직선	오른쪽 아래로 향하는 직선
지나는 사분면	제1사분면, 제3사분면	제2사분면, 제4사분면
증가 · 감소상태	x의 값이 증가하면 y의 값도 증가	x의 값이 증가하면 y의 값은 감소

참고 정비례 관계 $y=ax(a\neq0)$의 그래프에서 a의 절댓값이 클수록 y축에 가까워진다.

03 반비례 관계 $y=\frac{a}{x}(a\neq0)$의 그래프

x의 값의 범위가 0이 아닌 수 전체일 때, 반비례 관계 $y=\frac{a}{x}(a\neq0)$의 그래프는 원점에 대하여 대칭이고 좌표축에 가까워지면서 한없이 뻗어 나가는 한 쌍의 매끄러운 곡선이다.

	$a>0$일 때	$a<0$일 때
그래프	$y=\frac{a}{x}$, $(1, a)$, O, 1, a	$y=\frac{a}{x}$, $(1, a)$, O, 1, a
지나는 사분면	제1사분면, 제3사분면	제2사분면, 제4사분면
증가 · 감소상태	각 사분면에서 x의 값이 증가하면 y의 값은 감소	각 사분면에서 x의 값이 증가하면 y의 값도 증가

참고 반비례 관계 $y=\frac{a}{x}(a\neq0)$의 그래프는 a의 절댓값이 작을수록 원점에 가까워진다.

≫ 정답과 풀이 34쪽

연산으로 개념잡기

개념 01 정비례 관계

(1) **정비례:** 두 변수 x, y에 대하여 x의 값이 2배, 3배, 4배, …로 변함에 따라 y의 값도 ☐배, ☐배, 4배, …로 변하는 관계가 있으면 y는 x에 정비례한다고 한다.

(2) **정비례 관계의 식**
y가 x에 정비례 하면 $y=$☐ $(a\neq0)$가 성립한다.

(3) **정비례의 성질**
$\frac{y}{x}$의 값이 일정하면 x와 y는 정비례한다.

답: $2, 3, ax$

1 한 개에 100 g인 귤 x개의 무게가 y g일 때, 다음 물음에 답하시오.

(1) 표를 완성하시오.

x(개)	1	2	3	4	…
y(g)					…

(2) y가 x에 정비례하는지 말하시오.

(3) x와 y 사이의 관계를 식으로 나타내시오.

2 한 개에 2000원인 마카롱 x개의 가격이 y원일 때, 다음 물음에 답하시오.

(1) 표를 완성하시오.

x(개)	1	2	3	4	…
y(원)					…

(2) y가 x에 정비례하는지 말하시오.

(3) x와 y 사이의 관계를 식으로 나타내시오.

3 분속 150 m로 달리는 코끼리열차가 x분 동안 가는 거리가 y m일 때, 다음 물음에 답하시오.

(1) 표를 완성하시오.

x(분)	1	2	3	4	…
y(m)					…

(2) y가 x에 정비례하는지 말하시오.

(3) x와 y 사이의 관계를 식으로 나타내시오.

4 다음 중 y가 x에 정비례하는 것은 ○표, 정비례하지 않는 것은 ×표를 ( ) 안에 써넣으시오.

(1) $y=-2x$ ( )

(2) $y=\frac{1}{3}x$ ( )

(3) $y=x-6$ ( )

(4) $\frac{y}{x}=5$ ( )

(5) $y=\frac{7}{2}x$ ( )

(6) $y=-\frac{1}{4}x-1$ ( )

(7) $xy=10$ ( )

(8) $y=\frac{x}{9}$ ( )

5 다음 중 y가 x에 정비례하는 것은 ○표, 정비례하지 않는 것은 ×표를 ( ) 안에 써넣으시오.

(1) 거북이 x마리의 다리의 수 y개 ( )

(2) 한 변의 길이가 x cm인 정삼각형의 둘레의 길이 y cm ( )

(3) 나이가 x살인 언니보다 4살 적은 동생의 나이 y살 ( )

(4) 빈 물통에 매분 6 L씩 물을 받을 때 x분 동안 받는 물의 양 y L ( )

(5) 120쪽인 문제집을 x쪽 풀고 남은 쪽수 y쪽 ( )

6 y가 x에 정비례하고 다음 조건을 만족시킬 때, x와 y 사이의 관계를 식으로 나타내시오.

(1) $x=3$일 때 $y=9$ ....

(2) $x=10$일 때 $y=-6$ ....

≫정답과 풀이 34쪽

개념 02 정비례 관계 $y=ax(a\neq0)$의 그래프 그리기

① 좌표평면 위에 원점 (0, 0)을 나타낸다.
② 0을 제외한 적당한 x의 값을 대입하여 y의 값을 구한다.
③ ②의 순서쌍 (x, y)를 좌표로 하는 점을 좌표평면 위에 나타낸다.
④ 원점과 ③의 점을 직선으로 연결한다.

7 정비례 관계 $y=x$에 대하여 다음 물음에 답하시오.

(1) 표를 완성하시오.

x	-3	-2	-1	0	1	2	3
y							

(2) x의 값이 $-3, -2, -1, 0, 1, 2, 3$일 때, 정비례 관계 $y=x$의 그래프를 좌표평면 위에 그리시오.

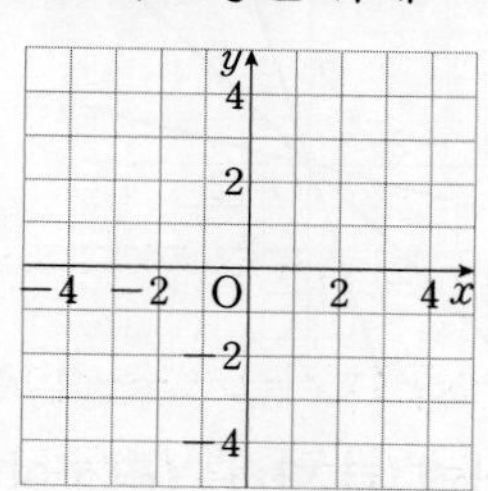

(3) x의 값의 범위가 수 전체일 때, 정비례 관계 $y=x$의 그래프를 좌표평면 위에 그리시오.

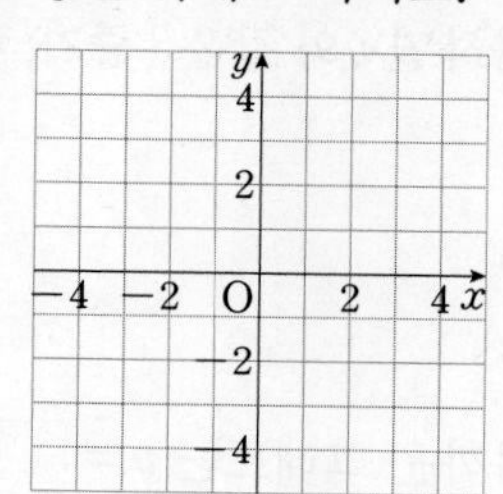

8 다음은 정비례 관계의 그래프가 지나는 두 점의 좌표를 나타낸 것이다. □ 안에 알맞은 수를 써넣고, 그래프를 좌표평면 위에 그리시오. (단, x의 값의 범위는 수 전체)

(1) $y=2x$ ⇨ (0, □), (1, □)

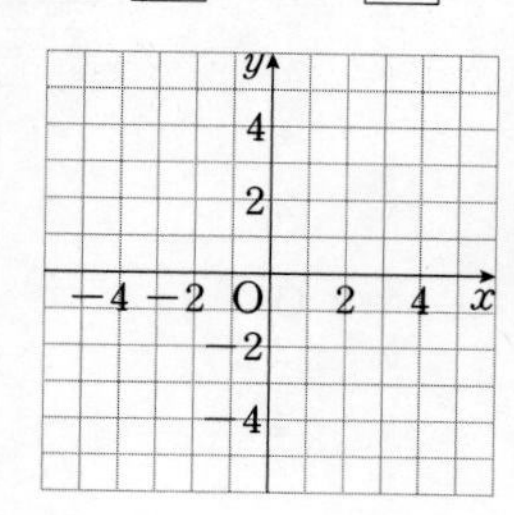

(2) $y=\frac{1}{2}x$ ⇨ (0, □), (2, □)

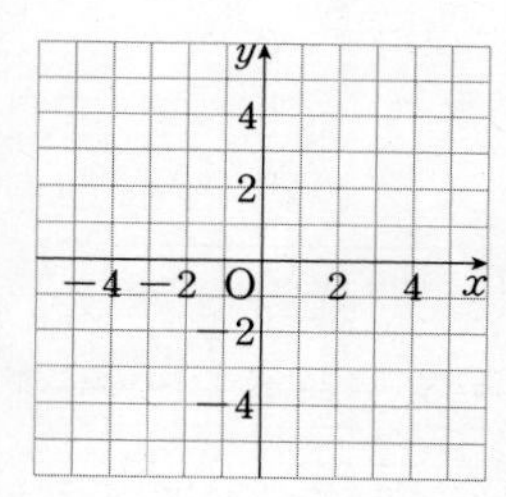

(3) $y=\frac{4}{3}x$ ⇨ (□, 0), (3, □)

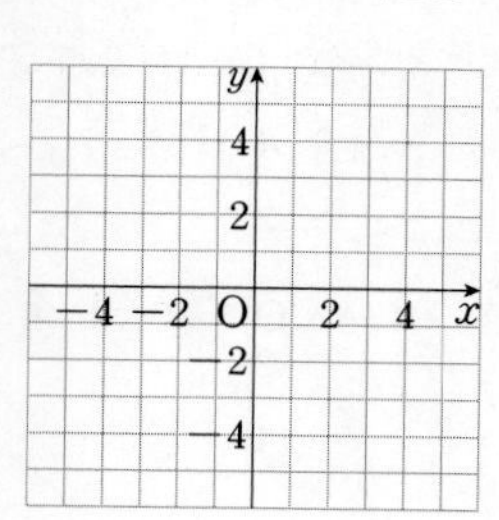

9 다음은 정비례 관계의 그래프가 지나는 두 점의 좌표를 나타낸 것이다. □ 안에 알맞은 수를 써넣고, 그래프를 좌표평면 위에 그리시오. (단, x의 값의 범위는 수 전체)

(1) $y=-3x$ ⇨ (0, □), (1, □)

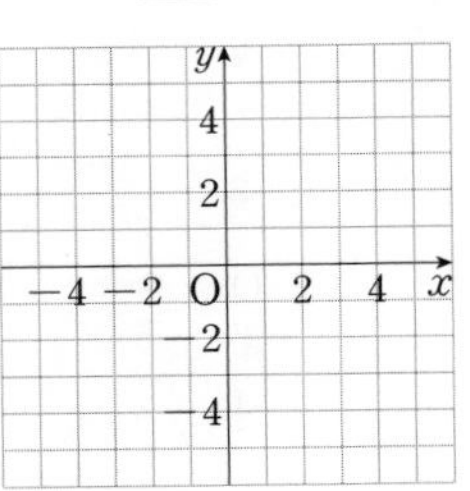

(2) $y=-5x$ ⇨ (□, 0), (1, □)

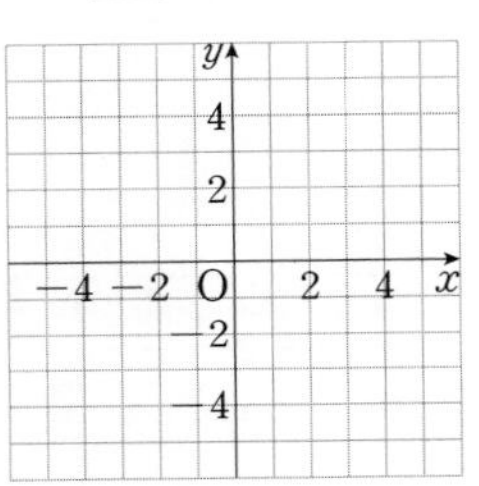

(3) $y=-\frac{2}{3}x$ ⇨ (0, □), (3, □)

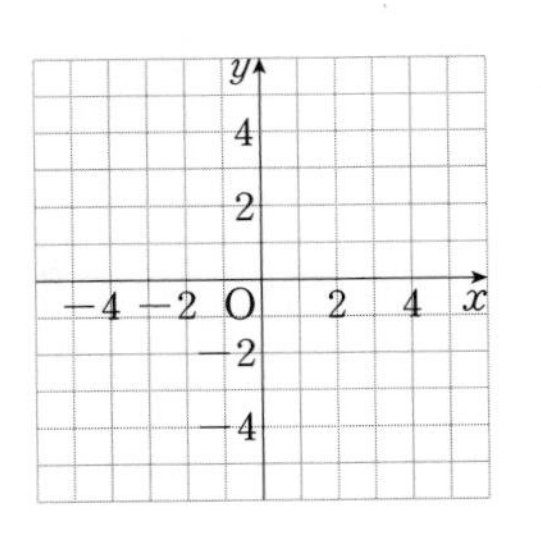

개념 03 정비례 관계 $y=ax(a\neq0)$의 그래프

정비례 관계 $y=ax(a\neq0)$의 그래프는 a의 값에 관계없이 항상 원점을 지나는 직선이다.

(1) a □ 0일 때
① 제1사분면, 제3사분면을 지난다.
② 오른쪽 □로 향하는 직선이다.
③ x의 값이 증가할 때, y의 값도 □한다.

(2) a □ 0일 때
① 제2사분면, 제□사분면을 지난다.
② 오른쪽 아래로 향하는 직선이다.

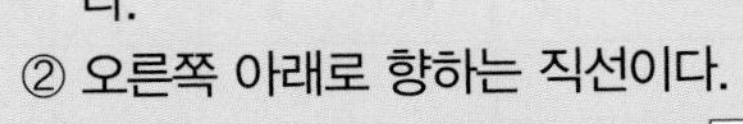

③ x의 값이 증가할 때, y의 값은 □한다.

답: $>$, 위, 증가, $<$, 4, 감소

10 다음은 정비례 관계 $y=3x$, $y=x$, $y=\frac{1}{4}x$의 그래프이다. 이 그래프들에 대하여 옳은 것에 ○표 하고, □ 안에 알맞은 수를 써넣으시오.

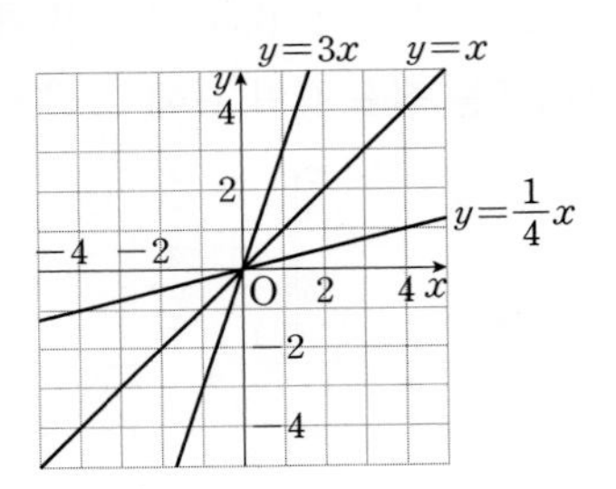

(1) 오른쪽 (위, 아래)로 향하는 직선이다.

(2) 제□사분면과 제□사분면을 지난다.

(3) x의 값이 증가하면 y의 값은 (증가, 감소)한다.

(4) y축에 가장 가까운 그래프는 $y=$□x이다.

11 다음은 정비례 관계 $y=-2x$, $y=-x$, $y=-\frac{1}{3}x$의 그래프이다. 이 그래프들에 대하여 옳은 것에 ○표 하고, □ 안에 알맞은 수를 써넣으시오.

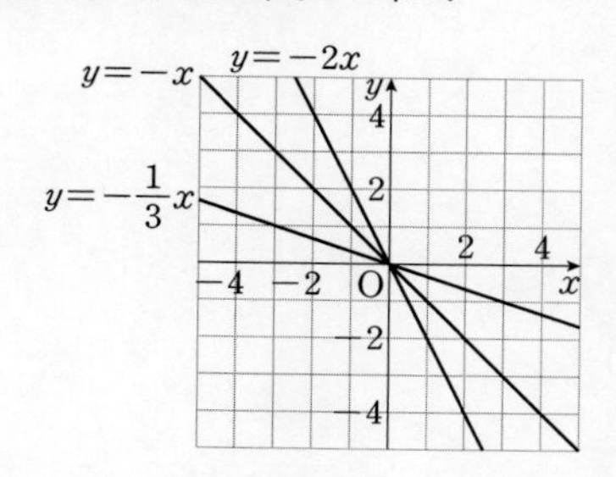

(1) 오른쪽 (위, 아래)로 향하는 직선이다.

(2) 제□사분면과 제□사분면을 지난다.

(3) x의 값이 증가하면 y의 값은 (증가, 감소)한다.

(4) x축에 가장 가까운 그래프는 $y=$□x이다.

12 다음 정비례 관계의 그래프가 지나는 사분면을 쓰시오.

(1) $y=4x$

(2) $y=-\frac{1}{9}x$

(3) $y=\frac{3}{5}x$

(4) $y=0.6x$

(5) $y=-6x$

13 다음과 같은 정비례 관계의 그래프를 보기에서 모두 고르시오.

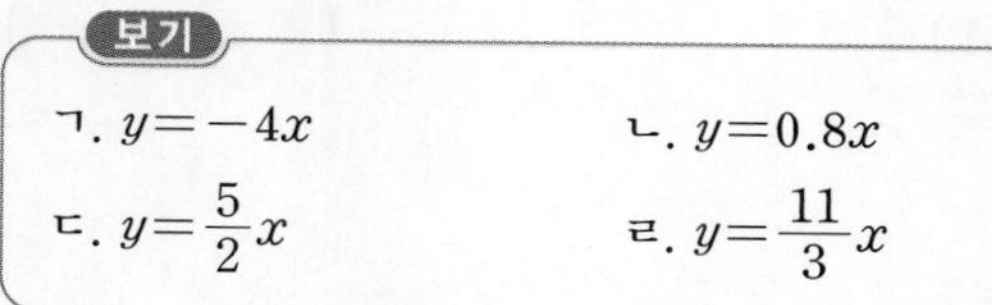
보기
ㄱ. $y=-4x$　　ㄴ. $y=0.8x$
ㄷ. $y=\frac{5}{2}x$　　ㄹ. $y=\frac{11}{3}x$

(1) 오른쪽 위로 향하는 그래프

(2) 제4사분면을 지나는 그래프

(3) x의 값이 증가하면 y의 값은 감소하는 그래프

(4) y축에 가장 가까운 그래프

개념 04 정비례 관계 $y=ax(a\neq0)$의 그래프 위의 점

점 (p, q)가 정비례 관계 $y=ax(a\neq0)$의 그래프 위의 점이다.

⇨ x 대신 ☐, y 대신 ☐를 $y=ax$에 대입하면

☐$=ap$이다.

답: p, q, q

14 다음 점이 정비례 관계 $y=3x$의 그래프 위의 점인 것은 ○표, 아닌 것은 ×표를 ( ) 안에 써넣으시오.

(1) $(1, 3)$ ( )

(2) $(-3, -1)$ ( )

(3) $(-2, -6)$ ( )

(4) $\left(\frac{1}{3}, 9\right)$ ( )

15 다음 점이 정비례 관계 $y=-4x$의 그래프 위의 점인 것은 ○표, 아닌 것은 ×표를 ( ) 안에 써넣으시오.

(1) $(-1, -4)$ ( )

(2) $(2, -2)$ ( )

(3) $(1, -4)$ ( )

(4) $\left(-\frac{1}{2}, 2\right)$ ( )

16 정비례 관계 $y=2x$의 그래프가 다음 점을 지날 때, a의 값을 구하시오.

(1) $(a, 2)$

(2) $(-1, a)$

(3) $(a, 1)$

(4) $(2+a, 8)$

17 정비례 관계 $y=ax$의 그래프가 다음 점을 지날 때, 상수 a의 값을 구하시오.

(1) $(-1, 3)$

(2) $\left(\frac{1}{4}, 1\right)$

(3) $(-2, -2)$

(4) $(2, -8)$

≫ 정답과 풀이 34쪽

개념 05 반비례 관계

(1) **반비례:** 두 변수 x, y에서 x의 값이 2배, 3배, 4배, …로 변함에 따라 y의 값은 □배, □배, $\frac{1}{4}$배, …로 변하는 관계가 있으면 y는 x에 반비례한다고 한다.

(2) **반비례 관계의 식**

y가 x에 반비례하면 $y=$□$(a\neq0)$가 성립한다.

(3) **반비례의 성질**

xy의 값이 일정하면 x와 y는 반비례한다.

답: $\frac{1}{2}$, $\frac{1}{3}$, $\frac{a}{x}$

18 자두 48개를 x명의 학생들에게 y개씩 나누어 주려고 할 때, 다음 물음에 답하시오.

(1) 표를 완성하시오.

x(명)	1	2	3	4	…
y(개)					…

(2) y가 x에 반비례하는지 말하시오.

(3) x와 y 사이의 관계를 식으로 나타내시오.

19 무게가 540 g인 찰흙을 x조각으로 똑같이 자르면 한 조각의 무게가 y g일 때, 다음 물음에 답하시오.

(1) 표를 완성하시오.

x(조각)	1	2	3	4	…
y(g)					…

(2) y가 x에 반비례하는지 말하시오.

(3) x와 y 사이의 관계를 식으로 나타내시오.

20 크기가 900 MB인 파일을 내려받는 시간을 x초, 1초에 내려받는 크기를 y MB라 할 때, 다음 물음에 답하시오.

(1) 표를 완성하시오.

x(초)	1	2	3	4	…
y(MB)					…

(2) y가 x에 반비례하는지 말하시오.

(3) x와 y 사이의 관계를 식으로 나타내시오.

개념 06 반비례 관계 $y=\frac{a}{x}(a\neq0)$의 그래프 그리기

① 적당한 x의 값을 대입하여 y의 값을 구하여 순서쌍 (x, y)로 나타낸다.
② ①의 순서쌍 (x, y)를 좌표로 하는 점을 좌표평면 위에 나타낸다.
③ ②의 점들을 한 쌍의 매끄러운 곡선으로 연결한다.

21 반비례 관계 $y=\frac{6}{x}$에 대하여 다음 물음에 답하시오.

(1) 표를 완성하시오.

x	-6	-3	-2	-1	1	2	3	6
y								

(2) x의 값이 -6, -3, -2, -1, 1, 2, 3, 6일 때, 반비례 관계 $y=\frac{6}{x}$의 그래프를 좌표평면 위에 그리시오.

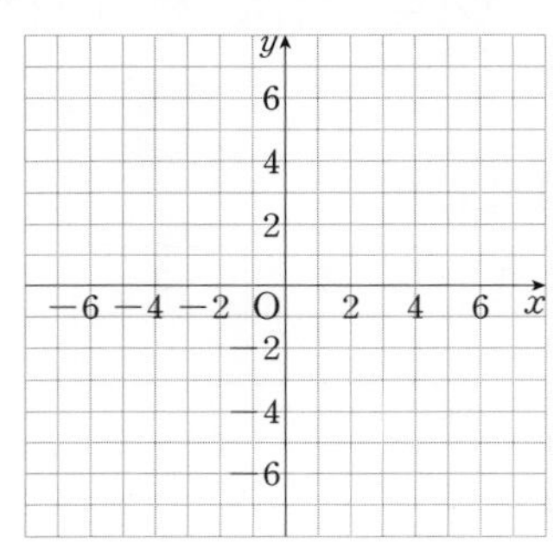

(3) x의 값의 범위가 0이 아닌 수 전체일 때, 반비례 관계 $y=\frac{6}{x}$의 그래프를 좌표평면 위에 그리시오.

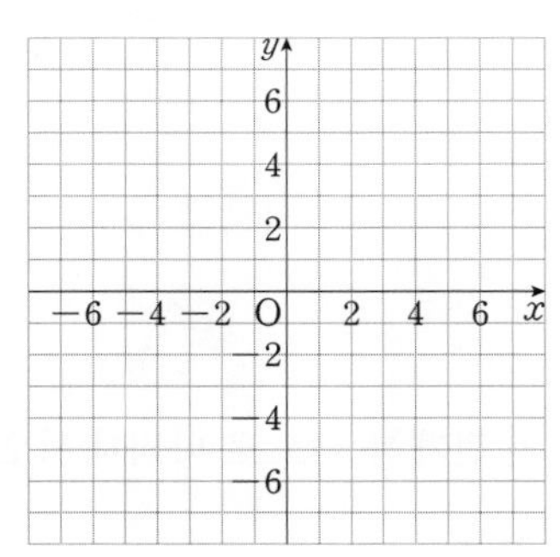

22 다음 반비례 관계에 대하여 표를 완성하고, 그래프를 좌표평면 위에 그리시오. (단, x의 값의 범위는 0이 아닌 수 전체)

(1) $y=\frac{4}{x}$

x	-4	-2	-1	1	2	4
y						

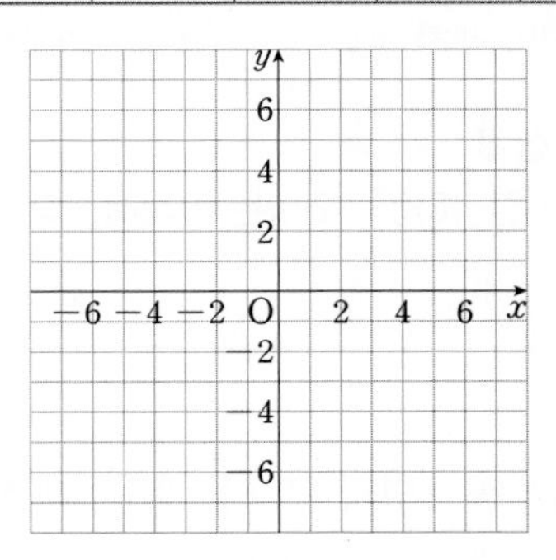

(2) $y=\frac{8}{x}$

x	-8	-4	-2	-1	1	2	4	8
y								

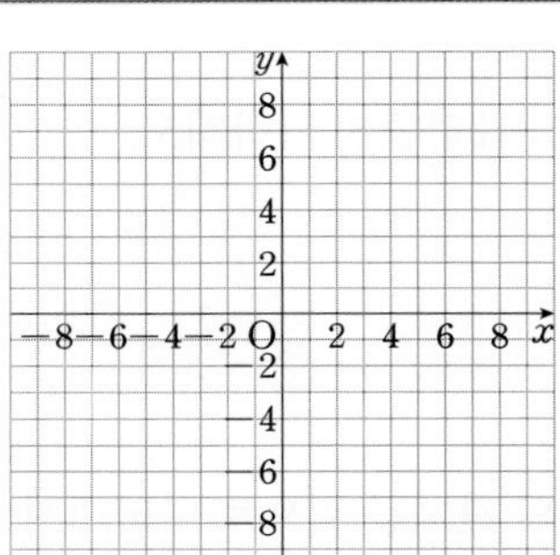

(3) $y=\frac{12}{x}$

x	-6	-4	-2	2	4	6
y						

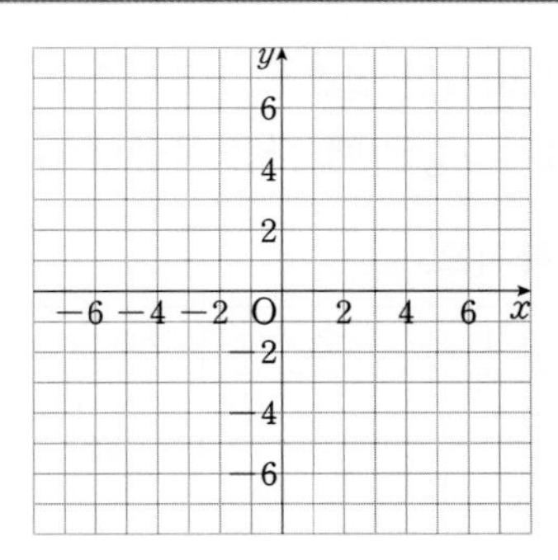

≫ 정답과 풀이 34쪽

23 다음 반비례 관계에 대하여 표를 완성하고, 그래프를 좌표평면 위에 그리시오. (단, x의 값의 범위는 0이 아닌 수 전체)

(1) $y=-\dfrac{4}{x}$

x	-4	-2	-1	1	2	4
y						

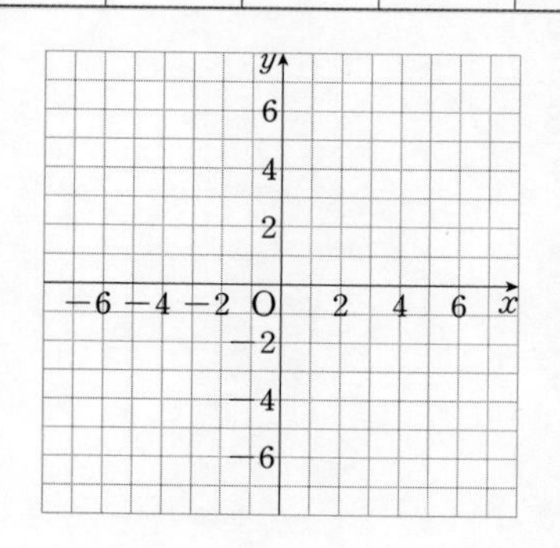

(2) $y=-\dfrac{8}{x}$

x	-8	-4	-2	-1	1	2	4	8
y								

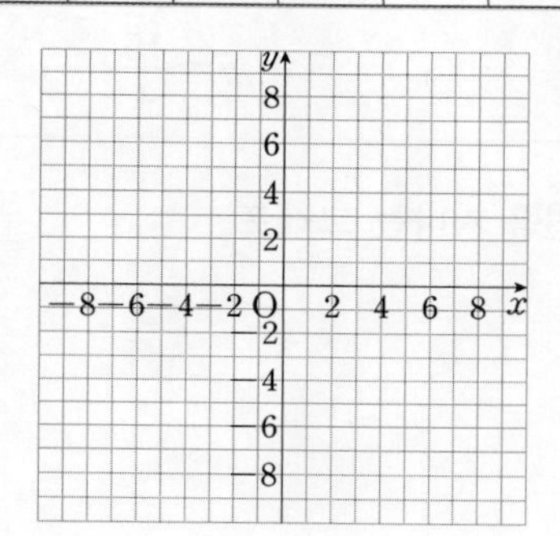

(3) $y=-\dfrac{12}{x}$

x	-6	-4	-2	2	4	6
y						

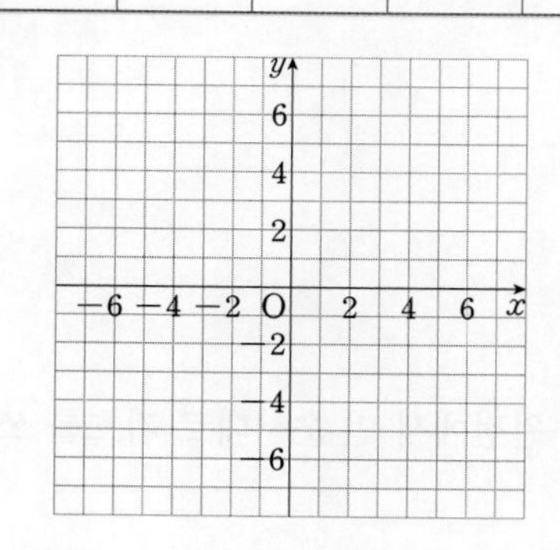

개념 07 반비례 관계 $y=\dfrac{a}{x}(a\neq0)$의 그래프

반비례 관계 $y=\dfrac{a}{x}(a\neq0)$의 그래프는 원점에 점점 가까워지는 한 쌍의 매끄러운 곡선이다.

(1) $a>0$일 때

① 제1사분면과 제☐사분면을 지난다.

② 각 사분면에서 x의 값이 증가할 때, y의 값은 ☐한다.

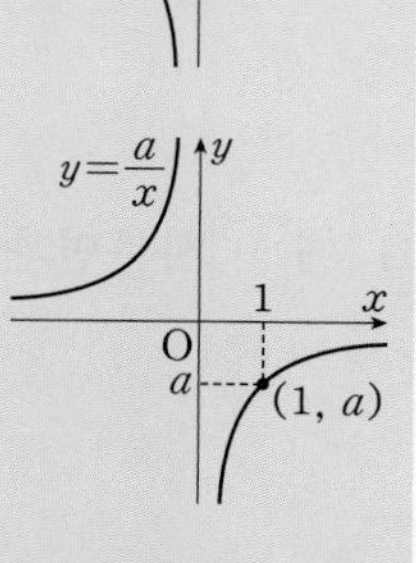

(2) $a<0$일 때

① 제☐사분면과 제4사분면을 지난다.

② 각 사분면에서 x의 값이 증가할 때, y의 값도 ☐한다.

답: 3, 감소, 2, 증가

24 다음은 반비례 관계 $y=\dfrac{3}{x}$, $y=\dfrac{5}{x}$, $y=\dfrac{9}{x}$의 그래프이다. ☐ 안에 알맞은 수를 써넣고, 옳은 것에 ○표 하시오.

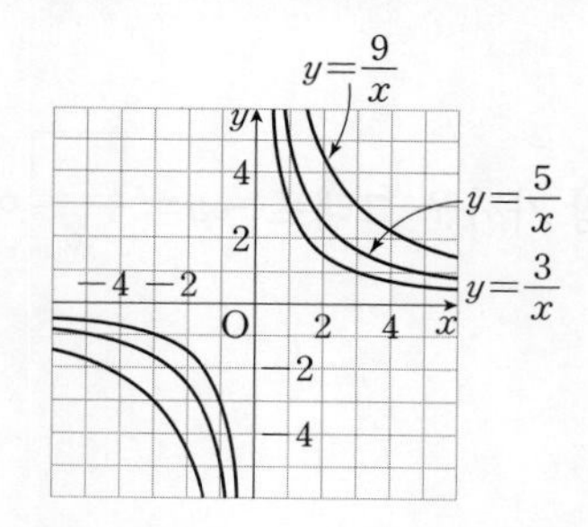

(1) 제☐사분면과 제☐사분면을 지난다.

(2) 각 사분면에서 x의 값이 증가하면 y의 값은 (증가, 감소)한다.

(3) 원점에 가장 가까운 그래프는 $y=\dfrac{☐}{x}$이다.

25 다음은 반비례 관계 $y=-\frac{2}{x}$, $y=-\frac{6}{x}$, $y=-\frac{10}{x}$의 그래프이다. □ 안에 알맞은 수를 써넣고, 옳은 것에 ○표 하시오.

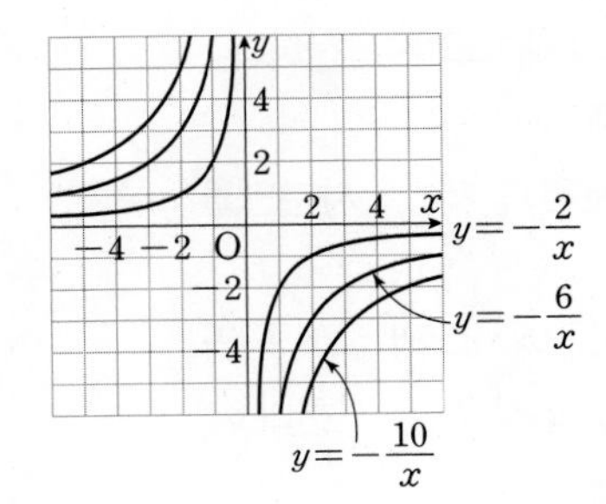

(1) 제□사분면과 제□사분면을 지난다.

(2) 각 사분면에서 x의 값이 증가하면 y의 값은 (증가, 감소)한다.

(3) 원점에 가장 가까운 그래프는 $y=\frac{\square}{x}$이다.

26 다음 반비례 관계의 그래프가 지나는 사분면을 쓰시오.

(1) $y=\frac{3}{x}$

(2) $y=-\frac{9}{x}$

(3) $y=\frac{20}{x}$

(4) $y=\frac{15}{x}$

(5) $y=-\frac{18}{x}$

27 다음과 같은 반비례 관계의 그래프를 **보기**에서 모두 고르시오.

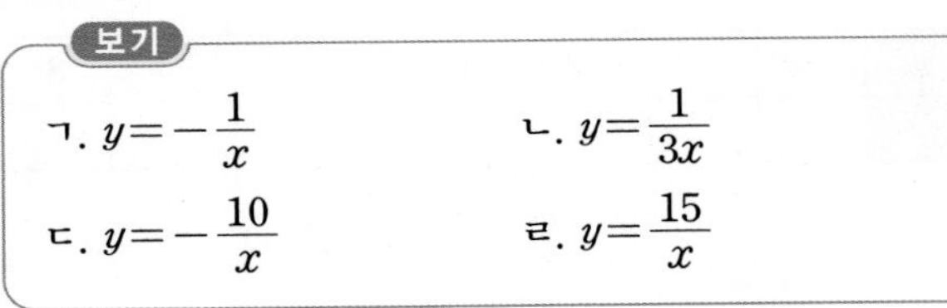
보기

ㄱ. $y=-\frac{1}{x}$　　ㄴ. $y=\frac{1}{3x}$

ㄷ. $y=-\frac{10}{x}$　　ㄹ. $y=\frac{15}{x}$

(1) 제2사분면을 지나는 그래프

(2) 각 사분면에서 x의 값이 증가하면 y의 값은 감소하는 그래프

(3) 그래프가 원점에서 먼 순서대로 기호를 쓰시오.

개념 08 반비례 관계 $y=\frac{a}{x}(a\neq0)$의 그래프 위의 점

점 (p, q)가 반비례 관계 $y=\frac{a}{x}(a\neq0)$의 그래프 위의 점이다.

⇨ x 대신 ☐, y 대신 ☐를 $y=\frac{a}{x}$에 대입하면

$q=$ ☐ 이다.

답: p, q, $\frac{a}{p}$

28 다음 점이 반비례 관계 $y=\frac{4}{x}$의 그래프 위의 점인 것은 ○표, 아닌 것은 ×표를 ( ) 안에 써넣으시오.

(1) $(1, 4)$ ( )

(2) $(8, 2)$ ( )

(3) $(-4, 1)$ ( )

(4) $\left(3, \frac{4}{3}\right)$ ( )

29 다음 점이 반비례 관계 $y=-\frac{12}{x}$의 그래프 위의 점인 것은 ○표, 아닌 것은 ×표를 ( ) 안에 써넣으시오.

(1) $(-2, 6)$ ( )

(2) $(3, -4)$ ( )

(3) $\left(10, -\frac{5}{6}\right)$ ( )

(4) $(-24, 2)$ ( )

30 반비례 관계 $y=\frac{10}{x}$의 그래프가 다음 점을 지날 때, a의 값을 구하시오.

(1) $(a, 5)$

(2) $(-1, a)$

(3) $(a, -2)$

(4) $(6, a)$

31 반비례 관계 $y=\frac{a}{x}$의 그래프가 다음 점을 지날 때, 상수 a의 값을 구하시오.

(1) $(-2, 4)$

(2) $(1, 5)$

(3) $(-3, 2)$

(4) $\left(10, \frac{1}{5}\right)$

개념 09 정비례, 반비례 관계의 식 구하기

(1) 정비례 관계의 식

① 그래프가 원점을 지나는 직선이면 $y=$ ☐ 로 놓는다.

② 그래프가 점 (p, q)를 지날 때 $x=p$, $y=q$를 대입하여 a의 값을 구한다.

(2) 반비례 관계의 식

① 그래프가 원점에 대하여 대칭인 곡선이면 $y=$ ☐ 로 놓는다.

② 그래프가 점 (p, q)를 지날 때 $x=p$, $y=q$를 대입하여 a의 값을 구한다.

답: ax, $\frac{a}{x}$

32 다음 그래프가 나타내는 식을 구하시오.

(1)

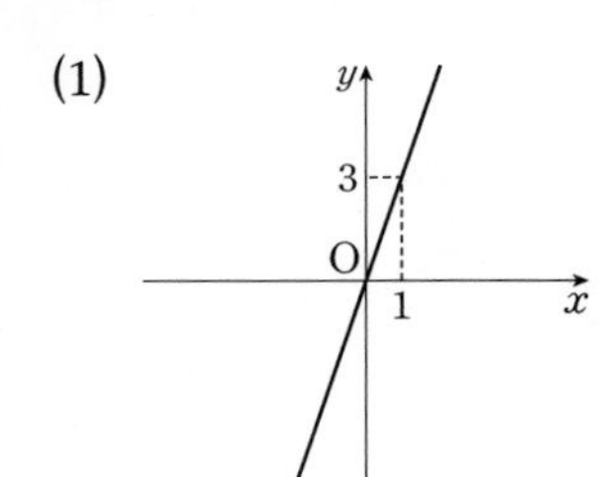

(2)

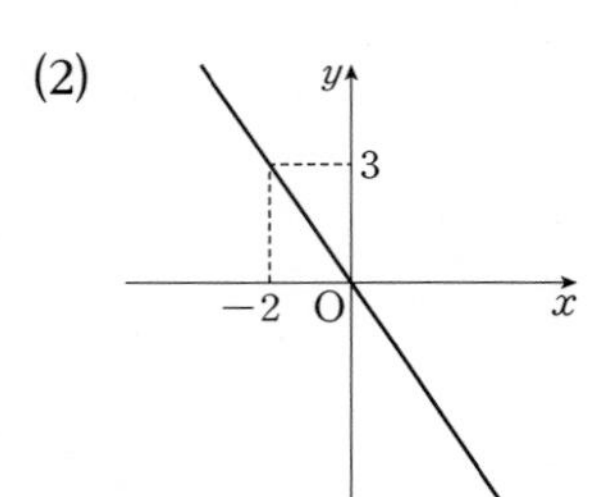

(3)

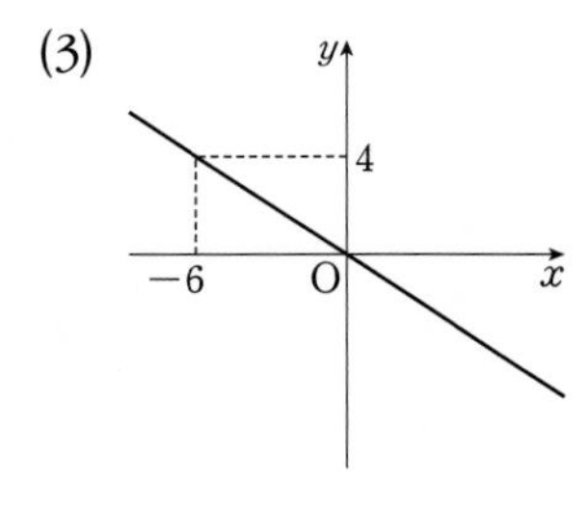

33 다음 그래프가 나타내는 식을 구하시오.

(1)

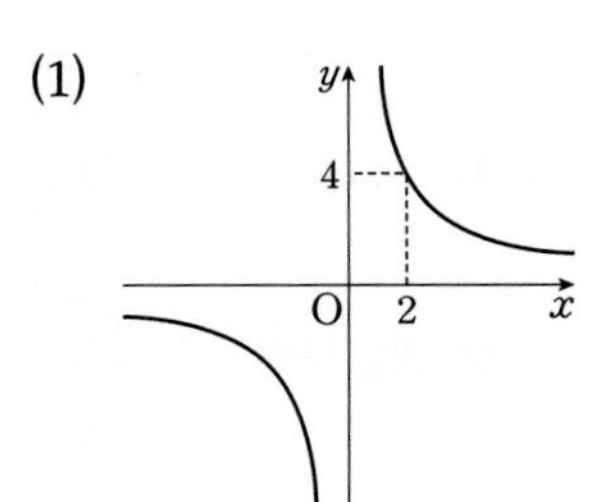

(2)

(3)

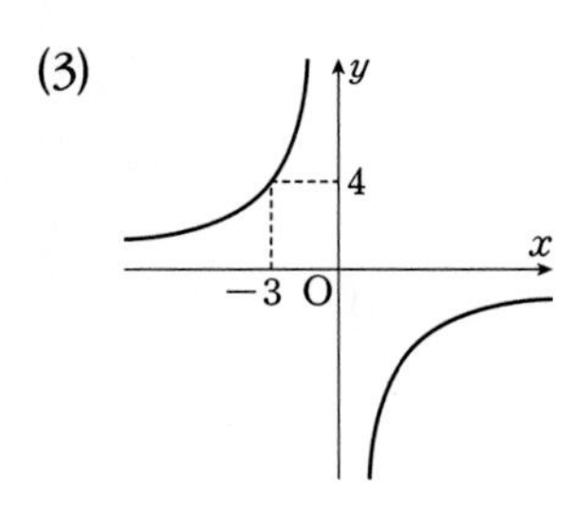

개념 10 정비례, 반비례의 관계의 활용

정비례, 반비례 관계의 활용 문제를 푸는 순서는 다음과 같다.

(1) **변수 x, y 정하기:** 변하는 두 양을 변수 x, y로 놓는다.

(2) **관계를 식으로 나타내기**

① x와 y 사이에 정비례 관계가 있으면

$y=$ ☐ $(a\neq0)$

② x와 y 사이에 반비례 관계가 있으면

$y=$ ☐ $(a\neq0)$로 나타낸다.

(3) **구하는 값 찾기:** 문제가 요구한 답을 찾는다.

(4) **확인하기:** 구한 값이 문제의 뜻에 맞는지 확인한다.

답: ax, $\frac{a}{x}$

34 윤지는 소설책을 매일 12쪽씩 읽는다. 윤지가 x일 동안 읽은 소설책의 쪽수를 y쪽이라 할 때, 다음 물음에 답하시오.

(1) 표를 완성하시오.

x(일)	1	2	3	4	5	…
y(쪽)						…

(2) x와 y 사이의 관계를 식으로 나타내시오.

(3) 윤지가 14일 동안 읽은 소설책의 쪽수를 구하시오.

쪽

35 1 L의 휘발유로 18 km를 갈 수 있는 자동차가 있다. 이 자동차가 x L의 휘발유로 갈 수 있는 거리를 y km라 할 때, 다음 물음에 답하시오.

(1) 표를 완성하시오.

x(L)	1	2	3	4	5	…
y(km)						…

(2) x와 y 사이의 관계를 식으로 나타내시오.

(3) 이 자동차가 휘발유 9 L로 갈 수 있는 거리는 몇 km인지 구하시오.

km

36 1분에 문서를 20장 복사하는 복사기가 있다. x분 동안 복사할 수 있는 문서의 장수를 y장이라 할 때, 다음 물음에 답하시오.

(1) x와 y 사이의 관계를 식으로 나타내시오.

(2) 이 복사기가 30분 동안 복사하는 문서는 모두 몇 장인지 구하시오.

장

IV 좌표평면과 그래프

37 크기가 같은 정사각형 모양의 타일 60개를 겹치지 않게 빈틈없이 붙여 직사각형을 만들려고 한다. 직사각형의 가로, 세로에 놓인 타일의 개수를 x개, y개라 할 때, 다음 물음에 답하시오.

(1) 표를 완성하시오.

x(개)	1	2	5	6	12	20
y(개)						

(2) x와 y 사이의 관계를 식으로 나타내시오.

(3) 세로에 놓인 타일의 개수가 15개일 때, 가로에 놓인 타일의 개수를 구하시오.

개

38 어느 학교의 신입생 240명을 똑같은 학생 수인 몇 개의 반으로 나누려고 한다. x반으로 나누면 한 반의 학생 수가 y명이라 할 때, 다음 물음에 답하시오.

(1) 표를 완성하시오.

x(반)	1	2	4	6	12
y(명)					

(2) x와 y 사이의 관계를 식으로 나타내시오.

(3) 이 학교의 신입생을 8개의 반으로 나누면 한 반의 학생은 몇 명인지 구하시오.

명

39 태온이가 빈 욕조에 1분에 8 L씩 나오도록 수도를 틀었더니 물을 가득 채우는 데 15분이 걸렸다고 한다. 이 욕조에 1분에 x L씩 나오도록 수도를 틀어 물을 가득 채우는 데 걸리는 시간을 y분이라 할 때, 물음에 답하시오.

꿀팁 (욕조 전체의 물의 양)=(1분에 넣는 물의 양)×(물을 넣는 시간)

(1) 욕조에 물을 가득 채웠을 때, 물의 양을 구하시오.

L

(2) x와 y 사이의 관계를 식으로 나타내시오.

(3) 1분에 12 L씩 나오도록 수도를 틀면 욕조를 가득 채우는 데 몇 분이 걸리는지 구하시오.

분

≫ 정답과 풀이 39쪽

1

다음 중 오른쪽 좌표평면 위의 점의 좌표를 나타낸 것으로 옳지 않은 것은?

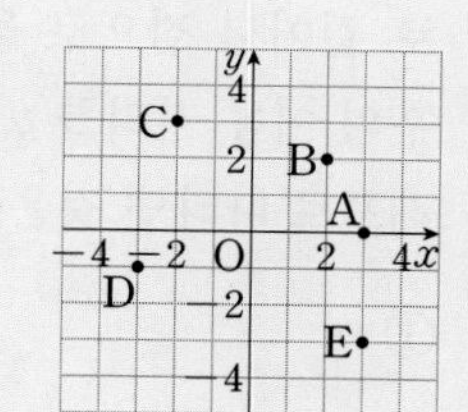

① A(0, 3) ② B(2, 2)
③ C(−2, 3) ④ D(−3, −1)
⑤ E(3, −3)

2

좌표평면 위의 네 점 A(−3, 3), B(−3, −2), C(1, −2), D(2, 3)을 꼭짓점으로 하는 사각형 ABCD의 넓이는?

① 20 ② $\frac{25}{2}$ ③ 15
④ $\frac{45}{2}$ ⑤ 30

3

점 P(a, 3)이 제2사분면 위의 점일 때,
점 Q(3, $-a$)는 어느 사분면 위의 점인가?

① 제1사분면 ② 제2사분면
③ 제3사분면 ④ 제4사분면
⑤ 어느 사분면에도 속하지 않는다.

4

$a>0$, $b<0$일 때, 다음 중 제1사분면 위의 점은?

① A(a, b) ② B($-a$, b)
③ C($-b$, a) ④ D($a-b$, b)
⑤ E(ab, $-b$)

5

점 P(a, b)가 제2사분면 위의 점일 때, 다음 중 제2사분면 위의 점은?

① A(b, a) ② B($-a$, b)
③ C($-a$, $a-b$) ④ D($-a^2$, $b-a$)
⑤ E($-b$, ab)

6

좌표평면 위의 점 A(−5, 2)와 x축에 대하여 대칭인 점을 A′(a, b)라 할 때, $a+b$의 값을 구하시오.

IV 좌표평면과 그래프

7

두 점 $\mathrm{A}(-1,\ a)$, $\mathrm{B}(b,\ 7)$이 y축에 대하여 대칭일 때, $a-b$의 값은?

① 2　② 3　③ 5
④ 6　⑤ 7

8

한 변의 길이가 x cm인 정육각형의 둘레의 길이를 y cm라 하자. x의 값이 1, 2, 3, 4, 5일 때, 순서쌍 $(x,\ y)$를 좌표로 하는 점을 좌표평면 위에 나타내시오.

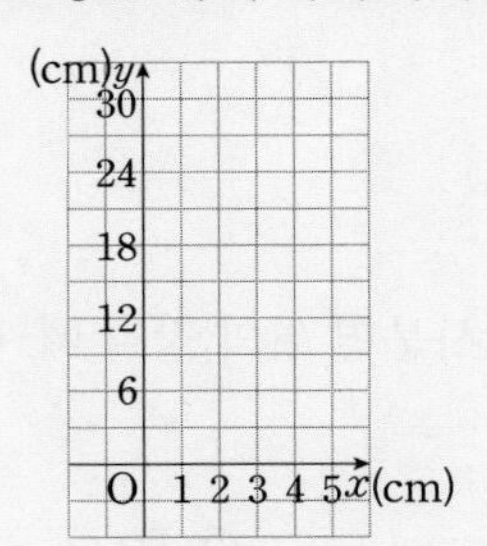

9

다음 그림은 원 모양의 관람차에 탑승한 지 x분 후 지면으로부터 관람차의 높이를 y m라 할 때, x와 y 사이의 관계를 그래프로 나타낸 것이다. 물음에 답하시오.

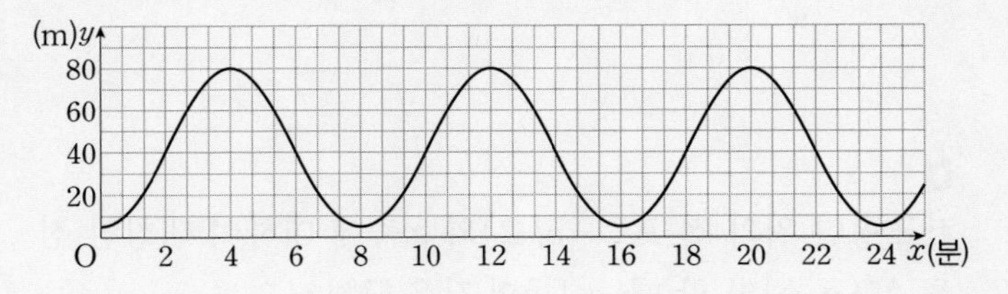

(1) 관람차가 지면으로부터 가장 높은 곳에 있을 때의 높이를 구하시오.

(2) 지면으로부터의 높이가 처음으로 40 m일 때는 탑승한 지 몇 분 후인지 구하시오.

10

준호는 집에서 출발하여 일정한 속력으로 걸어서 체육관에 갔다가 체육관에서 운동을 한 후, 다시 일정한 속력으로 걸어서 집으로 돌아왔다. 준호가 집을 출발한 지 x분 후의 이동 거리를 y km라 할 때, x와 y 사이의 관계를 그래프로 나타낸 것은?

①
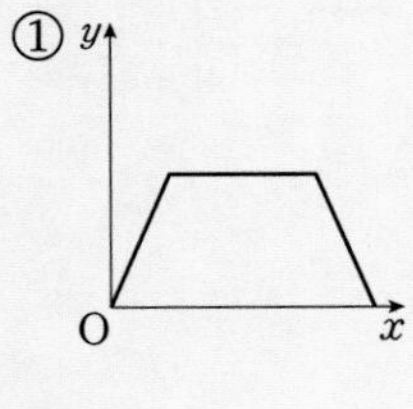

②
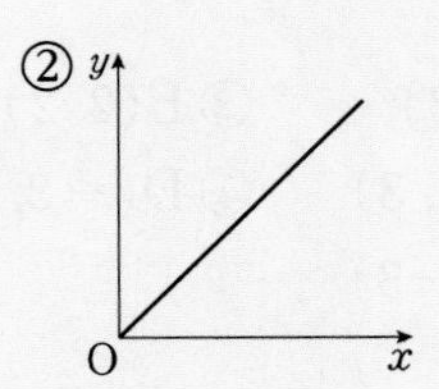

③
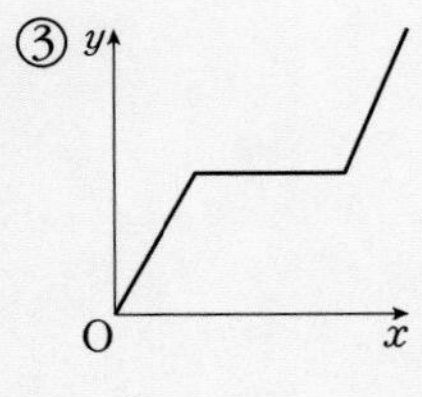

④
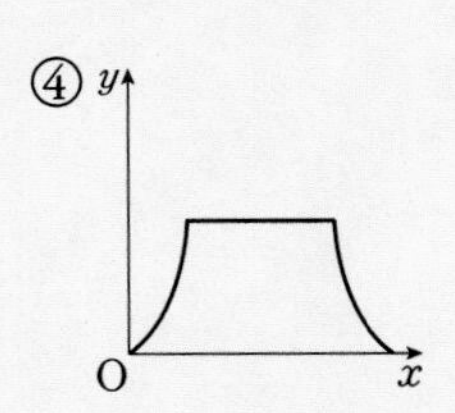

⑤
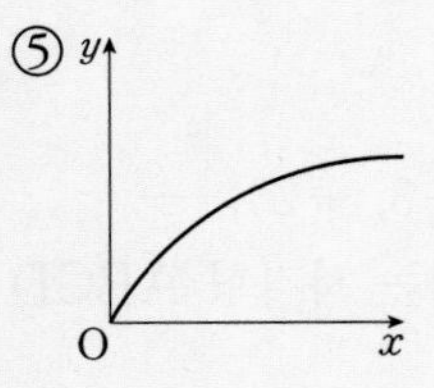

11

다음은 서로 다른 모양의 물통에 매초 일정량의 물을 똑같이 넣을 때, x초 후의 물의 높이를 y cm라 하고 두 변수 x와 y 사이의 관계를 그래프로 나타낸 것이다. 각 물통에 해당하는 그래프를 찾아 짝지으시오.

(1) 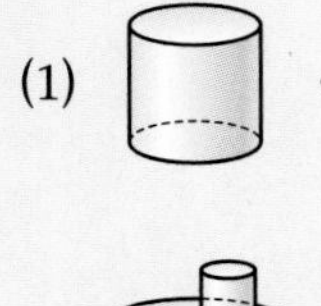 ・　　・ ㉠ 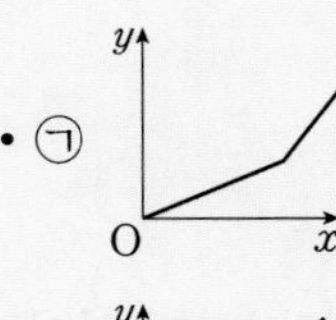

(2) 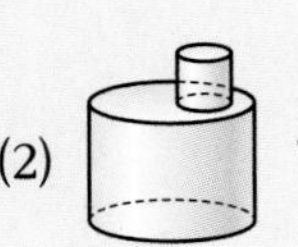 ・　　・ ㉡ 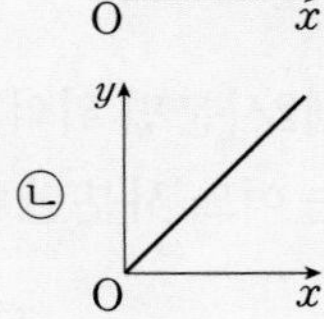

(3) 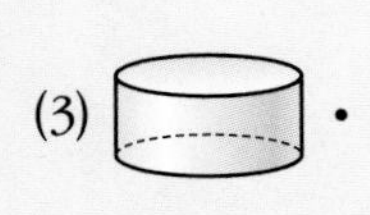 ・　　・ ㉢ 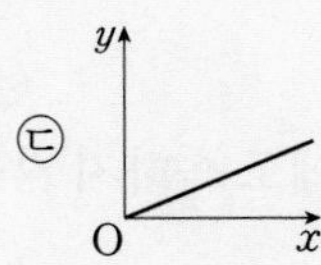

(4) 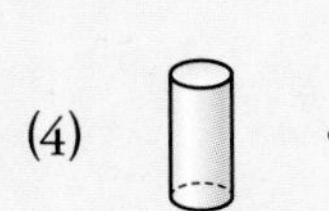 ・　　・ ㉣ 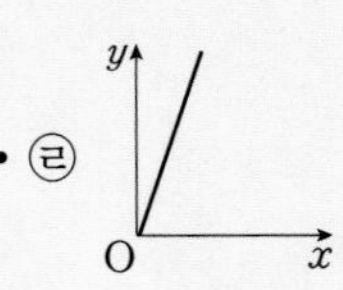

12

지름이 100 cm인 자전거 바퀴 위에 한 점을 A로 표시해 놓았다. 다음 그림은 이 바퀴가 일정한 속력으로 x초 동안 굴러갈 때, 점 A의 높이를 y cm라 하고 x와 y 사이의 관계를 그래프로 나타낸 것이다. 물음에 답하시오.

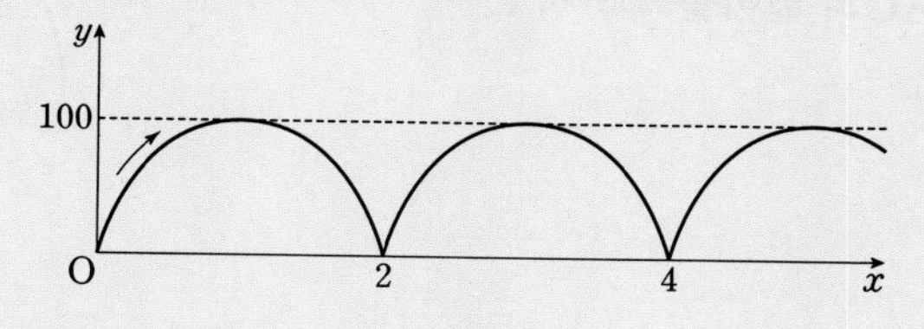

(1) 점 A의 최대 높이를 구하시오.
(2) 점 A는 몇 초마다 땅에 닿는지 구하시오.

13

다음 보기 중 y가 x에 정비례하지 않는 것을 모두 고르시오.

보기

ㄱ. 한 변의 길이가 x cm인 정사각형의 둘레의 길이 y cm
ㄴ. 한 개의 무게가 30 g인 초콜릿 x개의 무게 y g
ㄷ. 우유 10 L를 x명이 똑같이 나누어 마실 때 한 사람이 마시는 우유의 양 y L
ㄹ. 120 km의 거리를 시속 x km로 달린 시간 y시간
ㅁ. 하루 24시간 중 깨어 있는 x시간과 잠을 자는 y시간

14

다음 중 정비례 관계 $y=-\frac{1}{3}x$의 그래프에 대한 설명으로 옳은 것은?

① 제1사분면과 제3사분면을 지난다.
② 오른쪽 위로 향하는 직선이다.
③ x의 값이 증가하면 y의 값도 증가한다.
④ 점 $(-6, -2)$를 지난다.
⑤ $y=3x$의 그래프보다 x축에 더 가깝다.

15

다음 중 정비례 관계 $y=\frac{3}{2}x$의 그래프 위에 있는 점은?

① $(4, 12)$ ② $(-2, -3)$ ③ $(-8, -10)$
④ $(2, -3)$ ⑤ $(-10, -30)$

16

다음 그래프 중 $x>0$일 때, x의 값이 증가하면 y의 값도 증가하는 것을 모두 고르면? (정답 2개)

① $y=-\frac{1}{3}x$ ② $y=-10x$ ③ $y=\frac{x}{4}$
④ $y=\frac{8}{x}$ ⑤ $y=-\frac{7}{x}$

17

다음 중 반비례 관계 $y=\frac{2}{x}$의 그래프에 대한 설명으로 옳지 않은 것은?

① 원점에 대하여 대칭인 한 쌍의 곡선이다.
② 점 $(2, 1)$을 지난다.
③ 제1사분면과 제3사분면을 지난다.
④ $x<0$일 때, x의 값이 증가하면 y의 값도 증가한다.
⑤ x축, y축과 만나지 않는다.

18

반비례 관계 $y=\frac{10}{x}$의 그래프 위의 점 중에서 x좌표와 y좌표가 모두 자연수인 점의 개수는?

① 3개 ② 4개 ③ 5개
④ 6개 ⑤ 7개

19

두 점 $(b, -16)$, $(-4, -2)$가 반비례 관계 $y=\frac{a}{x}$의 그래프 위의 점일 때, ab의 값은? (단, a는 상수)

① -4 ② -2 ③ 1
④ 2 ⑤ 4

20

오른쪽 그림은 원점과 점 $(-3, 2)$를 지나는 그래프이다. 이 그래프 위의 점 A의 좌표를 구하시오.

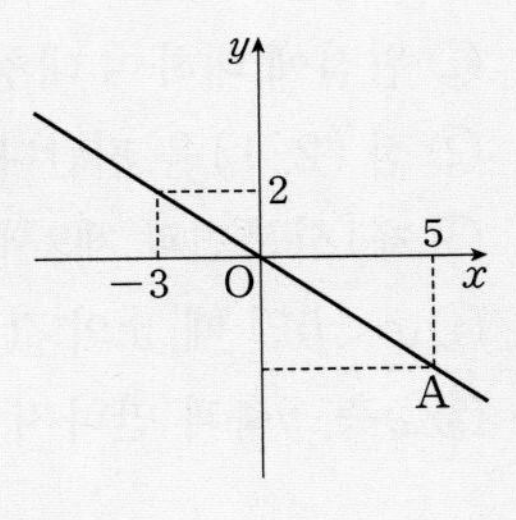

21

오른쪽 그림은 반비례 관계 $y=-\frac{15}{x}$의 그래프이고 점 A는 이 그래프 위의 점일 때, 직사각형 OBAC의 넓이를 구하시오.

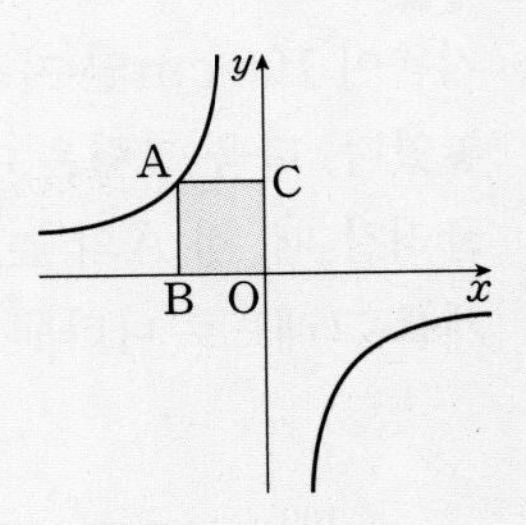

22

오른쪽 그림은 정비례 관계 $y=ax$의 그래프와 반비례 관계 $y=\frac{4}{x}$의 그래프이다. 두 그래프가 만나는 점 A의 x좌표가 -2일 때, 상수 a의 값을 구하시오.

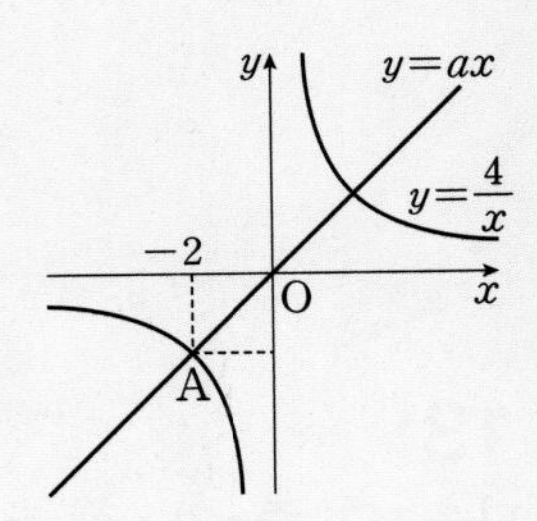

23

어떤 물체의 달에서의 무게는 지구에서의 무게의 $\frac{1}{6}$이다. 이 물체의 지구에서의 무게를 x kg, 달에서의 무게를 y kg이라 할 때, 지구에서의 몸무게가 84 kg인 우주 비행사가 달에 착륙했을 때의 몸무게를 구하시오.

24

분속 60 m로 걸으면 8분이 걸리는 길을 분속 x m로 가면 y분이 걸린다고 할 때, 분속 160 m로 뛰어간다면 몇 분이 걸리는지 구하시오.

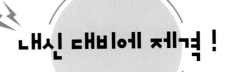

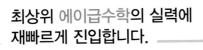

A-class Math
상 | 위 | 권 | 의 | 지 | 름 | 길

정답과 풀이

중등 1-1

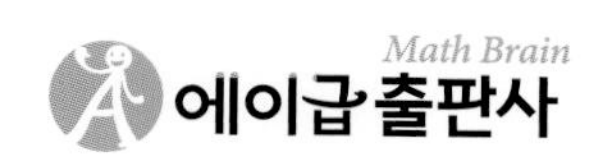

꼭 필요한 때 알맞게 내리는 단비처럼
시들시들했던 수학에 생기가 넘치네요.
수학의 단비로
자신감 UP! 실력 UP!

I. 소인수분해

1. 소인수분해

연산으로 개념잡기 7~13쪽

1 (1) 1, 2, 4, 8 (2) 1, 3, 5, 15 (3) 1, 2, 3, 4, 6, 8, 12, 24
(4) 1, 2, 3, 5, 6, 10, 15, 30

2 (1) 6, 12, 18, 24, 30, 36 (2) 9, 18, 27, 36 (3) 13, 26, 39

3 (1) 1, 2, 소수 (2) 1, 2, 5, 10, 합성수 (3) 1, 17, 소수
(4) 1, 23, 소수 (5) 1, 5, 7, 35, 합성수 (6) 1, 41, 소수

4 (1) 3, 11 (2) 2, 37, 83 (3) 17, 53, 79 (4) 29, 61, 101

5 2, 3, 5, 7, 11, 13, 17, 19, 23, 29, 31, 37, 41, 43, 47

6 (1) × (2) ○ (3) × (4) × (5) × (6) × (7) × (8) × (9) × (10) ○

7 (1) 밑: 2, 지수: 5 (2) 밑: 6, 지수: 10 (3) 밑: 11, 지수: 3
(4) 밑: $\frac{1}{3}$, 지수: 7 (5) 밑: x, 지수: 8 (6) 밑: 10, 지수: a

8 (1) 6 (2) 4 (3) 3, 2 (4) 2, 2

9 (1) 3×5^3 (2) $\left(\frac{1}{10}\right)^4$ (3) $\frac{1}{2^2\times5^3}$ (4) $\left(\frac{1}{3}\right)^2\times\left(\frac{1}{7}\right)^3$

10 (1) 5^2 (2) 2^5 (3) 10^3 (4) $\left(\frac{1}{3}\right)^4$

11 (1) 1 (2) 81 (3) 125 (4) $\frac{27}{64}$

12 (1) 2, 2, $2^2\times3$ (2) $2\times3\times5$ (3) $3^2\times3^2$ (4) $3^2\times5$

13 (1) 3^3 / 3 (2) 5×7 / 5, 7 (3) $2^3\times5$ / 2, 5 (4) $2\times3\times7$ / 2, 3, 7
(5) 7^2 / 7 (6) $2^2\times13$ / 2, 13 (7) $2^2\times3\times5$ / 2, 3, 5
(8) $2^3\times3^2$ / 2, 3 (9) $2^5\times3$ / 2, 3 (10) $2^2\times3^3$ / 2, 3
(11) $2\times3^2\times7$ / 2, 3, 7 (12) $5^2\times7$ / 5, 7

14 (1) $3^2\times5$, 5 (2) 2×3^3, 6 (3) $2^2\times3\times5$, 15

15 (1) $2^2\times7$, 7 (2) $2^3\times3^2$, 2 (3) $2^5\times3$, 6

16 (1)

×	1	5
1	1	5
2	2	10

1, 2, 5, 10

(2)

×	1	5
1	1	5
3	3	15
3^2	9	45

1, 3, 5, 9, 15, 45

(3)

×	1	3
1	1	3
2	2	6
2^2	4	12
2^3	8	24

1, 2, 3, 4, 6, 8, 12, 24

(4) 2×7^2

×	1	7	7^2
1	1	7	49
2	2	14	98

1, 2, 7, 14, 49, 98

(5) $3^2\times5^2$

×	1	5	5^2
1	1	5	25
3	3	15	75
3^2	9	45	225

1, 3, 5, 9, 15, 25, 45, 75, 225

17 (1) ㄱ, ㄴ, ㄹ (2) ㄱ, ㄷ, ㄹ, ㅁ (3) ㄱ, ㄴ, ㄷ (4) ㄱ, ㄴ, ㄹ

18 (1) 6개 (2) 6개 (3) 12개 (4) 4개 (5) 8개

---

1 (1) 답 1, 2, 4, 8
(2) 답 1, 3, 5, 15
(3) 답 1, 2, 3, 4, 6, 8, 12, 24
(4) 답 1, 2, 3, 5, 6, 10, 15, 30

2 (1) 답 6, 12, 18, 24, 30, 36
(2) 답 9, 18, 27, 36
(3) 답 13, 26, 39

3 (1) 2의 약수는 1, 2로 소수이다. 답 1, 2, 소수
(2) 10의 약수는 1, 2, 5, 10으로 합성수이다. 답 1, 2, 5, 10, 합성수
(3) 17의 약수는 1, 17로 소수이다. 답 1, 17, 소수
(4) 23의 약수는 1, 23으로 소수이다. 답 1, 23, 소수
(5) 35의 약수는 1, 5, 7, 35로 합성수이다. 답 1, 5, 7, 35, 합성수
(6) 41의 약수는 1, 41로 소수이다. 답 1, 41, 소수

4 (1) 답 3, 11
(2) 답 2, 37, 83
(3) 답 17, 53, 79
(4) 답 29, 61, 101

5

~~1~~	2	3	~~4~~	5	~~6~~	7	~~8~~	~~9~~	~~10~~
11	~~12~~	13	~~14~~	~~15~~	~~16~~	17	~~18~~	19	~~20~~
~~21~~	~~22~~	23	~~24~~	~~25~~	~~26~~	~~27~~	~~28~~	29	~~30~~
31	~~32~~	~~33~~	~~34~~	~~35~~	~~36~~	37	~~38~~	~~39~~	~~40~~
41	~~42~~	43	~~44~~	~~45~~	~~46~~	47	~~48~~	~~49~~	~~50~~

답 2, 3, 5, 7, 11, 13, 17, 19, 23, 29, 31, 37, 41, 43, 47

6 (1) 1은 소수가 아니다. 답 ×
(2) 가장 작은 소수는 2이다. 답 ○
(3) 합성수는 3개 이상의 약수를 가진다. 답 ×
(4) 2는 소수이지만 홀수가 아니다. 답 ×
(5) 자연수는 1과 소수, 합성수로 이루어져 있다. 답 ×
(6) 2는 짝수이지만 소수이다. 답 ×
(7) 소수이면서 합성수인 자연수는 없다. 답 ×
(8) 15 이하의 소수는 2, 3, 5, 7, 11, 13의 6개이다. 답 ×
(9) 소수의 약수의 개수는 2개이다. 답 ×
(10) 11의 배수는 11, 22, 33, …이므로 이 중 소수는 11로 1개이다. 답 ○

7 (1) 답 밑: 2, 지수: 5
(2) 답 밑: 6, 지수: 10
(3) 답 밑: 11, 지수: 3
(4) 답 밑: $\frac{1}{3}$, 지수: 7
(5) 답 밑: x, 지수: 8
(6) 답 밑: 10, 지수: a

8 (1) $\underbrace{3\times3\times3\times3\times3\times3}_{6개}=3^6$ 답 6

(2) $\underbrace{8\times8\times8\times8}_{4개}=8^4$ 답 4

(3) $\underbrace{\frac{1}{2}\times\frac{1}{2}\times\frac{1}{2}}_{3개}\times\underbrace{\frac{1}{5}\times\frac{1}{5}}_{2개}=\left(\frac{1}{2}\right)^3\times\left(\frac{1}{5}\right)^2$ 답 3, 2

(4) $\frac{1}{\underbrace{3\times3}_{2개}\times\underbrace{5\times5}_{2개}}=\frac{1}{3^2\times5^2}$ 답 2, 2

9 (1) $3\times5\times5\times5=3\times5^3$ 답 3×5^3

(2) $\frac{1}{10}\times\frac{1}{10}\times\frac{1}{10}\times\frac{1}{10}=\left(\frac{1}{10}\right)^4$ 답 $\left(\frac{1}{10}\right)^4$

(3) $\frac{1}{2\times2\times5\times5\times5}=\frac{1}{2^2\times5^3}$ 답 $\frac{1}{2^2\times5^3}$

(4) $\frac{1}{3}\times\frac{1}{3}\times\frac{1}{7}\times\frac{1}{7}\times\frac{1}{7}=\left(\frac{1}{3}\right)^2\times\left(\frac{1}{7}\right)^3$

답 $\left(\frac{1}{3}\right)^2\times\left(\frac{1}{7}\right)^3$

10 (1) $25=5\times5=5^2$ 답 5^2

(2) $32=2\times2\times2\times2\times2=2^5$ 답 2^5

(3) $1000=10\times10\times10=10^3$ 답 10^3

(4) $\frac{1}{81}=\frac{1}{3}\times\frac{1}{3}\times\frac{1}{3}\times\frac{1}{3}=\left(\frac{1}{3}\right)^4$ 답 $\left(\frac{1}{3}\right)^4$

11 (1) $1^{100}=1$ 답 1

(2) $3^4=3\times3\times3\times3=81$ 답 81

(3) $5^3=5\times5\times5=125$ 답 125

(4) $\left(\frac{3}{4}\right)^3=\frac{3}{4}\times\frac{3}{4}\times\frac{3}{4}=\frac{27}{64}$ 답 $\frac{27}{64}$

12 (1)
12 < 2, 6
6 < 2, 3
답 2, 2, $2^2\times3$

(2)
30 < 2, 15
15 < 3, 5
답 $2\times3\times5$

(3)
36 < 2, 18
18 < 2, 9
9 < 3, 3
답 $2^2\times3^2$

(4)
45 < 3, 15
15 < 3, 5
답 $3^2\times5$

13 (1)
3) 27 ⇨ $27=3^3$
3) 9 　소인수: 3
　 3
답 3^3, 3

(2)
5) 35 ⇨ $35=5\times7$
　 7 　소인수: 5, 7
답 5×7, 5, 7

(3)
2) 40 ⇨ $40=2^3\times5$
2) 20 　소인수: 2, 5
2) 10
　 5
답 $2^3\times5$, 2, 5

(4)
2) 42 ⇨ $42=2\times3\times7$
3) 21 　소인수: 2, 3, 7
　 7
답 $2\times3\times7$, 2, 3, 7

(5)
7) 49 ⇨ $49=7^2$
　 7 　소인수: 7
답 7^2, 7

(6)
2) 52 ⇨ $52=2^2\times13$
2) 26 　소인수: 2, 13
　 13
답 $2^2\times13$, 2, 13

(7)
2) 60 ⇨ $60=2^2\times3\times5$
2) 30 　소인수: 2, 3, 5
3) 15
　 5
답 $2^2\times3\times5$, 2, 3, 5

(8)
2) 72 ⇨ $72=2^3\times3^2$
2) 36 　소인수: 2, 3
2) 18
3) 9
　 3
답 $2^3\times3^2$, 2, 3

(9)
2) 96 ⇨ $96=2^5\times3$
2) 48 　소인수: 2, 3
2) 24
2) 12
2) 6
　 3
답 $2^5\times3$, 2, 3

(10)
2) 108 ⇨ $108=2^2\times3^3$
2) 54 　소인수: 2, 3
3) 27
3) 9
　 3
답 $2^2\times3^3$, 2, 3

(11)
2) 126 ⇨ 126
3) 63 　$=2\times3^2\times7$
3) 21 　소인수: 2, 3, 7
　 7
답 $2\times3^2\times7$, 2, 3, 7

(12)
5) 175 ⇨ $175=5^2\times7$
5) 35 　소인수: 5, 7
　 7
답 $5^2\times7$, 5, 7

14 (1) $45=3^2\times5$에서 5의 지수가 짝수가 되어야 하므로 곱할 수 있는 가장 작은 자연수는 5이다. 답 $3^2\times5$, 5

(2) $54=2\times3^3$에서 2와 3^3의 지수가 짝수가 되어야 하므로 곱할 수 있는 가장 작은 자연수는 $2\times3=6$이다.

답 2×3^3, 6

(3) $60=2^2\times3\times5$에서 3과 5의 지수가 짝수가 되어야 하므로 곱할 수 있는 가장 작은 자연수는 $3\times5=15$이다.

답 $2^2\times3\times5$, 15

15 (1) $28=2^2\times7$에서 7의 지수가 짝수가 되어야 하므로 나눌 수 있는 가장 작은 자연수는 7이다. 답 $2^2\times7$, 7

(2) $72=2^3\times3^2$에서 2^3의 지수가 짝수가 되어야 하므로 나눌 수 있는 가장 작은 자연수는 2이다. 답 $2^3\times3^2$, 2

(3) $96=2^5\times3$에서 2^5과 3의 지수가 짝수가 되어야 하므로 나눌 수 있는 가장 작은 자연수는 $2\times3=6$이다.

답 $2^5\times3$, 6

16 (1) 답

×	1	5
1	1	5
2	2	10

10의 약수: 1, 2, 5, 10

(2) 답

×	1	5
1	1	5
3	3	15
3^2	9	45

45의 약수: 1, 3, 5, 9, 15, 45

(3) 답

×	1	3
1	1	3
2	2	6
2^2	4	12
2^3	8	24

24의 약수: 1, 2, 3, 4, 6, 8, 12, 24

(4) 답 $98=2\times7^2$

×	1	7	7^2
1	1	7	49
2	2	14	98

98의 약수: 1, 2, 7, 14, 49, 98

(5) 답 $225=3^2\times5^2$

×	1	5	5^2
1	1	5	25
3	3	15	75
3^2	9	45	225

225의 약수: 1, 3, 5, 9, 15, 25, 45, 75, 225

17 (1) 답 ㄱ, ㄴ, ㄹ (2) 답 ㄱ, ㄷ, ㄹ, ㅁ
(3) 답 ㄱ, ㄴ, ㄷ (4) 답 ㄱ, ㄴ, ㄹ

18 (1) $5+1=6$(개) 답 6개
(2) $(2+1)\times(1+1)=3\times2=6$(개) 답 6개
(3) $(1+1)\times(2+1)\times(1+1)=2\times3\times2=12$(개) 답 12개
(4) $35=5\times7$이므로 $(1+1)\times(1+1)=2\times2=4$(개) 답 4개
(5) $56=2^3\times7$이므로 $(3+1)\times(1+1)=4\times2=8$(개) 답 8개

2. 최대공약수와 최소공배수

연산으로 개념잡기

15~22쪽

1 (1) ○ (2) × (3) × (4) ○
2 (1) 5, 11 (2) 8, 22, 38 (3) 5, 13, 35
3 (1) 2, 3, 6 (2) 2^2, 7, 28 (3) 3, 7, 21 (4) 2^2, 3, 12 (5) 2^2, 5, 20
4 (1) 2, 10, 3, 2, 4 (2) 3, 30, 4, 13, 3, 6 (3) 3, 3, 3
(4) 2, 7, 14, 28, 2, 7, 14
5 (1) 12 (2) 6 (3) 6 (4) 6 (5) 6 (6) 20 (7) 6 (8) 24
6 (1) 2^3, 3, 5, 120 (2) 2^2, 3^2, 5, 180 (3) 3^2, 5, 7, 315
(4) 2^3, 3^2, 5, 360 (5) 2^4, 3^2, 5, 720
7 (1) 3, 3, 36 (2) 3, 18, 6, 7, 2, 3, 3, 2, 3, 7, 504
(3) 3, 2, 18, 7, 9, 9, 3, 7, 9, 378
8 (1) 72 (2) 540 (3) 252 (4) 48 (5) 312 (6) 84 (7) 630 (8) 270
9 (1) 63 (2) 96 (3) 150 (4) 432 (5) 320 (6) 700
10 (1) 30 (2) 45 (3) 168 (4) 15 (5) 30 (6) 252
11 (1) 2 (2) 3 (3) 4 (4) 5 (5) 6 (6) 12
12 (1) 105 (2) 72 (3) 36 (4) 180 (5) 60 (6) 48 (7) 180 (8) 540
13 (1) $\frac{72}{5}$ (2) $\frac{25}{3}$ (3) $\frac{21}{4}$ (4) $\frac{40}{9}$ (5) $\frac{105}{8}$ (6) $\frac{40}{7}$
14 (1) 2, 4, 6, 12 (2) 4, 10, 20 (3) 2, 4, 12, 20
(4) 4, 12, 20, 최대공약수
15 (1) 3, 6, 12, 18, 36 (2) 3, 9, 15, 45 (3) 9, 45, 공약수
(4) 9, 36, 45
16 (1) 1 (2) 2 (3) 72, 88, 72, 88, 8
17 (1) 18, 27, 36, 45, 9 (2) 30, 45, 60, 15
(3) 45, 90, 9, 15, 공배수 (4) 45, 9, 15, 최소공배수
18 (1) 48, 72, 96, 120, 24 (2) 80, 120, 160, 200, 40
(3) 120, 240, 24, 40 (4) 120, 24, 40
19 (1) 3 (2) 3 (3) 3, 36, 39

1 (1) 최대공약수가 1이므로 서로소이다. 답 ○
(2) 최대공약수가 2이므로 서로소가 아니다. 답 ×
(3) 최대공약수가 3이므로 서로소가 아니다. 답 ×
(4) 최대공약수가 1이므로 서로소이다. 답 ○

2 (1) $6=2\times3$이므로 6과 서로소인 수는 5, 11이다. 답 5, 11
(2) $15=3\times5$이므로 15와 서로소인 수는 8, 22, 38이다. 답 8, 22, 38
(3) $24=2^3\times3$이므로 24와 서로소인 수는 5, 13, 35이다. 답 5, 13, 35

3 단비 SOLUTION
공통인 소인수의 지수가 다르면 작은 것을 택하여 곱한다.

(1)
$$\begin{array}{l} 2^3\times3 \\ 2\times3^2\times5 \\ \hline (\text{최대공약수})=2\times3=6 \end{array}$$
답 2, 3, 6

(2)
$$\begin{array}{l} 2^2\times7^2 \\ 2^3\times5\times7 \\ \hline (\text{최대공약수})=2^2\times7=28 \end{array}$$
답 2^2, 7, 28

(3)
$$\begin{array}{l} 3^2\times5^2\times7 \\ 2\times3\times7 \\ \hline (\text{최대공약수})=3\times7=21 \end{array}$$
답 3, 7, 21

(4)
$$\begin{array}{l} 2^2\times3^2 \\ 2^5\times3 \\ 2^3\times3^2\times5 \\ \hline (\text{최대공약수})=2^2\times3=12 \end{array}$$
답 2^2, 3, 12

(5)
$$\begin{array}{l} 2^3\times3^3\times5 \\ 2^2\times3\times5 \\ 2^4\times5^2\times7 \\ \hline (\text{최대공약수})=2^2\times5=20 \end{array}$$
답 2^2, 5, 20

4 (1)
$$\begin{array}{r|rr} 2 & 12 & 20 \\ \hline 2 & 6 & 10 \\ \hline & 3 & 5 \end{array}$$
∴ (최대공약수)$=2\times2=4$

답 2, 10, 3, 2, 4

(2)
$$\begin{array}{r|rrr} 2 & 24 & 60 & 78 \\ \hline 3 & 12 & 30 & 39 \\ \hline & 4 & 10 & 13 \end{array}$$
∴ (최대공약수)$=2\times3=6$

답 3, 30, 4, 13, 3, 6

(3)
$$\begin{array}{r|rrr} 3 & 9 & 21 & 39 \\ \hline & 3 & 7 & 13 \end{array}$$
∴ (최대공약수)$=3$

답 3, 3, 3

(4)
$$\begin{array}{r|rrr} 2 & 14 & 28 & 56 \\ \hline 7 & 7 & 14 & 28 \\ \hline & 1 & 2 & 4 \end{array}$$
∴ (최대공약수)$=2\times7=14$

답 2, 7, 14, 28, 2, 7, 14

5 (1)
$$\begin{array}{l} 2^3\times3 \\ 2^2\times3^2 \\ \hline (\text{최대공약수})=2^2\times3=12 \end{array}$$
답 12

(2)
$$\begin{array}{l} 2\times3^2\times5 \\ 2^2\times3\times7 \\ \hline (\text{최대공약수})=2\times3=6 \end{array}$$
답 6

(3)
$$\begin{array}{l} 2^3\times3^5\times7 \\ 2\times3^2\times5^3 \\ 2^2\times3\times5^2 \\ \hline (\text{최대공약수})=2\times3=6 \end{array}$$
답 6

(4)
$$\begin{array}{r|rr} 2 & 54 & 60 \\ \hline 3 & 27 & 30 \\ \hline & 9 & 10 \end{array}$$
∴ (최대공약수)$=2\times3=6$ 답 6

(5)
$$\begin{array}{r|rr} 2 & 30 & 72 \\ \hline 3 & 15 & 36 \\ \hline & 5 & 12 \end{array}$$
∴ (최대공약수)$=2\times3=6$ 답 6

(6)
$$\begin{array}{r|rr} 2 & 60 & 80 \\ \hline 2 & 30 & 40 \\ \hline 5 & 15 & 20 \\ \hline & 3 & 4 \end{array}$$
∴ (최대공약수)$=2\times2\times5=20$ 답 20

(7)
$$\begin{array}{r|rrr} 2 & 18 & 24 & 30 \\ \hline 3 & 9 & 12 & 15 \\ \hline & 3 & 4 & 5 \end{array}$$
∴ (최대공약수)$=2\times3=6$ 답 6

(8)
$$\begin{array}{r|rrr} 2 & 48 & 72 & 96 \\ \hline 2 & 24 & 36 & 48 \\ \hline 2 & 12 & 18 & 24 \\ \hline 3 & 6 & 9 & 12 \\ \hline & 2 & 3 & 4 \end{array}$$
∴ (최대공약수)$=2\times2\times2\times3=24$

답 24

6 (1)
$$\begin{array}{l} 2\times3 \\ 2^3\times5 \\ \hline (\text{최소공배수})=2^3\times3\times5=120 \end{array}$$
답 2^3, 3, 5, 120

(2)
$$\begin{array}{l} 2^2\times3\times5 \\ 2\times3^2\times5 \\ \hline (\text{최소공배수})=2^2\times3^2\times5=180 \end{array}$$
답 2^2, 3^2, 5, 180

(3)
$$\begin{array}{l} 3^2\times5\times7 \\ 3\times7 \\ \hline (\text{최소공배수})=3^2\times5\times7=315 \end{array}$$
답 3^2, 5, 7, 315

(4)
$$\begin{array}{l} 2^3\times3^2 \\ 2\times5 \\ 2^2\times3\times5 \\ \hline (\text{최소공배수})=2^3\times3^2\times5=360 \end{array}$$
답 2^3, 3^2, 5, 360

(5)
$$\begin{array}{l} 2^3\times3\times5 \\ 2\times3^2 \\ 2^4\times5 \\ \hline (\text{최소공배수})=2^4\times3^2\times5=720 \end{array}$$
답 2^4, 3^2, 5, 720

7 (1)
$$\begin{array}{r|rr} 3 & 9 & 12 \\ \hline & 3 & 4 \end{array}$$
∴ (최소공배수)$=3\times3\times4=36$

답 3, 3, 36

(2)
$$\begin{array}{r|rrr} 2 & 24 & 36 & 42 \\ \hline 3 & 12 & 18 & 21 \\ \hline 2 & 4 & 6 & 7 \\ \hline & 2 & 3 & 7 \end{array}$$
∴ (최소공배수)
$=2\times3\times2\times2\times3\times7=504$

답 3, 18, 6, 7, 2, 3, 3, 2, 3, 7, 504

(3)
$$\begin{array}{r|rrr} 3 & 21 & 42 & 54 \\ \hline 2 & 7 & 14 & 18 \\ \hline 7 & 7 & 7 & 9 \\ \hline & 1 & 1 & 9 \end{array}$$
∴ (최소공배수)
$=3\times2\times7\times1\times1\times9=378$

답 3, 2, 18, 7, 9, 9, 3, 7, 9, 378

8 (1)
$$\begin{array}{l} 2^3\times3 \\ 2^2\times3^2 \\ \hline (\text{최소공배수})=2^3\times3^2=72 \end{array}$$
답 72

(2)
$$\begin{array}{l} 2^2\times3^2\times5 \\ 2\times3^3\times5 \\ \hline (\text{최소공배수})=2^2\times3^3\times5=540 \end{array}$$
답 540

(3)
$$\begin{array}{l} 2\times3^2\times7 \\ 2^2\times7 \\ 2^2\times3 \\ \hline (\text{최소공배수})=2^2\times3^2\times7=252 \end{array}$$
답 252

(4)
$$\begin{array}{r|rr} 2 & 12 & 16 \\ \hline 2 & 6 & 8 \\ \hline & 3 & 4 \end{array}$$
∴ (최소공배수)
$=2\times2\times3\times4=48$ 답 48

(5)
```
2)24  52
2)12  26
   6  13
```
∴ (최소공배수) $=2\times2\times6\times13=312$ 답 312

(6)
```
2)28  84
2)14  42
7) 7  21
   1   3
```
∴ (최소공배수) $=2\times2\times7\times1\times3=84$ 답 84

(7)
```
3)30  45  105
5)10  15   35
   2   3    7
```
∴ (최소공배수) $=3\times5\times2\times3\times7=630$ 답 630

(8)
```
2)18  30  54
3) 9  15  27
3) 3   5   9
   1   5   3
```
∴ (최소공배수) $=2\times3\times3\times1\times5\times3=270$

답 270

9 (1) $A\times B=3\times21=63$ 답 63
(2) $A\times B=4\times24=96$ 답 96
(3) $A\times B=5\times30=150$ 답 150
(4) $A\times B=6\times72=432$ 답 432
(5) $A\times B=8\times40=320$ 답 320
(6) $A\times B=10\times70=700$ 답 700

10 (1) $24\times A=6\times120$이므로 $A=30$ 답 30
(2) $30\times A=15\times90$이므로 $A=45$ 답 45
(3) $56\times84=28\times A$이므로 $A=168$ 답 168
(4) $60\times105=A\times420$이므로 $A=15$ 답 15
(5) $(2^2\times5)\times A=(2\times5)\times(2^2\times3\times5)$이므로
$A=2\times3\times5=30$ 답 30
(6) $(2^2\times3\times7^2)\times A=(2^2\times3\times7)\times(2^2\times3^2\times7^2)$이므로
$A=2^2\times3^2\times7=252$ 답 252

11 주어진 두 분수의 분자의 최대공약수를 구한다.
(1) 18과 32의 최대공약수이므로 2이다. 답 2
(2) 12와 15의 최대공약수이므로 3이다. 답 3
(3) 8과 36의 최대공약수이므로 4이다. 답 4
(4) 20과 35의 최대공약수이므로 5이다. 답 5
(5) 12와 42의 최대공약수이므로 6이다. 답 6
(6) 24와 36의 최대공약수이므로 12이다. 답 12

12 주어진 두 분수의 분모의 최소공배수를 구한다.
(1) 15와 21의 최소공배수이므로 105이다. 답 105
(2) 18과 24의 최소공배수이므로 72이다. 답 72
(3) 9와 12의 최소공배수이므로 36이다. 답 36
(4) 20과 36의 최소공배수이므로 180이다. 답 180
(5) 12와 30의 최소공배수이므로 60이다. 답 60
(6) 6과 16의 최소공배수이므로 48이다. 답 48
(7) 36과 90의 최소공배수이므로 180이다. 답 180
(8) 54와 60의 최소공배수이므로 540이다. 답 540

13 (1) $\dfrac{(9,\ 24\text{의 최소공배수})}{(20,\ 5\text{의 최대공약수})}=\dfrac{72}{5}$ 답 $\dfrac{72}{5}$
(2) $\dfrac{(5,\ 25\text{의 최소공배수})}{(9,\ 21\text{의 최대공약수})}=\dfrac{25}{3}$ 답 $\dfrac{25}{3}$
(3) $\dfrac{(7,\ 21\text{의 최소공배수})}{(28,\ 8\text{의 최대공약수})}=\dfrac{21}{4}$ 답 $\dfrac{21}{4}$
(4) $\dfrac{(8,\ 10\text{의 최소공배수})}{(27,\ 9\text{의 최대공약수})}=\dfrac{40}{9}$ 답 $\dfrac{40}{9}$
(5) $\dfrac{(15,\ 35\text{의 최소공배수})}{(32,\ 24\text{의 최대공약수})}=\dfrac{105}{8}$ 답 $\dfrac{105}{8}$
(6) $\dfrac{(5,\ 8\text{의 최소공배수})}{(14,\ 7\text{의 최대공약수})}=\dfrac{40}{7}$ 답 $\dfrac{40}{7}$

14 (1) 자두 12개를 나누어 줄 수 있는 학생 수는 1명, 2명, 3명, 4명, 6명, 12명으로 12의 약수이다. 답 2, 4, 6, 12
(2) 사과 20개를 나누어 줄 수 있는 학생 수는 1명, 2명, 4명, 5명, 10명, 20명으로 20의 약수이다. 답 4, 10, 20
(3) 자두 12개와 사과 20개를 나누어 줄 수 있는 학생 수는 1명, 2명, 4명으로 12와 20의 공약수이다. 답 2, 4, 12, 20
(4) 자두 12개와 사과 20개를 나누어 줄 수 있는 가능한 한 많은 학생 수는 4명으로 12와 20의 최대공약수이다.
답 4, 12, 20, 최대공약수

15 (1) 가로 36 m를 빈틈없이 붙일 수 있는 타일의 한 변의 길이는 1 m, 2 m, 3 m, 4 m, 6 m, 9 m, 12 m, 18 m, 36 m로 36의 약수이다. 답 3, 6, 12, 18, 36
(2) 세로 45 m를 빈틈없이 붙일 수 있는 타일의 한 변의 길이는 1 m, 3 m, 5 m, 9 m, 15 m, 45 m로 45의 약수이다.
답 3, 9, 15, 45
(3) 가로 36 m와 세로 45 m를 빈틈없이 붙일 수 있는 타일의 한 변의 길이는 1 m, 3 m, 9 m로 36과 45의 공약수이다. 답 9, 45, 공약수
(4) 가로 36 m와 세로 45 m를 빈틈없이 붙일 수 있는 가능한 한 큰 타일의 한 변의 길이는 9 m로 36과 45의 최대공약수이다. 답 9, 36, 45

16 (1) 어떤 자연수로 73을 나누면 1이 남으므로 어떤 자연수로 $73-1=72$를 나누면 나누어떨어진다. 답 1
(2) 어떤 자연수로 90을 나누면 2가 남으므로 어떤 자연수로 $90-2=88$을 나누면 나누어떨어진다. 답 2
(3) 어떤 자연수는 72와 88을 동시에 나누어떨어지게 하는 수이므로 그중 가장 큰 수는 72와 88의 최대공약수인 8이다. 답 72, 88, 72, 88, 8

17 (1) 동시 출발 후 A 버스가 출발하는 시각은 9, 18, 27, 36, 45, …분 후이므로 9의 배수이다. 답 18, 27, 36, 45, 9
(2) 동시 출발 후 B 버스가 출발하는 시각은 15, 30, 45, 60, …분 후이므로 15의 배수이다. 답 30, 45, 60, 15

(3) 동시 출발 후 두 버스가 동시에 출발하는 시각은 45, 90, …분 후이므로 9와 15의 공배수이다.

답 45, 90, 9, 15, 공배수

(4) 동시 출발 후 두 버스가 처음으로 다시 동시에 출발하는 시각은 45분 후인 8시 45분이므로 9와 15의 최소공배수이다. 답 45, 9, 15, 최소공배수

18 (1) 색종이를 붙여 만들 수 있는 정사각형의 가로가 될 수 있는 길이는 24 cm, 48 cm, 72 cm, 96 cm, 120 cm, … 이므로 24의 배수이다. 답 48, 72, 96, 120, 24

(2) 색종이를 붙여 만들 수 있는 정사각형의 세로가 될 수 있는 길이는 40 cm, 80 cm, 120 cm, 160 cm, 200 cm, …이므로 40의 배수이다. 답 80, 120, 160, 200, 40

(3) 색종이를 붙여 만들 수 있는 정사각형의 한 변의 길이는 120 cm, 240 cm, …이므로 24와 40의 공배수이다.

답 120, 240, 24, 40

(4) 색종이를 붙여 만들 수 있는 가장 작은 정사각형의 한 변의 길이는 120 cm이므로 24와 40의 최소공배수이다.

답 120, 24, 40

19 (1) 4로 나누어 나머지가 3인 자연수는 (4의배수)+3이다.

답 3

(2) 9로 나누어 나머지가 3인 자연수는 (9의 배수)+3이다.

답 3

(3) 구하는 자연수는 (4와 9의 공배수)+3이므로 그중 가장 작은 자연수는 4와 9의 최소공배수인 36보다 3만큼 큰 수인 39이다. 답 3, 36, 39

대단원 마무리

23 ~ 26쪽

1 5	**2** ④	**3** ③	**4** ④	**5** ④
6 ⑤	**7** ③	**8** ②	**9** ④	**10** ④
11 ③	**12** ①	**13** ③	**14** ⑤	**15** ②
16 ③	**17** ④	**18** ③	**19** ④	**20** ④
21 ④	**22** 18개	**23** ⑤	**24** 12장	

1 소수는 13, 31의 2개이므로 $a=2$이고,
합성수는 4, 25, 27, 38, 42, 49, 57의 7개이므로 $b=7$이다.
$\therefore b-a=7-2=5$ 답 5

2 ① 3과 7은 모두 소수이다.
② 12는 합성수이나 2는 소수이다.
③ 9는 합성수이나 23은 소수이다.
④ 14와 39는 모두 합성수이다.
⑤ 25는 합성수이나 53은 소수이다. 답 ④

3 $3^5=243$이므로 $a=5$ 답 ③

4 ① $8^3=512$
② $\frac{1}{a}\times\frac{1}{a}\times\frac{1}{a}=\frac{1}{a^3}$
③ $3\times3\times5\times5\times5\times5=3^2\times5^4$
⑤ $a+a+a+a+a=5a$ 답 ④

5 $126=2\times3^2\times7$이므로 소인수는 2, 3, 7이다.
따라서 그 합은 $2+3+7=12$이다. 답 ④

6 ① $64=2^6$ ② $75=3\times5^2$ ③ $80=2^4\times5$
④ $120=2^3\times3\times5$ 답 ⑤

7 $54=2\times3^3$이므로 구하는 자연수는 $2\times3=6$이다. 답 ③

8 $245=5\times7^2$이므로 구하는 자연수는 5이다. 답 ②

9 $350=2\times5^2\times7$이므로 $a=2\times7=14$
$b^2=2\times5^2\times7\times2\times7=(2\times5\times7)^2$이므로 $b=70$
따라서 $b-a=70-14=56$이다. 답 ④

10 $80=2^4\times5$이므로 ④ $2^2\times5^2$은 80의 약수가 아니다. 답 ④

11 $72=2^3\times3^2$이므로 72의 약수의 개수는
$a=(3+1)\times(2+1)=12$
모든 소인수의 합은 $b=2+3=5$
$\therefore a+b=17$ 답 ③

12 $24=2^3\times3$이므로 $(3+1)\times(1+1)=8$(개)
① $18=2\times3^2$이므로 $(1+1)\times(2+1)=6$(개)
② $40=2^3\times5$이므로 $(3+1)\times(1+1)=8$(개)
③ $54=2\times3^3$이므로 $(1+1)\times(3+1)=8$(개)
④ $2^3\times7$이므로 $(3+1)\times(1+1)=8$(개)
⑤ $135=3^3\times5$이므로 $(3+1)\times(1+1)=8$(개) 답 ①

13 ③ 15와 66의 최대공약수는 3이므로 서로소가 아니다. 답 ③

14 ⑤ 9와 15는 모두 홀수이지만 최대공약수는 3으로 서로소가 아니다. 즉, 서로 다른 두 홀수는 서로소가 아닌 경우도 있다. 답 ⑤

15 두 수의 최대공약수는 $2^2\times5$이므로 두 수의 공약수는 $2^2\times5$의 약수이다. 따라서 공약수가 아닌 것은 ② 3이다. 답 ②

16 두 수의 공배수는 $180=2^2\times3^2\times5$의 배수이므로
③ $2^2\times3\times5$는 공배수가 아니다. 답 ③

17
$$\begin{array}{l} 2^2\times 3 \\ 2\times 3^2\times 5 \\ 2\times 3^3\quad\times 7 \\ \hline \end{array}$$
(최대공약수)$=2\times 3$

(최소공배수)$=2^2\times 3^3\times 5\times 7$ 답 ④

18 최대공약수가 $3^2\times 5$이므로 $3^2\times 5$는 반드시 A의 인수가 되어야 한다. 따라서 A의 값으로 적당하지 않은 것은 ③ $3\times 5\times 7$이다. 답 ③

19 최대공약수가 $2^2\times 3$이므로 $a=2$

최소공배수가 $2^3\times 3^4\times 5\times c$이므로 $b=4$, $c=7$

$\therefore a+b+c=13$ 답 ④

20 두 수 A, B의 최소공배수는 $G\times 7\times 9$이므로

$G\times 7\times 9=756$ $\therefore G=12$

따라서 $A=7\times 12=84$, $B=9\times 12=108$이므로

$A+B+G=204$이다. 답 ④

21 n은 24, 30의 공약수이고 24, 30의 최대공약수는 6이므로 n은 1, 2, 3, 6이다.

따라서 자연수가 되도록 하는 n의 값이 아닌 것은 ④ 4이다. 답 ④

22 가능한 한 많은 모둠을 짜야 하므로 모둠의 수는 72와 90의 최대공약수인 18개이다. 답 18개

23 처음으로 다시 동시에 출발하는 시각은 15, 12, 24의 최소공배수인 120분 후이다. 따라서 2시간 후인 오전 11시이다. 답 ⑤

24 정사각형의 한 변의 길이는 16, 12의 최소공배수인 48 cm이다.

가로: $48\div 16=3$(장), 세로: $48\div 12=4$(장)

따라서 필요한 색종이는 $3\times 4=12$(장)이다. 답 12장

II. 정수와 유리수

1. 정수와 유리수

연산으로 개념잡기

30 ~ 38쪽

1 (1) $+900$원 (2) -5년 (3) $+7^\circ$C (4) -15명

2 (1) $+300$만 원, -80만 원 (2) $+1800$ m, -2500 m (3) $+20$ %, -9 % (4) -10000원, $+25000$원

3 (1) $+9$ (2) -2.8 (3) $+1\frac{3}{5}$ (4) $-\frac{1}{6}$ (5) $+23$ (6) -5.4 (7) $+3.8$ (8) $-2\frac{3}{4}$

4 (1) $+12$, 양 (2) -15, 음 (3) $-\frac{7}{9}$, 음 (4) $+6.7$, 양 (5) $-5\frac{3}{8}$, 음

5 (1) $+\frac{4}{4}$, 13 (2) -6 (3) -6, 0, $+\frac{4}{4}$, 13 (4) $-\frac{11}{8}$, -6 (5) $+10.5$, $+\frac{4}{4}$, $+\frac{2}{9}$, 13 (6) $-\frac{11}{8}$, $+10.5$, $+\frac{2}{9}$

6 풀이 참조

7 (1) ○ (2) ○ (3) × (4) × (5) × (6) ○ (7) ○ (8) × (9) ○

8 (1) A: -2, B: 0 (2) A: $+2$, B: -3 (3) A: -2, B: $+\frac{3}{2}$ (4) A: $-\frac{7}{3}$, B: $+2$ (5) A: $-\frac{5}{3}$, B: $+4$

9 (1)~(5) 풀이 참조

10 (1) -3, $+3$ (2) -7, $+7$ (3) $-\frac{9}{4}$, $+\frac{9}{4}$

11 (1) $|-15|$, 15 (2) $|+8|$, 8 (3) $|-4.1|$, 4.1 (4) $|+7.4|$, 7.4 (5) $\left|+\frac{4}{19}\right|$, $\frac{4}{19}$

12 (1) 7 (2) 19 (3) 5.4 (4) $\frac{9}{5}$ (5) $\frac{2}{11}$

13 (1) -1, $+1$ (2) $-\frac{12}{7}$, $+\frac{12}{7}$ (3) -3.2 (4) $+\frac{7}{4}$ (5) -10, $+10$ (6) -3.8, $+3.8$

14 (1) × (2) × (3) ○

15 (1) $<$ (2) $>$ (3) $>$ (4) $>$ (5) $>$ (6) $<$ (7) $<$

16 (1) 5, 6, $<$ (2) 6, 8, $>$

17 (1) $<$ (2) $>$ (3) $>$ (4) $<$ (5) $<$ (6) $<$

18 (1) × (2) × (3) ○ (4) ○ (5) ×

19 (1) $<$ (2) $\geq$ (3) $>$ (4) $\geq$ (5) $\leq$ (6) $\leq$, $<$ (7) $<$, $\leq$ (8) $\leq$, $\leq$

20 (1) $x<5$ (2) $x\leq 2.8$ (3) $x\geq \frac{7}{6}$ (4) $\frac{1}{3}<x\leq 8$ (5) $2\leq x<7$ (6) $-11\leq x<2.4$ (7) $-\frac{3}{10}<x\leq 5.7$

21 (1) 3, 4, 5 (2) -3, -2, -1, 0, 1 (3) -3, -2, -1, 0 (4) -1, 0, 1, 2, 3

1 (1) 답 $+900$원 (2) 답 -5년 (3) 답 $+7^\circ$C (4) 답 -15명

2 (1) 답 $+300$만 원, -80만 원

(2) 답 $+1800$ m, -2500 m

(3) 답 $+20$ %, -9 %

(4) 답 -10000원, $+25000$원

3 (1) 답 $+9$ (2) 답 -2.8 (3) 답 $+1\frac{3}{5}$ (4) 답 $-\frac{1}{6}$

(5) 답 $+23$ (6) 답 -5.4 (7) 답 $+3.8$ (8) 답 $-2\frac{3}{4}$

4 (1) 답 $+12$, 양 (2) 답 -15, 음 (3) 답 $-\frac{7}{9}$, 음

(4) 답 $+6.7$, 양 (5) 답 $-5\frac{3}{8}$, 음

5 (1) 답 $+\frac{4}{4}$, 13 (2) 답 -6 (3) 답 -6, 0, $+\frac{4}{4}$, 13

(4) 답 $-\frac{11}{8}$, -6 (5) 답 $+10.5$, $+\frac{4}{4}$, $+\frac{2}{9}$, 13

(6) 답 $-\frac{11}{8}$, $+10.5$, $+\frac{2}{9}$

6 답

수의 분류 \ 수	-4	0	$+\frac{5}{7}$	$-\frac{8}{2}$	$+0.7$
정수	○	○	×	○	×
유리수	○	○	○	○	○
양수	×	×	○	×	○
음수	○	×	×	○	×

7 (1) 답 ○ (2) 답 ○

(3) 0은 정수이고 유리수이다. 답 ×

(4) 정수는 양의 정수, 0, 음의 정수로 이루어져 있다. 답 ×

(5) 양수는 양의 부호 +를 생략하여 나타낼 수 있다. 답 ×

(6) 답 ○ (7) 답 ○

(8) 음의 유리수는 음의 부호 −를 생략할 수 없다. 답 ×

(9) 답 ○

8 (1) 답 A: -2, B: 0 (2) 답 A: $+2$, B: -3

(3) 답 A: -2, B: $+\frac{3}{2}$ (4) 답 A: $-\frac{7}{3}$, B: $+2$

(5) 답 A: $-\frac{5}{3}$, B: $+4$

9 (1) 답

(2) 답

(3) 답

(4) 답

(5) 답

10 (1) 답 -3, $+3$ (2) 답 -7, $+7$ (3) 답 $-\frac{9}{4}$, $+\frac{9}{4}$

11 (1) 답 $|-15|$, 15 (2) 답 $|+8|$, 8

(3) 답 $|-4.1|$, 4.1 (4) 답 $|+7.4|$, 7.4

(5) 답 $\left|+\frac{4}{19}\right|$, $\frac{4}{19}$

12 (1) 답 7 (2) 답 19 (3) 답 5.4 (4) 답 $\frac{9}{5}$ (5) 답 $\frac{2}{11}$

13 (1) 답 -1, $+1$ (2) 답 $-\frac{12}{7}$, $+\frac{12}{7}$ (3) 답 -3.2

(4) 답 $+\frac{7}{4}$ (5) 답 -10, $+10$ (6) 답 -3.8, $+3.8$

14 (1) 절댓값은 0 또는 양수이다. 답 ×

(2) 절댓값이 양수일 때는 2개, 절댓값이 0일 때는 0의 1개, 절댓값이 음수일 때는 없다. 답 ×

(3) 답 ○

15 (음수)$<0<$(양수)

(1) 답 $<$ (2) 답 $>$ (3) 답 $>$ (4) 답 $>$

(5) 답 $>$ (6) 답 $<$ (7) 답 $<$

16 (1) 답 5, 6, $<$ (2) 답 6, 8, $>$

17 양수끼리는 절댓값이 큰 수가 크고, 음수끼리는 절댓값이 작은 수가 크다.

(1) $|+3|=3$, $|+5.1|=5.1$에서 $3<5.1$이므로 $+3<+5.1$ 답 $<$

(2) $\left|+\frac{8}{3}\right|=\frac{8}{3}$, $\left|+\frac{9}{4}\right|=\frac{9}{4}$에서 $\frac{8}{3}>\frac{9}{4}$이므로 $+\frac{8}{3}>+\frac{9}{4}$ 답 $>$

(3) $|-1.3|=1.3$, $\left|-\frac{9}{2}\right|=\frac{9}{2}$에서 $1.3<\frac{9}{2}$이므로 $-1.3>-\frac{9}{2}$ 답 $>$

(4) $|-2.7|=2.7$, $|-2|=2$에서 $2.7>2$이므로 $-2.7<-2$ 답 $<$

(5) $\left|+\frac{1}{6}\right|=\frac{1}{6}$, $|+0.8|=\left|+\frac{8}{10}\right|=\frac{4}{5}$에서 $\frac{1}{6}<\frac{4}{5}$이므로 $+\frac{1}{6}<+0.8$ 답 $<$

(6) $\left|-\frac{3}{4}\right|=\frac{3}{4}$, $\left|-\frac{2}{3}\right|=\frac{2}{3}$에서 $\frac{3}{4}>\frac{2}{3}$이므로 $-\frac{3}{4}<-\frac{2}{3}$ 답 $<$

18 (1) 0은 음수보다 크므로 가장 작은 유리수가 아니다. 답 ×

(2) 답 × (3) 답 ○ (4) 답 ○

(5) 음수는 절댓값이 클수록 작다. 답 ×

19 (1) 답 $<$ (2) 답 $\geq$ (3) 답 $>$ (4) 답 $\geq$

(5) 답 $\leq$ (6) 답 $\leq$, $<$ (7) 답 $<$, $\leq$ (8) 답 $\leq$, $\leq$

20 (1) 답 $x<5$ (2) 답 $x\le 2.8$ (3) 답 $x\ge \frac{7}{6}$
(4) 답 $\frac{1}{3}<x\le 8$ (5) 답 $2\le x<7$
(6) 답 $-11\le x<2.4$ (7) 답 $-\frac{3}{10}<x\le 5.7$

21 (1) 답 3, 4, 5 (2) 답 −3, −2, −1, 0, 1
(3) 답 −3, −2, −1, 0 (4) 답 −1, 0, 1, 2, 3

2. 유리수의 덧셈과 뺄셈

연산으로 개념잡기

40~49쪽

1 (1) +3 (2) +6 (3) −4 (4) −5
2 (1) 2, 9 (2) 3, 7 (3) 4, 13 (4) 3, 14
3 (1) +17 (2) +18 (3) −17 (4) −21 (5) +3.5 (6) −3.5
4 (1) +2 (2) $+\frac{3}{5}$ (3) $-\frac{8}{7}$ (4) $-\frac{7}{9}$ (5) $+\frac{7}{8}$ (6) $+\frac{7}{6}$ (7) $-\frac{9}{10}$ (8) $-\frac{19}{12}$
5 (1) +7 (2) +20 (3) −15 (4) −22 (5) +5.1 (6) $+\frac{19}{24}$ (7) $-\frac{50}{9}$ (8) $-\frac{1}{2}$
6 (1) +2 (2) −2 (3) +3 (4) +1
7 (1) 2, 4 (2) 7, 3 (3) 5, 4 (4) 12, 8
8 (1) −8 (2) +5 (3) +4 (4) −7 (5) +0.6 (6) −1.7
9 (1) −1 (2) $+\frac{2}{3}$ (3) $+\frac{3}{7}$ (4) $+\frac{2}{5}$ (5) $-\frac{1}{8}$ (6) $-\frac{13}{9}$ (7) $-\frac{11}{10}$ (8) $+\frac{1}{3}$
10 (1) −3 (2) −6 (3) +5 (4) −4 (5) $+\frac{13}{5}$ (6) $+\frac{3}{8}$ (7) +1.4 (8) $-\frac{1}{2}$
11 (1) 교환, +1, 결합, +1, +5, −1
(2) 교환, +3.2, 결합, +3.2, +4.7, +0.6
(3) 교환, −1.1, 결합, −1.1, −2.9, −0.4
(4) 교환, $-\frac{2}{3}$, 결합, $-\frac{2}{3}$, −3, $-\frac{1}{2}$
12 (1) −6 (2) +1 (3) +0.1 (4) −3.4 (5) −0.6 (6) $-\frac{4}{5}$ (7) $+\frac{10}{3}$ (8) 0 (9) $-\frac{9}{4}$ (10) $-\frac{11}{10}$
13 (1) −, 5, +, 5, +, 4 (2) −, 12, −, 12, −, 20
(3) +, 1.3, +, 1.3, +, 1.2 (4) −, 5.7, −, 5.7, −, 3
(5) −, $\frac{4}{3}$, −, $\frac{4}{3}$, −, $\frac{5}{3}$
14 (1) −6 (2) −20 (3) +14 (4) −7 (5) +2.2 (6) +5.5 (7) $-\frac{4}{3}$ (8) $+\frac{3}{2}$
15 (1) +7, +10, +21 (2) +4, +4, +10, +1
(3) +3.4, +4.9, +2.7 (4) $+\frac{7}{3}$, $+\frac{9}{3}$, $-\frac{1}{3}$
16 (1) +25 (2) −23 (3) +13 (4) +12 (5) +2 (6) +0.6 (7) +3.7 (8) $+\frac{11}{5}$ (9) $-\frac{13}{8}$ (10) $-\frac{2}{3}$
17 (1) 9, +16 (2) −10, −5 (3) +6, −6, −17
(4) +2.9, −2.9, −6.3, −7.9
(5) +3.4, −3.4, −3.4, −10.9, −8.6
18 (1) −7 (2) −6 (3) −17 (4) −0.3 (5) $-\frac{9}{11}$ (6) −1 (7) −15 (8) +0.2

1 (1) 답 +3 (2) 답 +6 (3) 답 −4 (4) 답 −5

2 (1) 답 2, 9 (2) 답 3, 7 (3) 답 4, 13 (4) 답 3, 14

3 (1) $(+8)+(+9)=+(8+9)=+17$ 답 +17
(2) $(+13)+(+5)=+(13+5)=+18$ 답 +18
(3) $(-6)+(-11)=-(6+11)=-17$ 답 −17
(4) $(-14)+(-7)=-(14+7)=-21$ 답 −21
(5) $(+1.8)+(+1.7)=+(1.8+1.7)=+3.5$ 답 +3.5
(6) $(-2.2)+(-1.3)=-(2.2+1.3)=-3.5$ 답 −3.5

4 (1) $\left(+\frac{3}{4}\right)+\left(+\frac{5}{4}\right)=+\left(\frac{3}{4}+\frac{5}{4}\right)=+\frac{8}{4}=+2$ 답 +2
(2) $\left(+\frac{2}{5}\right)+\left(+\frac{1}{5}\right)=+\left(\frac{2}{5}+\frac{1}{5}\right)=+\frac{3}{5}$ 답 $+\frac{3}{5}$
(3) $\left(-\frac{3}{7}\right)+\left(-\frac{5}{7}\right)=-\left(\frac{3}{7}+\frac{5}{7}\right)=-\frac{8}{7}$ 답 $-\frac{8}{7}$
(4) $\left(-\frac{2}{9}\right)+\left(-\frac{5}{9}\right)=-\left(\frac{2}{9}+\frac{5}{9}\right)=-\frac{7}{9}$ 답 $-\frac{7}{9}$
(5) $\left(+\frac{1}{2}\right)+\left(+\frac{3}{8}\right)=+\left(\frac{1}{2}+\frac{3}{8}\right)=+\left(\frac{4}{8}+\frac{3}{8}\right)$
$=+\frac{7}{8}$ 답 $+\frac{7}{8}$
(6) $\left(+\frac{5}{6}\right)+\left(+\frac{1}{3}\right)=+\left(\frac{5}{6}+\frac{1}{3}\right)=+\left(\frac{5}{6}+\frac{2}{6}\right)$
$=+\frac{7}{6}$ 답 $+\frac{7}{6}$
(7) $\left(-\frac{3}{5}\right)+\left(-\frac{3}{10}\right)=-\left(\frac{3}{5}+\frac{3}{10}\right)=-\left(\frac{6}{10}+\frac{3}{10}\right)$
$=-\frac{9}{10}$ 답 $-\frac{9}{10}$
(8) $\left(-\frac{3}{4}\right)+\left(-\frac{5}{6}\right)=-\left(\frac{3}{4}+\frac{5}{6}\right)=-\left(\frac{9}{12}+\frac{10}{12}\right)$
$=-\frac{19}{12}$ 답 $-\frac{19}{12}$

5 (1) $(+2)+(+5)=+(2+5)=+7$ 답 +7
(2) $(+8)+(+12)=+(8+12)=+20$ 답 +20
(3) $(-4)+(-11)=-(4+11)=-15$ 답 −15
(4) $(-13)+(-9)=-(13+9)=-22$ 답 −22
(5) $(+1.9)+(+3.2)=+(1.9+3.2)=+5.1$ 답 +5.1
(6) $\left(+\frac{1}{6}\right)+\left(+\frac{5}{8}\right)=+\left(\frac{1}{6}+\frac{5}{8}\right)=+\left(\frac{4}{24}+\frac{15}{24}\right)$
$=+\frac{19}{24}$ 답 $+\frac{19}{24}$

(7) $(-5)+\left(-\frac{5}{9}\right)=-\left(5+\frac{5}{9}\right)=-\left(\frac{45}{9}+\frac{5}{9}\right)$

$=-\frac{50}{9}$ 답 $-\frac{50}{9}$

(8) $\left(-\frac{2}{7}\right)+\left(-\frac{3}{14}\right)=-\left(\frac{2}{7}+\frac{3}{14}\right)=-\left(\frac{4}{14}+\frac{3}{14}\right)$

$=-\frac{7}{14}=-\frac{1}{2}$ 답 $-\frac{1}{2}$

6 (1) 답 $+2$ (2) 답 -2 (3) 답 $+3$ (4) 답 $+1$

7 (1) 답 2, 4 (2) 답 7, 3 (3) 답 5, 4 (4) 답 12, 8

8 (1) $(+5)+(-13)=-(13-5)=-8$ 답 -8

(2) $(+16)+(-11)=+(16-11)=+5$ 답 $+5$

(3) $(-4)+(+8)=+(8-4)=+4$ 답 $+4$

(4) $(-12)+(+5)=-(12-5)=-7$ 답 -7

(5) $(+1.9)+(-1.3)=+(1.9-1.3)=+0.6$ 답 $+0.6$

(6) $(-5.1)+(+3.4)=-(5.1-3.4)=-1.7$ 답 -1.7

9 (1) $\left(+\frac{1}{4}\right)+\left(-\frac{5}{4}\right)=-\left(\frac{5}{4}-\frac{1}{4}\right)=-\frac{4}{4}=-1$ 답 -1

(2) $\left(+\frac{5}{6}\right)+\left(-\frac{1}{6}\right)=+\left(\frac{5}{6}-\frac{1}{6}\right)=+\frac{4}{6}=+\frac{2}{3}$

답 $+\frac{2}{3}$

(3) $\left(-\frac{2}{7}\right)+\left(+\frac{5}{7}\right)=+\left(\frac{5}{7}-\frac{2}{7}\right)=+\frac{3}{7}$ 답 $+\frac{3}{7}$

(4) $\left(-\frac{3}{10}\right)+\left(+\frac{7}{10}\right)=+\left(\frac{7}{10}-\frac{3}{10}\right)=+\frac{4}{10}=+\frac{2}{5}$

답 $+\frac{2}{5}$

(5) $\left(+\frac{1}{4}\right)+\left(-\frac{3}{8}\right)=-\left(\frac{3}{8}-\frac{1}{4}\right)=-\left(\frac{3}{8}-\frac{2}{8}\right)$

$=-\frac{1}{8}$ 답 $-\frac{1}{8}$

(6) $\left(+\frac{2}{9}\right)+\left(-\frac{5}{3}\right)=-\left(\frac{5}{3}-\frac{2}{9}\right)=-\left(\frac{15}{9}-\frac{2}{9}\right)$

$=-\frac{13}{9}$ 답 $-\frac{13}{9}$

(7) $\left(-\frac{7}{5}\right)+\left(+\frac{3}{10}\right)=-\left(\frac{7}{5}-\frac{3}{10}\right)=-\left(\frac{14}{10}-\frac{3}{10}\right)$

$=-\frac{11}{10}$ 답 $-\frac{11}{10}$

(8) $\left(-\frac{1}{2}\right)+\left(+\frac{5}{6}\right)=+\left(\frac{5}{6}-\frac{1}{2}\right)=+\left(\frac{5}{6}-\frac{3}{6}\right)$

$=+\frac{2}{6}=+\frac{1}{3}$ 답 $+\frac{1}{3}$

10 (1) $(+3)+(-6)=-(6-3)=-3$ 답 -3

(2) $(+7)+(-13)=-(13-7)=-6$ 답 -6

(3) $(-5)+(+10)=+(10-5)=+5$ 답 $+5$

(4) $(-12)+(+8)=-(12-8)=-4$ 답 -4

(5) $(+3)+\left(-\frac{2}{5}\right)=+\left(3-\frac{2}{5}\right)=+\left(\frac{15}{5}-\frac{2}{5}\right)$

$=+\frac{13}{5}$ 답 $+\frac{13}{5}$

(6) $\left(+\frac{3}{4}\right)+\left(-\frac{3}{8}\right)=+\left(\frac{3}{4}-\frac{3}{8}\right)=+\left(\frac{6}{8}-\frac{3}{8}\right)$

$=+\frac{3}{8}$ 답 $+\frac{3}{8}$

(7) $(-3.1)+(+4.5)=+(4.5-3.1)=+1.4$ 답 $+1.4$

(8) $\left(-\frac{4}{5}\right)+\left(+\frac{3}{10}\right)=-\left(\frac{4}{5}-\frac{3}{10}\right)=-\left(\frac{8}{10}-\frac{3}{10}\right)$

$=-\frac{5}{10}=-\frac{1}{2}$ 답 $-\frac{1}{2}$

11 (1) 답 교환, $+1$, 결합, $+1$, $+5$, -1

(2) 답 교환, $+3.2$, 결합, $+3.2$, $+4.7$, $+0.6$

(3) 답 교환, -1.1, 결합, -1.1, -2.9, -0.4

(4) 답 교환, $-\frac{2}{3}$, 결합, $-\frac{2}{3}$, -3, $-\frac{1}{2}$

12 (1) $(-7)+(+4)+(-3)=(-7)+(-3)+(+4)$

$=(-10)+(+4)=-6$

답 -6

(2) $(+4)+(-9)+(+6)=(+4)+(+6)+(-9)$

$=(+10)+(-9)=+1$

답 $+1$

(3) $(+0.4)+(-1.5)+(+1.2)$

$=(+0.4)+(+1.2)+(-1.5)$

$=(+1.6)+(-1.5)=+0.1$ 답 $+0.1$

(4) $(-5.3)+(+2.7)+(-0.8)$

$=(-5.3)+(-0.8)+(+2.7)$

$=(-6.1)+(+2.7)=-3.4$ 답 -3.4

(5) $(+3.2)+(-5.3)+(+1.5)$

$=(+3.2)+(+1.5)+(-5.3)$

$=(+4.7)+(-5.3)=-0.6$ 답 -0.6

(6) $\left(-\frac{2}{5}\right)+\left(+\frac{6}{5}\right)+\left(-\frac{8}{5}\right)$

$=\left(-\frac{2}{5}\right)+\left(-\frac{8}{5}\right)+\left(+\frac{6}{5}\right)$

$=\left(-\frac{10}{5}\right)+\left(+\frac{6}{5}\right)=-\frac{4}{5}$ 답 $-\frac{4}{5}$

(7) $(+3)+\left(-\frac{5}{6}\right)+\left(+\frac{7}{6}\right)$

$=(+3)+\left(+\frac{7}{6}\right)+\left(-\frac{5}{6}\right)$

$=\left(+\frac{25}{6}\right)+\left(-\frac{5}{6}\right)$

$=+\frac{20}{6}=+\frac{10}{3}$ 답 $+\frac{10}{3}$

(8) $\left(-\frac{7}{2}\right)+\left(+\frac{9}{2}\right)+(-1)$

$=\left(-\frac{7}{2}\right)+(-1)+\left(+\frac{9}{2}\right)$

$=\left(-\frac{9}{2}\right)+\left(+\frac{9}{2}\right)=0$ 답 0

(9) $\left(+\frac{3}{2}\right)+(-4)+\left(+\frac{1}{4}\right)$

$=\left(+\frac{3}{2}\right)+\left(+\frac{1}{4}\right)+(-4)$

$=\left(+\frac{7}{4}\right)+(-4)=-\frac{9}{4}$ 답 $-\frac{9}{4}$

(10) $\left(-\frac{1}{2}\right)+\left(+\frac{2}{5}\right)+(-1)$
$=\left(-\frac{1}{2}\right)+(-1)+\left(+\frac{2}{5}\right)$
$=\left(-\frac{3}{2}\right)+\left(+\frac{2}{5}\right)$
$=-\frac{11}{10}$ 답 $-\frac{11}{10}$

13 (1) 답 $-$, 5, $+$, 5, $+$, 4
(2) 답 $-$, 12, $-$, 12, $-$, 20
(3) 답 $+$, 1.3, $+$, 1.3, $+$, 1.2
(4) 답 $-$, 5.7, $-$, 5.7, $-$, 3
(5) 답 $-$, $\frac{4}{3}$, $-$, $\frac{4}{3}$, $-$, $\frac{5}{3}$

14 (1) $(+15)-(+21)=(+15)+(-21)$
$=-(21-15)=-6$ 답 -6
(2) $(-7)-(+13)=(-7)+(-13)$
$=-(7+13)=-20$ 답 -20
(3) $(+9)-(-5)=(+9)+(+5)$
$=+(9+5)=+14$ 답 $+14$
(4) $(-11)-(-4)=(-11)+(+4)$
$=-(11-4)=-7$ 답 -7
(5) $(+3.7)-(+1.5)=(+3.7)+(-1.5)$
$=+(3.7-1.5)$
$=+2.2$ 답 $+2.2$
(6) $(+2.9)-(-2.6)=(+2.9)+(+2.6)$
$=+(2.9+2.6)$
$=+5.5$ 답 $+5.5$
(7) $\left(-\frac{5}{12}\right)-\left(+\frac{11}{12}\right)=\left(-\frac{5}{12}\right)+\left(-\frac{11}{12}\right)$
$=-\left(\frac{5}{12}+\frac{11}{12}\right)=-\frac{16}{12}$
$=-\frac{4}{3}$ 답 $-\frac{4}{3}$
(8) $\left(+\frac{2}{3}\right)-\left(-\frac{5}{6}\right)=\left(+\frac{2}{3}\right)+\left(+\frac{5}{6}\right)=+\left(\frac{2}{3}+\frac{5}{6}\right)$
$=+\left(\frac{4}{6}+\frac{5}{6}\right)=+\frac{9}{6}=+\frac{3}{2}$
답 $+\frac{3}{2}$

15 (1) 답 $+7$, $+10$, $+21$ (2) 답 $+4$, $+4$, $+10$, $+1$
(3) 답 $+3.4$, $+4.9$, $+2.7$ (4) 답 $+\frac{7}{3}$, $+\frac{9}{3}$, $-\frac{1}{3}$

16 (1) $(+13)+(+2)-(-10)=(+13)+(+2)+(+10)$
$=(+15)+(+10)=+25$
답 $+25$
(2) $(-8)-(+11)+(-4)=(-8)+(-11)+(-4)$
$=(-19)+(-4)=-23$
답 -23
(3) $(+7)+(-9)-(-15)=(+7)+(-9)+(+15)$
$=(-9)+(+7)+(+15)$
$=(-9)+(+22)=+13$
답 $+13$
(4) $(-3)-(-10)+(+5)=(-3)+(+10)+(+5)$
$=(-3)+(+15)=+12$
답 $+12$
(5) $(+1.5)+(+3.4)-(+2.9)$
$=(+1.5)+(+3.4)+(-2.9)$
$=(+4.9)+(-2.9)=+2$ 답 $+2$
(6) $(-4.9)+(+3.1)-(-2.4)$
$=(-4.9)+(+3.1)+(+2.4)$
$=(-4.9)+(+5.5)$
$=+0.6$ 답 $+0.6$
(7) $(-2.3)-(-3.4)+(+2.6)$
$=(-2.3)+(+3.4)+(+2.6)$
$=(-2.3)+(+6)$
$=+3.7$ 답 $+3.7$
(8) $\left(+\frac{1}{5}\right)+\left(+\frac{3}{5}\right)-\left(-\frac{7}{5}\right)$
$=\left(+\frac{1}{5}\right)+\left(+\frac{3}{5}\right)+\left(+\frac{7}{5}\right)$
$=\left(+\frac{4}{5}\right)+\left(+\frac{7}{5}\right)=+\frac{11}{5}$ 답 $+\frac{11}{5}$
(9) $\left(+\frac{5}{8}\right)-\left(+\frac{3}{2}\right)+\left(-\frac{3}{4}\right)$
$=\left(+\frac{5}{8}\right)+\left(-\frac{3}{2}\right)+\left(-\frac{3}{4}\right)$
$=\left(+\frac{5}{8}\right)+\left(-\frac{9}{4}\right)=-\frac{13}{8}$ 답 $-\frac{13}{8}$
(10) $\left(-\frac{5}{6}\right)-\left(-\frac{2}{3}\right)+\left(-\frac{1}{2}\right)$
$=\left(-\frac{5}{6}\right)+\left(+\frac{2}{3}\right)+\left(-\frac{1}{2}\right)$
$=\left(-\frac{5}{6}\right)+\left(-\frac{1}{2}\right)+\left(+\frac{2}{3}\right)$
$=\left(-\frac{4}{3}\right)+\left(+\frac{2}{3}\right)=-\frac{2}{3}$ 답 $-\frac{2}{3}$

17 (1) 답 9, $+16$
(2) 답 -10, -5
(3) 답 $+6$, -6, -17
(4) 답 $+2.9$, -2.9, -6.3, -7.9
(5) 답 $+3.4$, -3.4, -3.4, -10.9, -8.6

18 (1) $-10+3=(-10)+(+3)=-7$ 답 -7
(2) $9-15=(+9)-(+15)=(+9)+(-15)=-6$
답 -6
(3) $-13-4=(-13)-(+4)=(-13)+(-4)=-17$
답 -17
(4) $0.9-1.2=(+0.9)-(+1.2)=(+0.9)+(-1.2)$
$=-0.3$ 답 -0.3

(5) $-\frac{4}{11}-\frac{5}{11}=\left(-\frac{4}{11}\right)-\left(+\frac{5}{11}\right)$
$=\left(-\frac{4}{11}\right)+\left(-\frac{5}{11}\right)=-\frac{9}{11}$ 답 $-\frac{9}{11}$

(6) $5-9+3=(+5)-(+9)+(+3)$
$=(+5)+(-9)+(+3)$
$=(-9)+(+5)+(+3)$
$=(-9)+(+8)=-1$ 답 -1

(7) $-12+4-7=(-12)+(+4)-(+7)$
$=(-12)+(+4)+(-7)$
$=(-12)+(-7)+(+4)$
$=(-19)+(+4)=-15$ 답 -15

(8) $2.1-1.4-0.5=(+2.1)-(+1.4)-(+0.5)$
$=(+2.1)+(-1.4)+(-0.5)$
$=(+2.1)+(-1.9)$
$=+0.2$ 답 $+0.2$

3. 유리수의 곱셈과 나눗셈

연산으로 개념잡기

51～60쪽

1 (1) $+, 6, +, 12$ (2) $+, 4, +, 28$ (3) $-, 8, -, 48$ (4) $-, 1, -, 10$ (5) $+, \frac{1}{4}, +, \frac{3}{20}$ (6) $-, \frac{3}{4}, -, \frac{9}{14}$

2 (1) $+24$ (2) $+27$ (3) -24 (4) -42

3 (1) $+6$ (2) $-\frac{3}{4}$ (3) $-\frac{5}{12}$ (4) $+10$ (5) $-\frac{1}{5}$ (6) $+8$

4 (1) 교환, 결합 (2) 교환, -0.8, 결합, -0.8, $+8$, $+32$
(3) 교환, -8, 결합, -8, -6, $-\frac{12}{5}$
(4) 교환, $-\frac{9}{4}$, 결합, $-\frac{9}{4}$, -15, $+3$

5 (1) -90 (2) $+160$ (3) -14 (4) $-\frac{8}{5}$ (5) $+\frac{45}{7}$ (6) $+15$
(7) -14 (8) $-\frac{5}{11}$ (9) $+\frac{9}{2}$

6 (1) $-, -, 24$ (2) $-, -, 80$ (3) $+, +, 16$ (4) $-, -, 90$

7 (1) -105 (2) -66 (3) $+54$ (4) $+2$ (5) -56 (6) $+\frac{6}{35}$
(7) -1 (8) $+240$

8 (1) $+8$ (2) $+16$ (3) -9 (4) $+\frac{1}{27}$ (5) -36 (6) $+1$
(7) $-\frac{27}{64}$ (8) $-\frac{1}{25}$

9 (1) $+50$ (2) $+44$ (3) $+108$ (4) $+\frac{1}{2}$ (5) $+9$ (6) $-\frac{1}{6}$
(7) $-\frac{1}{20}$ (8) $+24$

10 (1) 13, 3, 1300, 1339 (2) 35, 3500, 280, 3220
(3) 7, 7, 700 (4) 9, 50, 9, 450

11 (1) 140 (2) -150 (3) -1 (4) -2 (5) 240 (6) -24
(7) -24 (8) 25

12 (1) $+, +, 2$ (2) $+, +, 6$ (3) $-, -, 9$ (4) $-, -, 5$

13 (1) $+5$ (2) $+5$ (3) $+3$ (4) $+4$ (5) -3 (6) -18 (7) 0
(8) -5 (9) -6 (10) $+7$

14 (1) $\frac{1}{8}$ (2) $-\frac{1}{5}$ (3) $\frac{11}{6}$ (4) -7 (5) $\frac{5}{13}$ (6) $\frac{2}{5}$

15 (1) $+15$ (2) $+\frac{1}{24}$ (3) $+10$ (4) $-\frac{7}{2}$ (5) $+\frac{1}{3}$ (6) $+\frac{3}{2}$
(7) $-\frac{3}{16}$ (8) $+\frac{1}{4}$

16 (1) $+\frac{11}{2}$ (2) $-\frac{3}{2}$ (3) $+2$ (4) $-\frac{7}{3}$ (5) $+\frac{15}{28}$ (6) $-\frac{5}{3}$

17 (1) ㉡ → ㉢ → ㉠, 23 (2) ㉡ → ㉢ → ㉠, -21
(3) ㉢ → ㉡ → ㉠, 9 (4) ㉢ → ㉣ → ㉡ → ㉠, 18
(5) ㉣ → ㉢ → ㉡ → ㉠, 6

18 (1) 25 (2) -9 (3) -1 (4) $\frac{25}{2}$ (5) -1 (6) 128 (7) -2 (8) 10
(9) -18 (10) 5

1 (1) 답 $+, 6, +, 12$ (2) 답 $+, 4, +, 28$
(3) 답 $-, 8, -, 48$ (4) 답 $-, 1, -, 10$
(5) 답 $+, \frac{1}{4}, +, \frac{3}{20}$ (6) 답 $-, \frac{3}{4}, -, \frac{9}{14}$

2 (1) $(+4)\times(+6)=+(4\times6)=+24$ 답 $+24$
(2) $(-9)\times(-3)=+(9\times3)=+27$ 답 $+27$
(3) $(+3)\times(-8)=-(3\times8)=-24$ 답 -24
(4) $(-7)\times(+6)=-(7\times6)=-42$ 답 -42

3 (1) $\left(-\frac{3}{8}\right)\times(-16)=+\left(\frac{3}{8}\times16\right)=+6$ 답 $+6$
(2) $\left(+\frac{9}{20}\right)\times\left(-\frac{5}{3}\right)=-\left(\frac{9}{20}\times\frac{5}{3}\right)=-\frac{3}{4}$ 답 $-\frac{3}{4}$
(3) $\left(+\frac{2}{9}\right)\times\left(-\frac{15}{8}\right)=-\left(\frac{2}{9}\times\frac{15}{8}\right)=-\frac{5}{12}$ 답 $-\frac{5}{12}$
(4) $(+14)\times\left(+\frac{5}{7}\right)=+\left(14\times\frac{5}{7}\right)=+10$ 답 $+10$
(5) $\left(+\frac{3}{5}\right)\times\left(-\frac{1}{3}\right)=-\left(\frac{3}{5}\times\frac{1}{3}\right)=-\frac{1}{5}$ 답 $-\frac{1}{5}$
(6) $\left(-\frac{12}{5}\right)\times\left(-\frac{10}{3}\right)=+\left(\frac{12}{5}\times\frac{10}{3}\right)=+8$ 답 $+8$

4 (1) 답 교환, 결합
(2) 답 교환, -0.8, 결합, -0.8, $+8$, $+32$
(3) 답 교환, -8, 결합, -8, -6, $-\frac{12}{5}$
(4) 답 교환, $-\frac{9}{4}$, 결합, $-\frac{9}{4}$, -15, $+3$

5 (1) $(+6)\times(-3)\times(+5)=(+6)\times(+5)\times(-3)$
$=\{(+6)\times(+5)\}\times(-3)$
$=(+30)\times(-3)$
$=-90$ 답 -90

(2) $(-5)\times(-4)\times(+8)=\{(-5)\times(-4)\}\times(+8)$
$=(+20)\times(+8)$
$=+160$ 답 $+160$

(3) $\left(-\frac{11}{3}\right)\times(-7)\times\left(-\frac{6}{11}\right)$
$=\left(-\frac{11}{3}\right)\times\left(-\frac{6}{11}\right)\times(-7)$
$=\left\{\left(-\frac{11}{3}\right)\times\left(-\frac{6}{11}\right)\right\}\times(-7)$
$=(+2)\times(-7)=-14$ 답 -14

(4) $(+18)\times\left(-\frac{1}{5}\right)\times\left(+\frac{4}{9}\right)$
$=(+18)\times\left(+\frac{4}{9}\right)\times\left(-\frac{1}{5}\right)$
$=\left\{(+18)\times\left(+\frac{4}{9}\right)\right\}\times\left(-\frac{1}{5}\right)$
$=(+8)\times\left(-\frac{1}{5}\right)=-\frac{8}{5}$ 답 $-\frac{8}{5}$

(5) $\left(+\frac{25}{4}\right)\times\left(-\frac{3}{7}\right)\times\left(-\frac{12}{5}\right)$
$=\left(-\frac{3}{7}\right)\times\left(+\frac{25}{4}\right)\times\left(-\frac{12}{5}\right)$
$=\left(-\frac{3}{7}\right)\times\left\{\left(+\frac{25}{4}\right)\times\left(-\frac{12}{5}\right)\right\}$
$=\left(-\frac{3}{7}\right)\times(-15)=+\frac{45}{7}$ 답 $+\frac{45}{7}$

(6) $(-10)\times\left(+\frac{8}{3}\right)\times\left(-\frac{9}{16}\right)$
$=(-10)\times\left\{\left(+\frac{8}{3}\right)\times\left(-\frac{9}{16}\right)\right\}$
$=(-10)\times\left(-\frac{3}{2}\right)=+15$ 답 $+15$

(7) $(-4)\times(-7)\times(-0.5)$
$=(-7)\times(-4)\times(-0.5)$
$=(-7)\times\{(-4)\times(-0.5)\}$
$=(-7)\times(+2)=-14$ 답 -14

(8) $\left(+\frac{4}{9}\right)\times\left(+\frac{3}{11}\right)\times\left(-\frac{15}{4}\right)$
$=\left(+\frac{3}{11}\right)\times\left(+\frac{4}{9}\right)\times\left(-\frac{15}{4}\right)$
$=\left(+\frac{3}{11}\right)\times\left\{\left(+\frac{4}{9}\right)\times\left(-\frac{15}{4}\right)\right\}$
$=\left(+\frac{3}{11}\right)\times\left(-\frac{5}{3}\right)=-\frac{5}{11}$ 답 $-\frac{5}{11}$

(9) $\left(-\frac{24}{7}\right)\times(+2.1)\times\left(-\frac{5}{8}\right)$
$=\left(-\frac{24}{7}\right)\times\left(+\frac{21}{10}\right)\times\left(-\frac{5}{8}\right)$
$=\left\{\left(-\frac{24}{7}\right)\times\left(+\frac{21}{10}\right)\right\}\times\left(-\frac{5}{8}\right)$
$=\left(-\frac{36}{5}\right)\times\left(-\frac{5}{8}\right)=+\frac{9}{2}$ 답 $+\frac{9}{2}$

6 (1) $(+4)\times(-3)\times(+2)=-(4\times3\times2)=-24$
답 $-$, $-$, 24

(2) $(-2)\times(-5)\times(-8)=-(2\times5\times8)=-80$
답 $-$, $-$, 80

(3) $(+20)\times\left(-\frac{14}{15}\right)\times\left(-\frac{6}{7}\right)=+\left(20\times\frac{14}{15}\times\frac{6}{7}\right)$
$=+16$ 답 $+$, $+$, 16

(4) $(-6)\times(+1)\times(-3)\times(-5)=-(6\times1\times3\times5)$
$=-90$ 답 $-$, $-$, 90

7 (1) $(-7)\times(-3)\times(-5)=-(7\times3\times5)$
$=-105$ 답 -105

(2) $(+11)\times(-1)\times(+6)=-(11\times1\times6)$
$=-66$ 답 -66

(3) $(-2)\times(-9)\times(+3)=+(2\times9\times3)$
$=+54$ 답 $+54$

(4) $\left(-\frac{4}{15}\right)\times\left(+\frac{5}{8}\right)\times(-12)=+\left(\frac{4}{15}\times\frac{5}{8}\times12\right)$
$=+2$ 답 $+2$

(5) $\left(-\frac{4}{5}\right)\times(-20)\times\left(-\frac{7}{2}\right)=-\left(\frac{4}{5}\times20\times\frac{7}{2}\right)$
$=-56$ 답 -56

(6) $\left(-\frac{4}{7}\right)\times\left(-\frac{3}{2}\right)\times\left(+\frac{1}{5}\right)=+\left(\frac{4}{7}\times\frac{3}{2}\times\frac{1}{5}\right)$
$=+\frac{6}{35}$ 답 $+\frac{6}{35}$

(7) $(-1)\times(-1)\times(+1)\times(-1)=-(1\times1\times1\times1)$
$=-1$ 답 -1

(8) $(+8)\times(-3)\times(+5)\times(-2)=+(8\times3\times5\times2)$
$=+240$ 답 $+240$

8 (1) 답 $+8$ (2) 답 $+16$ (3) 답 -9 (4) 답 $+\frac{1}{27}$
(5) 답 -36 (6) 답 $+1$ (7) 답 $-\frac{27}{64}$ (8) 답 $-\frac{1}{25}$

9 (1) $(+2)\times(-5)^2=(+2)\times(+25)=+(2\times25)$
$=+50$ 답 $+50$

(2) $(+2)^2\times(+11)=(+4)\times(+11)=+(4\times11)$
$=+44$ 답 $+44$

(3) $(+3)^3\times(-2)^2=(+27)\times(+4)=+(27\times4)$
$=+108$ 답 $+108$

(4) $\left(-\frac{1}{4}\right)^2\times(+2)^3=\left(+\frac{1}{16}\right)\times(+8)=+\left(\frac{1}{16}\times8\right)$
$=+\frac{1}{2}$ 답 $+\frac{1}{2}$

(5) $(-3^2)\times(-1)^{101}=(-9)\times(-1)=+(9\times1)$
$=+9$ 답 $+9$

(6) $\left(-\frac{2}{3}\right)^3\times\left(+\frac{3}{4}\right)^2=\left(-\frac{8}{27}\right)\times\left(+\frac{9}{16}\right)$
$=-\left(\frac{8}{27}\times\frac{9}{16}\right)=-\frac{1}{6}$ 답 $-\frac{1}{6}$

(7) $\left(-\frac{2}{5}\right)\times\left(-\frac{1}{2}\right)^3\times(-1^8)$
$=\left(-\frac{2}{5}\right)\times\left(-\frac{1}{8}\right)\times(-1)$
$=-\left(\frac{2}{5}\times\frac{1}{8}\times1\right)=-\frac{1}{20}$ 답 $-\frac{1}{20}$

(8) $\left(-\frac{9}{4}\right)\times(-6)^2\times\left(-\frac{2}{3}\right)^3$
$=\left(-\frac{9}{4}\right)\times(+36)\times\left(-\frac{8}{27}\right)$

$=+\left(\frac{9}{4}\times 36\times \frac{8}{27}\right)=+24$ 답 $+24$

10 (1) 답 13, 3, 1300, 1339 (2) 답 35, 3500, 280, 3220
(3) 답 7, 7, 700 (4) 답 9, 50, 9, 450

11 (1) $5\times(20+8)=5\times 20+5\times 8$
$=100+40$
$=140$ 답 140

(2) $(-3)\times 27+(-3)\times 23=(-3)\times(27+23)$
$=(-3)\times 50$
$=-150$ 답 -150

(3) $12\times\left(\frac{3}{4}-\frac{5}{6}\right)=12\times\frac{3}{4}-12\times\frac{5}{6}$
$=9-10=-1$ 답 -1

(4) $\left(\frac{1}{2}-\frac{1}{3}\right)\times(-12)=\frac{1}{2}\times(-12)-\frac{1}{3}\times(-12)$
$=-6+4$
$=-2$ 답 -2

(5) $6\times 92-6\times 52=6\times(92-52)$
$=6\times 40$
$=240$ 답 240

(6) $23\times\left(-\frac{3}{5}\right)+17\times\left(-\frac{3}{5}\right)=(23+17)\times\left(-\frac{3}{5}\right)$
$=40\times\left(-\frac{3}{5}\right)$
$=-24$ 답 -24

(7) $(-20)\times\frac{8}{3}+11\times\frac{8}{3}=(-20+11)\times\frac{8}{3}$
$=(-9)\times\frac{8}{3}$
$=-24$ 답 -24

(8) $12\times 2.5-2\times 2.5=(12-2)\times 2.5$
$=10\times 2.5$
$=25$ 답 25

12 (1) 답 $+$, $+$, 2 (2) 답 $+$, $+$, 6
(3) 답 $-$, $-$, 9 (4) 답 $-$, $-$, 5

13 (1) $(+15)\div(+3)=+(15\div 3)=+5$ 답 $+5$
(2) $(+20)\div(+4)=+(20\div 4)=+5$ 답 $+5$
(3) $(-27)\div(-9)=+(27\div 9)=+3$ 답 $+3$
(4) $(-64)\div(-16)=+(64\div 16)=+4$ 답 $+4$
(5) $(-45)\div(+15)=-(45\div 15)=-3$ 답 -3
(6) $(+54)\div(-3)=-(54\div 3)=-18$ 답 -18
(7) $0\div(-11)=0$ 답 0
(8) $(-65)\div(+13)=-(65\div 13)=-5$ 답 -5
(9) $(+7.2)\div(-1.2)=-(7.2\div 1.2)=-6$ 답 -6
(10) $(-5.6)\div(-0.8)=+(5.6\div 0.8)=+7$ 답 $+7$

14 (1) 답 $\frac{1}{8}$ (2) 답 $-\frac{1}{5}$ (3) 답 $\frac{11}{6}$ (4) 답 -7 (5) 답 $\frac{5}{13}$
(6) $2.5=\frac{25}{10}=\frac{5}{2}$이므로 역수는 $\frac{2}{5}$ 답 $\frac{2}{5}$

15 (1) $(+20)\div\left(+\frac{4}{3}\right)=(+20)\times\left(+\frac{3}{4}\right)$
$=+\left(20\times\frac{3}{4}\right)$
$=+15$ 답 $+15$

(2) $\left(-\frac{7}{12}\right)\div(-14)=\left(-\frac{7}{12}\right)\times\left(-\frac{1}{14}\right)$
$=+\left(\frac{7}{12}\times\frac{1}{14}\right)$
$=+\frac{1}{24}$ 답 $+\frac{1}{24}$

(3) $\left(-\frac{16}{7}\right)\div\left(-\frac{8}{35}\right)=\left(-\frac{16}{7}\right)\times\left(-\frac{35}{8}\right)$
$=+\left(\frac{16}{7}\times\frac{35}{8}\right)$
$=+10$ 답 $+10$

(4) $\left(-\frac{5}{3}\right)\div\left(+\frac{10}{21}\right)=\left(-\frac{5}{3}\right)\times\left(+\frac{21}{10}\right)$
$=-\left(\frac{5}{3}\times\frac{21}{10}\right)$
$=-\frac{7}{2}$ 답 $-\frac{7}{2}$

(5) $\left(-\frac{7}{10}\right)\div(-2.1)=\left(-\frac{7}{10}\right)\div\left(-\frac{21}{10}\right)$
$=\left(-\frac{7}{10}\right)\times\left(-\frac{10}{21}\right)$
$=+\left(\frac{7}{10}\times\frac{10}{21}\right)$
$=+\frac{1}{3}$ 답 $+\frac{1}{3}$

(6) $\left(-\frac{2}{3}\right)\div\left(-\frac{4}{9}\right)=\left(-\frac{2}{3}\right)\times\left(-\frac{9}{4}\right)$
$=+\left(\frac{2}{3}\times\frac{9}{4}\right)$
$=+\frac{3}{2}$ 답 $+\frac{3}{2}$

(7) $\left(-\frac{9}{16}\right)\div(+3)=\left(-\frac{9}{16}\right)\times\left(+\frac{1}{3}\right)$
$=-\left(\frac{9}{16}\times\frac{1}{3}\right)$
$=-\frac{3}{16}$ 답 $-\frac{3}{16}$

(8) $(-0.4)\div\left(-\frac{8}{5}\right)=\left(-\frac{4}{10}\right)\div\left(-\frac{8}{5}\right)$
$=\left(-\frac{2}{5}\right)\times\left(-\frac{5}{8}\right)$
$=+\left(\frac{2}{5}\times\frac{5}{8}\right)$
$=+\frac{1}{4}$ 답 $+\frac{1}{4}$

16 (1) $(-5)\div\left(+\frac{1}{3}\right)\times\left(-\frac{11}{30}\right)$
$=(-5)\times(+3)\times\left(-\frac{11}{30}\right)$
$=+\left(5\times 3\times\frac{11}{30}\right)$
$=+\frac{11}{2}$ 답 $+\frac{11}{2}$

(2) $(-40)\times\left(-\frac{1}{5}\right)\div\left(-\frac{16}{3}\right)$

$=(-40)\times\left(-\frac{1}{5}\right)\times\left(-\frac{3}{16}\right)$

$=-\left(40\times\frac{1}{5}\times\frac{3}{16}\right)$

$=-\frac{3}{2}$ 답 $-\frac{3}{2}$

(3) $\left(+\frac{18}{5}\right)\div(-12)\times\left(-\frac{20}{3}\right)$

$=\left(+\frac{18}{5}\right)\times\left(-\frac{1}{12}\right)\times\left(-\frac{20}{3}\right)$

$=+\left(\frac{18}{5}\times\frac{1}{12}\times\frac{20}{3}\right)$

$=+2$ 답 $+2$

(4) $\left(-\frac{6}{5}\right)\div\left(-\frac{9}{10}\right)\times\left(-\frac{7}{4}\right)$

$=\left(-\frac{6}{5}\right)\times\left(-\frac{10}{9}\right)\times\left(-\frac{7}{4}\right)$

$=-\left(\frac{6}{5}\times\frac{10}{9}\times\frac{7}{4}\right)=-\frac{7}{3}$ 답 $-\frac{7}{3}$

(5) $\left(-\frac{3}{4}\right)^2\times(-2)\div(-2.1)$

$=\left(+\frac{9}{16}\right)\times(-2)\div\left(-\frac{21}{10}\right)$

$=\left(+\frac{9}{16}\right)\times(-2)\times\left(-\frac{10}{21}\right)$

$=+\left(\frac{9}{16}\times2\times\frac{10}{21}\right)=+\frac{15}{28}$ 답 $+\frac{15}{28}$

(6) $(-1)^4\times(-2)^3\div\left(+\frac{24}{5}\right)$

$=(+1)\times(-8)\times\left(+\frac{5}{24}\right)$

$=-\left(1\times8\times\frac{5}{24}\right)=-\frac{5}{3}$ 답 $-\frac{5}{3}$

17 (1) $15+12\div6\times4=15+2\times4$

$=15+8$

$=23$ 답 ㉡→㉢→㉠, 23

(2) $(-5)+4^2\times(-1)$

$=(-5)+16\times(-1)$

$=-5-16=-21$ 답 ㉡→㉢→㉠, -21

(3) $14-30\div\{5-(-1)\}=14-30\div6=14-5=9$

답 ㉢→㉡→㉠, 9

(4) $11-\left(-\frac{1}{2}\right)\times\{(-3)^2+5\}=11-\left(-\frac{1}{2}\right)\times(9+5)$

$=11-\left(-\frac{1}{2}\right)\times14$

$=11-(-7)$

$=18$

답 ㉢→㉣→㉡→㉠, 18

(5) $3\times[12\div\{9-(4-1)\}]=3\times\{12\div(9-3)\}$

$=3\times(12\div6)$

$=3\times2$

$=6$

답 ㉣→㉢→㉡→㉠, 6

18 (1) $21-16\div(-4)=21-(-4)=25$ 답 25

(2) $-3+(-2)^3\times\frac{3}{4}=-3+(-8)\times\frac{3}{4}$

$=-3+(-6)$

$=-9$ 답 -9

(3) $\left(\frac{5}{3}\right)^2\div\left(-\frac{5}{9}\right)-\frac{6}{7}\times\left(-\frac{14}{3}\right)$

$=\frac{25}{9}\div\left(-\frac{5}{9}\right)-\frac{6}{7}\times\left(-\frac{14}{3}\right)$

$=\frac{25}{9}\times\left(-\frac{9}{5}\right)-\frac{6}{7}\times\left(-\frac{14}{3}\right)$

$=-5+4$

$=-1$ 답 -1

(4) $10-2+(-3)^2\times2\div4$

$=10-2+9\times2\div4$

$=10-2+18\div4$

$=10-2+18\times\frac{1}{4}$

$=10-2+\frac{9}{2}$

$=8+\frac{9}{2}$

$=\frac{25}{2}$ 답 $\frac{25}{2}$

(5) $-5-\frac{4}{5}\times\left(-\frac{2}{7}\right)\div\frac{4}{35}-(-2)^3\times\left(\frac{1}{2}\right)^2$

$=-5-\frac{4}{5}\times\left(-\frac{2}{7}\right)\div\frac{4}{35}-(-8)\times\frac{1}{4}$

$=-5-\frac{4}{5}\times\left(-\frac{2}{7}\right)\div\frac{4}{35}-(-2)$

$=-5-\frac{4}{5}\times\left(-\frac{2}{7}\right)\times\frac{35}{4}+2$

$=-5+2+2$

$=-1$ 답 -1

(6) $13-20\times\left\{-6+\frac{3}{4}\times\left(1-\frac{2}{3}\right)\right\}$

$=13-20\times\left(-6+\frac{3}{4}\times\frac{1}{3}\right)$

$=13-20\times\left(-6+\frac{1}{4}\right)$

$=13-20\times\left(-\frac{23}{4}\right)$

$=13+115$

$=128$ 답 128

(7) $[9-\{5-7\times(-3)-11\}]\div3$

$=\{9-(5+21-11)\}\div3$

$=(9-15)\div3$

$=(-6)\div3$

$=-2$ 답 -2

(8) $-5-18\times\left\{1-\left(-\frac{2}{3}+\frac{5}{2}\right)\right\}$

$=-5-18\times\left(1-\frac{11}{6}\right)$

$=-5-18\times\left(-\frac{5}{6}\right)$

$=-5+15=10$ 답 10

(9) $-12+13\div\left\{-\frac{5}{3}+16\times\left(-\frac{1}{2}\right)^5\right\}$

$=-12+13\div\left\{-\frac{5}{3}+16\times\left(-\frac{1}{32}\right)\right\}$

$=-12+13\div\left(-\frac{5}{3}-\frac{1}{2}\right)$

$=-12+13\div\left(-\frac{13}{6}\right)$

$=-12+13\times\left(-\frac{6}{13}\right)$

$=-12-6$

$=-18$ 답 -18

(10) $-3^2-\left[1+6\div\left\{\frac{3}{4}-(-1)^{10}\right\}\times\frac{5}{8}\right]$

$=-9-\left\{1+6\div\left(\frac{3}{4}-1\right)\times\frac{5}{8}\right\}$

$=-9-\left\{1+6\div\left(-\frac{1}{4}\right)\times\frac{5}{8}\right\}$

$=-9-\left\{1+6\times(-4)\times\frac{5}{8}\right\}$

$=-9-(1-15)$

$=-9-(-14)$

$=5$ 답 5

대단원 마무리 61~64쪽

1 ①	**2** ①	**3** ④	**4** $-2, -1, 0, 1, 2$	
5 ②, ③	**6** $6, -6$	**7** ③	**8** ①	**9** $1<a<8$
10 ④	**11** 7	**12** $-\frac{51}{20}$	**13** ①	**14** ③
15 $-\frac{27}{5}$	**16** $+\frac{1}{3}$	**17** -4		
18 최댓값: 12, 최솟값: -12			**19** ②	**20** 13
21 ㉠: 교환법칙, ㉡: 결합법칙			**22** $-\frac{1}{50}$	**23** ①
24 0	**25** $-\frac{14}{27}$	**26** ⑤	**27** 40	**28** 17개
29 48				

1 수직선 위에 나타내었을 때 가장 작은 수가 가장 왼쪽에 있는 수이므로 ① -4이다. 답 ①

2 $|-1.8|=1.8$, $\left|-\frac{2}{3}\right|=\frac{2}{3}$, $|-0.9|=0.9$,

$\left|+\frac{3}{4}\right|=\frac{3}{4}$, $|1|=1$에서 $1.8>1>0.9>\frac{3}{4}>\frac{2}{3}$이므로

절댓값이 가장 큰 수는 -1.8이다. 답 ①

3 $a=|-5|=5$, 절댓값이 2인 수는 -2, 2이므로 $b=-2$

$\therefore a+b=5-2=3$ 답 ④

4 절댓값이 3인 수는 -3과 3이므로 구하는 정수는 -3보다 크고 3보다 작은 정수이다.

$\therefore -2, -1, 0, 1, 2$ 답 $-2, -1, 0, 1, 2$

5 ① 절댓값이 가장 작은 수는 0이다.

④ 양수는 절댓값이 클수록 크다.

⑤ $a=1$, $b=-2$이면 $a>b$이지만 $|a|<|b|$ 답 ②, ③

6 두 수의 절댓값이 같고 부호가 반대이므로 두 수에 대응하는 점은 0을 나타내는 점으로부터 같은 거리에 있다. 이때 두 점 사이의 거리가 12이므로 두 수는 0을 나타내는 점으로부터의 거리가 각각 $\frac{12}{2}=6$인 점에 대응한다. 따라서 구하는 두 수는 $6, -6$이다. 답 $6, -6$

7 ① $-7>-13$ ② $2>-1.4$ ③ $\frac{1}{5}<|-1|$

④ $|-2.4|>-\frac{2}{3}$ ⑤ $\left|\frac{12}{5}\right|>1.4$ 답 ③

8 $-4, -1.4$에서 $-4<-1.4$

$+\frac{5}{8}$, $|-2|$, $|+1.2|$에서 $+\frac{5}{8}<|+1.2|<|-2|$

큰 수부터 차례로 나열하면 $|-2|$, $|+1.2|$, $+\frac{5}{8}$, 0, -1.4, -4이므로 세 번째에 오는 수는 $+\frac{5}{8}$이다. 답 ①

9 답 $1<a<8$

10 $-\frac{7}{4}<x\leq 3$인 정수는 $-1, 0, 1, 2, 3$의 5개이다. 답 ④

11 $\frac{10}{3}=3\frac{1}{3}$보다 작은 양의 정수는 3, 2, 1이므로 $a=3$

-4보다 작지 않은 음의 정수는 $-4, -3, -2, -1$이므로 $b=4$

$\therefore a+b=3+4=7$ 답 7

12 $|-0.3|=0.3$, $\left|+\frac{8}{5}\right|=\frac{8}{5}=1.6$, $|+2.1|=2.1$,

$\left|-\frac{9}{4}\right|=\frac{9}{4}=2.25$

절댓값이 가장 큰 수는 $-\frac{9}{4}$이므로 $a=-\frac{9}{4}$

절댓값이 가장 작은 수는 -0.3이므로 $b=-0.3$

$\therefore a+b=-\frac{9}{4}+(-0.3)=-\frac{9}{4}+\left(-\frac{3}{10}\right)$

$=-\left(\frac{9}{4}+\frac{3}{10}\right)=-\frac{51}{20}$ 답 $-\frac{51}{20}$

13 $\left(-\frac{7}{3}\right)+\left(-\frac{4}{3}\right)=-\frac{11}{3}$ 답 ①

14 ① $\left(+\frac{1}{4}\right)+\left(-\frac{2}{5}\right)=-\left(\frac{2}{5}-\frac{1}{4}\right)=-\frac{3}{20}$

② $(-7)+(+5)=-(7-5)=-2$

③ $(+6.2)+(-3.1)=+(6.2-3.1)=+3.1$

④ $\left(-\frac{1}{6}\right)+(+1)=+\left(1-\frac{1}{6}\right)=+\frac{5}{6}$

⑤ $\left(+\frac{5}{14}\right)+\left(-\frac{1}{7}\right)=+\left(\frac{5}{14}-\frac{1}{7}\right)=+\frac{3}{14}$

따라서 수직선 위에 나타내었을 때, 가장 오른쪽에 있는 것은 ③이다. 답 ③

15 $-1-4=\frac{2}{5}+m$에서 $-5=\frac{2}{5}+m$

$\therefore m=-5-\frac{2}{5}=(-5)-\left(+\frac{2}{5}\right)$

$=(-5)+\left(-\frac{2}{5}\right)=-\frac{27}{5}$ 답 $-\frac{27}{5}$

16 $A=\left(+\frac{1}{2}\right)-\left(+\frac{2}{3}\right)=\left(+\frac{1}{2}\right)+\left(-\frac{2}{3}\right)$

$=-\left(\frac{2}{3}-\frac{1}{2}\right)=-\frac{1}{6}$

$B=\left(-\frac{5}{6}\right)+\left(+\frac{1}{3}\right)=-\left(\frac{5}{6}-\frac{1}{3}\right)=-\frac{3}{6}=-\frac{1}{2}$

$\therefore A-B=\left(-\frac{1}{6}\right)-\left(-\frac{1}{2}\right)=\left(-\frac{1}{6}\right)+\left(+\frac{1}{2}\right)$

$=+\left(\frac{1}{2}-\frac{1}{6}\right)=+\frac{2}{6}=+\frac{1}{3}$ 답 $+\frac{1}{3}$

17 $-5\circ 3=(-5)+3-2=(-5)+(+3)-(+2)$

$=(-5)+(+3)+(-2)$

$=(-2)+(-2)=-4$ 답 -4

18 $a-b$가 최댓값을 가지려면 a가 가장 크고 b가 가장 작아야 하므로 $a=5$, $b=-7$이어야 한다.

$\therefore a-b=5-(-7)=5+(+7)=12$

$a-b$가 최솟값을 가지려면 a가 가장 작고 b가 가장 커야 하므로 $a=-5$, $b=7$이어야 한다.

$\therefore a-b=-5-7=(-5)-(+7)=(-5)+(-7)$

$=-12$ 답 최댓값: 12, 최솟값: -12

19 $(-1.1)-(-1.9)=(-1.1)+(+1.9)=+0.8$

$(-3.3)+(-2.5)=-5.8$

$\frac{3}{8}-2=\left(+\frac{3}{8}\right)-(+2)=\left(+\frac{3}{8}\right)+(-2)$

$=-\left(2-\frac{3}{8}\right)=-\frac{13}{8}$

$1.4-5=(+1.4)-(+5)=(+1.4)+(-5)$

$=-(5-1.4)=-3.6$

따라서 잘못 계산한 사람은 미나와 진수이다. 답 ②

20 $\left(+\frac{1}{4}\right)-\left(-\frac{5}{2}\right)+\left(-\frac{2}{3}\right)$

$=\left(+\frac{1}{4}\right)+\left(+\frac{5}{2}\right)+\left(-\frac{2}{3}\right)$

$=\left(+\frac{11}{4}\right)+\left(-\frac{2}{3}\right)=\frac{25}{12}$

$a=25$, $b=12$이므로 $a-b=25-12=13$ 답 13

21 답 ㉠: 교환법칙, ㉡: 결합법칙

22 $\left(-\frac{1}{2}\right)\times\left(-\frac{2}{3}\right)\times\cdots\times\left(-\frac{48}{49}\right)\times\left(-\frac{49}{50}\right)$

곱해진 음의 부호의 개수가 49개

$=-\left(\frac{1}{2}\times\frac{2}{3}\times\frac{3}{4}\times\cdots\times\frac{48}{49}\times\frac{49}{50}\right)$

$=-\frac{1}{50}$ 답 $-\frac{1}{50}$

23 ① $-\frac{1}{8}$ ② $-\frac{1}{16}$ ③ $\frac{1}{27}$ ④ $-\frac{1}{16}$ ⑤ $\frac{4}{9}$

따라서 가장 작은 수는 ①이다. 답 ①

24 $(-1)+(-1)^2+(-1)^3+\cdots+(-1)^{100}$

$=(-1)+1+(-1)+\cdots+1$

$=0$ 답 0

25 $0.9=\frac{9}{10}$의 역수는 $\frac{10}{9}$, $\frac{5}{7}$의 역수는 $\frac{7}{5}$, -3의 역수는 $-\frac{1}{3}$이므로 보이지 않는 세 면에 적힌 수들은 $\frac{10}{9}$, $\frac{7}{5}$, $-\frac{1}{3}$이다.

$\therefore \frac{10}{9}\times\frac{7}{5}\times\left(-\frac{1}{3}\right)=-\frac{14}{27}$ 답 $-\frac{14}{27}$

26 $0<a<1$이므로 $a=\frac{1}{2}$이라 하면

① $a^2=\left(\frac{1}{2}\right)^2=\frac{1}{4}$ ② $(-a)^3=\left(-\frac{1}{2}\right)^3=-\frac{1}{8}$

③ $\frac{1}{a}=2$ ④ $-\frac{1}{a}=-2$

⑤ $\left(-\frac{1}{a}\right)^5=(-2)^5=-32$

따라서 가장 작은 수는 ⑤이다. 답 ⑤

27 $a\times(-4)=64$이므로 $a=64\div(-4)=-16$

$b\div\left(-\frac{5}{9}\right)=\frac{9}{2}$이므로 $b=\frac{9}{2}\times\left(-\frac{5}{9}\right)=-\frac{5}{2}$

$\therefore a\times b=(-16)\times\left(-\frac{5}{2}\right)=40$ 답 40

28 $A=\frac{25}{11}\times\left(-\frac{3}{5}\right)^2\div\frac{1}{22}=\frac{25}{11}\times\frac{9}{25}\times22=18$

따라서 18보다 작은 자연수의 개수는 17개이다. 답 17개

29 $21\times\left\{\left(-\frac{1}{3}\right)^2\div\left(-\frac{7}{3}\right)+2\right\}+7$

$=21\times\left\{\frac{1}{9}\div\left(-\frac{7}{3}\right)+2\right\}+7$

$=21\times\left\{\frac{1}{9}\times\left(-\frac{3}{7}\right)+2\right\}+7$

$=21\times\left(-\frac{1}{21}+2\right)+7$

$=21\times\frac{41}{21}+7$

$=41+7=48$ 답 48

Ⅲ. 문자와 식

1. 문자의 사용과 식의 계산

연산으로 개념잡기

67 ~ 73쪽

1 (1) $(600\times x)$원 (2) $(x\times 3)$원 (3) $(900\times a+700\times b)$원
(4) $(5000-500\times x)$원 (5) $(5\times a)$점 (6) $(x+7)$살
(7) $(a-3)$살 (8) $(4\times x+2\times y)$개 (9) $x\times 4-12$
(10) $a-2$ (11) $x\times 10+y$ (12) $a\times 100+50+b$

2 (1) $7x$ (2) $-3a$ (3) abx (4) $0.1x$ (5) x^3y^2 (6) $0.1ab$ (7) $4a^2b$

3 (1) $5(x+y)$ (2) $\frac{3}{8}(a-b)$ (3) $-a(x+y)$ (4) $10a(x+y)$
(5) $2xy-3x$ (6) $-5a^2+ab$ (7) $8(a+b)-5bc$
(8) $-7xy+x+y$

4 (1) $\frac{x}{8}$ (2) $-\frac{9}{a}$ (3) $\frac{4y}{5}$ (4) $\frac{a-4}{b}$ (5) $\frac{x}{3+y}$ (6) $-\frac{1}{a+b}$
(7) $\frac{3x+y}{2m+n}$ (8) $-\frac{s}{rt}$ (9) $\frac{x-y}{3z}$ (10) $\frac{ac}{b}$ (11) $\frac{xy}{z}$ (12) $\frac{bx}{9a}$

5 (1) $\frac{10x}{y}$ (2) $\frac{4(a+b)}{5}$ (3) $-\frac{10x}{b+c}$ (4) $\frac{a(3x-y)}{b}$
(5) $-\frac{a^2}{2y}$ (6) $\frac{8xz^2}{y}$ (7) $\frac{2ab}{c}$ (8) $\frac{6x^2}{y}$

6 (1) $\frac{x}{9}+2y$ (2) $7a-\frac{8}{b}$ (3) $-\frac{a}{4}-2b$ (4) $x-y$
(5) $-\frac{8}{x}-6y$ (6) $\frac{1}{a}+0.1b$ (7) $4xy+6z$ (8) $-\frac{4z}{x}-0.1y$

7 (1) $\frac{1}{2}xy\ \mathrm{cm}^2$ (2) $3(a+3)\ \mathrm{cm}^2$ (3) $60x$ km (4) 시속 $\frac{x}{8}$ km
(5) $\frac{x}{110}$시간 (6) $\frac{5}{a}$시간 (7) $\frac{x}{5}$ % (8) $\frac{2000}{a}$ % (9) $3x$ g
(10) $\frac{3}{25}x$ g (11) $(5000-50a)$원 (12) $\frac{17}{20}x$원

8 (1) 8 (2) 2 (3) 3 (4) 1

9 (1) 10 (2) -19 (3) -1 (4) 16 (5) 64 (6) -28

10 (1) 1 (2) 1 (3) 2 (4) -15 (5) 1 (6) 13 (7) 3

11 (1) 1 (2) 5 (3) 3 (4) -2 (5) -1 (6) -1

12 (1) -5 (2) 6 (3) 4 (4) 2 (5) -1 (6) 3

---

1 (1) 답 $(600\times x)$원
(2) 답 $(x\times 3)$원
(3) 답 $(900\times a+700\times b)$원
(4) (붕어빵 x개의 가격)$=500\times x$(원)이므로
(거스름돈)$=5000-500\times x$(원)
답 $(5000-500\times x)$원
(5) 답 $(5\times a)$점
(6) 답 $(x+7)$살
(7) 답 $(a-3)$살
(8) 양은 다리가 4개, 오리는 다리가 2개이므로 구하는 다리의 수의 합은 $4\times x+2\times y$(개) 답 $(4\times x+2\times y)$개
(9) 답 $x\times 4-12$
(10) 연속된 세 자연수는 1씩 크기가 차이나므로
(가장 작은 수)$=a-1-1=a-2$ 답 $a-2$
(11) (두 자리 자연수)
$=$(십의 자리의 숫자)$\times 10+$(일의 자리의 숫자)
$=x\times 10+y$ 답 $x\times 10+y$
(12) (세 자리 자연수)
$=$(백의 자리의 숫자)$\times 100+$(십의 자리의 숫자)$\times 10$
$+$(일의 자리의 숫자)
$=a\times 100+5\times 10+b=a\times 100+50+b$
답 $a\times 100+50+b$

2 (1) 답 $7x$ (2) 답 $-3a$ (3) 답 abx (4) 답 $0.1x$
(5) 답 x^3y^2 (6) 답 $0.1ab$ (7) 답 $4a^2b$

3 (1) 답 $5(x+y)$ (2) 답 $\frac{3}{8}(a-b)$ (3) 답 $-a(x+y)$
(4) 답 $10a(x+y)$ (5) 답 $2xy-3x$ (6) 답 $-5a^2+ab$
(7) 답 $8(a+b)-5bc$ (8) 답 $-7xy+x+y$

4 (1) 답 $\frac{x}{8}$ (2) 답 $-\frac{9}{a}$ (3) 답 $\frac{4y}{5}$ (4) 답 $\frac{a-4}{b}$
(5) 답 $\frac{x}{3+y}$ (6) 답 $-\frac{1}{a+b}$ (7) 답 $\frac{3x+y}{2m+n}$
(8) $s\div(-r)\div t=s\times\left(-\frac{1}{r}\right)\times\frac{1}{t}=-\frac{s}{rt}$ 답 $-\frac{s}{rt}$
(9) $(x-y)\div 3\div z=(x-y)\times\frac{1}{3}\times\frac{1}{z}=\frac{x-y}{3z}$ 답 $\frac{x-y}{3z}$
(10) $a\div(b\div c)=a\div\left(b\times\frac{1}{c}\right)=a\div\frac{b}{c}=a\times\frac{c}{b}=\frac{ac}{b}$
답 $\frac{ac}{b}$
(11) $x\div\left(\frac{1}{y}\div\frac{1}{z}\right)=x\div\left(\frac{1}{y}\times z\right)=x\div\frac{z}{y}=x\times\frac{y}{z}=\frac{xy}{z}$
답 $\frac{xy}{z}$
(12) $x\div(a\div b)\div 9=x\div\left(a\times\frac{1}{b}\right)\div 9=x\div\frac{a}{b}\div 9$
$=x\times\frac{b}{a}\times\frac{1}{9}=\frac{bx}{9a}$ 답 $\frac{bx}{9a}$

5 (1) $x\div y\times 10=x\times\frac{1}{y}\times 10=\frac{10x}{y}$ 답 $\frac{10x}{y}$
(2) $4\times(a+b)\div 5=4\times(a+b)\times\frac{1}{5}=\frac{4(a+b)}{5}$
답 $\frac{4(a+b)}{5}$
(3) $x\times(-10)\div(b+c)=x\times(-10)\times\frac{1}{b+c}=-\frac{10x}{b+c}$
답 $-\frac{10x}{b+c}$
(4) $(3x-y)\div b\times a=(3x-y)\times\frac{1}{b}\times a=\frac{a(3x-y)}{b}$
답 $\frac{a(3x-y)}{b}$
(5) $a\times a\div y\div(-2)=a\times a\times\frac{1}{y}\times\left(-\frac{1}{2}\right)=-\frac{a^2}{2y}$
답 $-\frac{a^2}{2y}$

(6) $x\times z\div y\times 8\times z=x\times z\times\frac{1}{y}\times 8\times z=\frac{8xz^2}{y}$ 답 $\frac{8xz^2}{y}$

(7) $a\times 2\div\left(\frac{1}{b}\times c\right)=a\times 2\div\frac{c}{b}=a\times 2\times\frac{b}{c}=\frac{2ab}{c}$

답 $\frac{2ab}{c}$

(8) $x\times x\div(y\div 6)=x\times x\div\left(y\times\frac{1}{6}\right)=x\times x\div\frac{y}{6}$

$=x\times x\times\frac{6}{y}=\frac{6x^2}{y}$ 답 $\frac{6x^2}{y}$

6 (1) 답 $\frac{x}{9}+2y$ (2) 답 $7a-\frac{8}{b}$ (3) 답 $-\frac{a}{4}-2b$

(4) 답 $x-y$ (5) 답 $-\frac{8}{x}-6y$ (6) 답 $\frac{1}{a}+0.1b$

(7) $x\times 4\times y+z\div\frac{1}{6}=4\times x\times y+z\times 6=4xy+6z$

답 $4xy+6z$

(8) $4\times z\div(-x)+y\times(-0.1)$

$=4\times z\times\left(-\frac{1}{x}\right)-y\times 0.1$

$=-\frac{4z}{x}-0.1y$ 답 $-\frac{4z}{x}-0.1y$

7 (1) (삼각형의 넓이)$=\frac{1}{2}\times$(밑변의 길이)$\times$(높이)

$=\frac{1}{2}\times x\times y=\frac{1}{2}xy(\text{cm}^2)$

답 $\frac{1}{2}xy\text{ cm}^2$

(2) (사다리꼴의 넓이)

$=\frac{1}{2}\times${(윗변의 길이)+(아랫변의 길이)}$\times$(높이)

$=\frac{1}{2}\times(a+3)\times 6=3(a+3)(\text{cm}^2)$ 답 $3(a+3)\text{ cm}^2$

(3) (거리)=(속력)$\times$(시간)$=60\times x=60x(\text{km})$

답 $60x$ km

(4) (속력)$=\frac{(\text{거리})}{(\text{시간})}=\frac{x}{8}$이므로 시속 $\frac{x}{8}$ km

답 시속 $\frac{x}{8}$ km

(5) (시간)$=\frac{(\text{거리})}{(\text{속력})}=\frac{x}{110}$(시간) 답 $\frac{x}{110}$시간

(6) (시간)$=\frac{(\text{거리})}{(\text{속력})}=\frac{5}{a}$(시간) 답 $\frac{5}{a}$시간

(7) (설탕물의 농도)$=\frac{(\text{설탕의 양})}{(\text{설탕물의 양})}\times 100$

$=\frac{x}{500}\times 100=\frac{x}{5}(\%)$ 답 $\frac{x}{5}$ %

(8) (소금물의 농도)$=\frac{(\text{소금의 양})}{(\text{소금물의 양})}\times 100$

$=\frac{20}{a}\times 100=\frac{2000}{a}(\%)$ 답 $\frac{2000}{a}$ %

(9) (소금의 양)$=\frac{(\text{소금물의 농도})}{100}\times$(소금물의 양)

$=\frac{x}{100}\times 300=3x(\text{g})$ 답 $3x$ g

(10) (소금의 양)$=\frac{(\text{소금물의 농도})}{100}\times$(소금물의 양)

$=\frac{12}{100}\times x=\frac{3}{25}x(\text{g})$ 답 $\frac{3}{25}x$ g

(11) 할인한 금액은 $5000\times\frac{a}{100}=50a$(원)

따라서 지불한 금액은

(정가)$-$(할인한 금액)$=5000-50a$(원)이다.

답 $(5000-50a)$원

(12) 할인한 금액은 $x\times\frac{15}{100}=\frac{3}{20}x$(원)

따라서 판매한 가격은

(정가)$-$(할인한 금액)$=x-\frac{3}{20}x=\frac{17}{20}x$(원)이다.

답 $\frac{17}{20}x$원

8 (1) $4a=4\times 2=8$ 답 8

(2) $3-\frac{1}{2}a=3-\frac{1}{2}\times 2=3-1=2$ 답 2

(3) $-a+5=-2+5=3$ 답 3

(4) $|5-3a|=|5-3\times 2|=|5-6|=|-1|=1$ 답 1

9 (1) $6-a=6-(-4)=6+4=10$ 답 10

(2) $3a-7=3\times(-4)-7=-12-7=-19$ 답 -19

(3) $\frac{3}{4}a+2=\frac{3}{4}\times(-4)+2=-3+2=-1$ 답 -1

(4) $(-a)^2=\{-(-4)\}^2=4^2=16$ 답 16

(5) $-a^3=-(-4)^3=-(-64)=64$ 답 64

(6) $-a^2+3a=-(-4)^2+3\times(-4)=-16-12=-28$

답 -28

10 (1) $x+y=-2+3=1$ 답 1

(2) $-2x-y=-2\times(-2)-3=4-3=1$ 답 1

(3) $x-2y+10=-2-2\times 3+10=-2-6+10=2$ 답 2

(4) $(x-y)y=(-2-3)\times 3=-5\times 3=-15$ 답 -15

(5) $x^2-y=(-2)^2-3=4-3=1$ 답 1

(6) $x^2+y^2=(-2)^2+3^2=4+9=13$ 답 13

(7) $3x+y^2=3\times(-2)+3^2=-6+9=3$ 답 3

11 (1) $-\frac{1}{2}x-1=-\frac{1}{2}\times(-4)-1=2-1=1$ 답 1

(2) $10x+3=10\times\frac{1}{5}+3=2+3=5$ 답 5

(3) $\frac{4x-5}{2x-2}=\frac{4\times\frac{1}{2}-5}{2\times\frac{1}{2}-2}=\frac{2-5}{1-2}=\frac{-3}{-1}=3$ 답 3

(4) $\frac{x-y}{3}=\frac{-4-2}{3}=\frac{-6}{3}=-2$ 답 -2

(5) $10x-y=10\times\left(-\frac{1}{5}\right)-(-1)=-2+1=-1$ 답 -1

(6) $\frac{b+3}{a-2}=\frac{1+3}{-2-2}=\frac{4}{-4}=-1$ 답 -1

12 (1) $\frac{1}{x}-\frac{2}{y}=1\div x-2\div y=1\div\frac{1}{3}-2\div\frac{1}{4}$

$=1\times 3-2\times 4=3-8=-5$ 답 -5

(2) $-\frac{1}{x}+\frac{2}{y}=(-1)\div x+2\div y$

$=(-1)\div\left(-\frac{1}{2}\right)+2\div\frac{1}{2}$

$=(-1)\times(-2)+2\times2=2+4=6$ 답 6

(3) $-\frac{2}{a}-\frac{1}{b}=(-2)\div a-1\div b$

$=(-2)\div\frac{1}{3}-1\div\left(-\frac{1}{10}\right)$

$=(-2)\times3-1\times(-10)$

$=-6+10=4$ 답 4

(4) $\frac{6}{a}+\frac{2}{b}=6\div a+2\div b$

$=6\div\left(-\frac{3}{4}\right)+2\div\frac{1}{5}$

$=6\times\left(-\frac{4}{3}\right)+2\times5$

$=-8+10=2$ 답 2

(5) $-\frac{8}{x}+\frac{6}{y}=(-8)\div x+6\div y$

$=(-8)\div\frac{4}{5}+6\div\frac{2}{3}$

$=(-8)\times\frac{5}{4}+6\times\frac{3}{2}$

$=-10+9=-1$ 답 -1

(6) $\frac{2}{a}-\frac{3}{b}+\frac{4}{c}=2\div a-3\div b+4\div c$

$=2\div\left(-\frac{1}{2}\right)-3\div\frac{1}{3}+4\div\frac{1}{4}$

$=2\times(-2)-3\times3+4\times4$

$=-4-9+16=3$ 답 3

2. 일차식과 그 계산

연산으로 개념잡기 75～84쪽

1 (1) ① $3x$, $5y$, -1 ② -1 ③ 3 ④ 5
(2) ① $2a^2$, $-7a$, 4 ② 4 ③ 2 ④ -7
(3) ① $\frac{1}{2}x$, $-x^2$, 6 ② 6 ③ -1 ④ $\frac{1}{2}$
(4) ① $-5x$, $0.5y$, -2 ② -2 ③ -5 ④ 0.5
(5) ① $\frac{1}{4}a$, $-\frac{3}{5}b$ ② 0 ③ $\frac{1}{4}$ ④ $-\frac{3}{5}$

2 (1) × (2) ○ (3) × (4) ○ (5) ×

3 (1) 1 (2) 2 (3) 2 (4) 2 (5) 0 (6) 3 (7) 1 (8) 2

4 (1) ○ (2) × (3) ○ (4) × (5) × (6) × (7) × (8) ○

5 (1) $15x$ (2) $-8x$ (3) $-21x$ (4) $-54x$ (5) $-5x$ (6) $9x$ (7) $-8x$ (8) $-10x$

6 (1) $2x$ (2) $-3x$ (3) $-2x$ (4) $7x$ (5) $-2x$ (6) $-\frac{4}{3}x$ (7) $\frac{3}{5}x$ (8) $-4x$

7 (1) $2x-8$ (2) $-6x-3$ (3) $3x-2$ (4) $5x-2$ (5) $-2x+6$ (6) $6x-4$ (7) $-18x-27$ (8) $3x-2$ (9) $-4x+2$ (10) $-10x+4$ (11) $-2x+30$ (12) $\frac{4}{3}x+2$

8 (1) $-3x+2$ (2) $3x+6$ (3) $-6x+3$ (4) $4x+6$ (5) $-2x+3$ (6) $4x+3$ (7) $-14x-8$ (8) $-\frac{5}{4}x+\frac{3}{5}$ (9) $2x-10$ (10) $-x-2$ (11) $12y-42$ (12) $-8x+16$

9 (1) x^2과 $-3x^2$, $-3x$와 $2x$, 5와 1
(2) $-2x^2$과 $7x^2$, $4x$와 x, 4와 $-\frac{1}{4}$
(3) $-a^2$과 $4a^2$, a와 $\frac{1}{3}a$, 2와 8
(4) $4x$와 $-3x$, $-3y$와 $4y$, $-7xy$와 $2xy$
(5) $5a$와 $-a$, $2b^2$과 $\frac{1}{2}b^2$, ab와 $7ab$

10 (1) $3x$와 $-x$ (2) $4a$와 $-5a$ (3) $-x$와 $2x$와 $-5x$ (4) $\frac{1}{5}x$와 x, -3과 8 (5) 4와 $-\frac{1}{2}$ (6) x와 $-2x$, $-\frac{1}{5}y$와 y (7) $-\frac{1}{2}x$와 $-x$, $-3y$와 y, 1과 -4

11 (1) $9x$ (2) $-2x$ (3) $-9x$ (4) $1.6y$ (5) $-2x$ (6) $7a$ (7) x (8) $5y$ (9) $-x+14$ (10) $11a-6b$ (11) $\frac{6}{5}x+\frac{2}{5}$ (12) $-7x-2y$

12 (1) $-3x-3$ (2) $-4x-6$ (3) $14x-1$ (4) $-x$ (5) $3x+3$ (6) $7x+10$ (7) $2x-\frac{5}{3}$ (8) $\frac{3}{4}x+\frac{7}{12}$

13 (1) $6x+11$ (2) $11x-8$ (3) $8x+3$ (4) $x+7$ (5) $-6x+12$ (6) -5 (7) $9x-3y$ (8) $-14x+9y$ (9) $-6x-9$ (10) $10x-7y$ (11) $-3a-14$

14 (1) $3x-1$ (2) $-8y+4$ (3) $2x+10$ (4) $4x-2$ (5) $7a-8$ (6) $-9x+11$

15 (1) $\frac{8x+1}{6}$ (2) $\frac{x-5}{4}$ (3) $\frac{-3a-10}{6}$ (4) $\frac{9x-23}{14}$ (5) $\frac{11x-17}{4}$ (6) $\frac{3x-11}{2}$

16 (1) $2x+1$ (2) $3x$ (3) $2x-5$ (4) $3x+9$

17 (1) $-3x+4y$ (2) $5x-5y$ (3) $-x+8y$ (4) $11x-13y$

1 (1) 답 ① $3x$, $5y$, -1 ② -1 ③ 3 ④ 5
(2) 답 ① $2a^2$, $-7a$, 4 ② 4 ③ 2 ④ -7
(3) 답 ① $\frac{1}{2}x$, $-x^2$, 6 ② 6 ③ -1 ④ $\frac{1}{2}$
(4) 답 ① $-5x$, $0.5y$, -2 ② -2 ③ -5 ④ 0.5
(5) 답 ① $\frac{1}{4}a$, $-\frac{3}{5}b$ ② 0 ③ $\frac{1}{4}$ ④ $-\frac{3}{5}$

2 (1) $-x+4$는 항이 2개이므로 다항식이다. 답 ×
(2) 답 ○
(3) $\frac{1}{5}x+2y$는 항이 2개이므로 다항식이다. 답 ×
(4) 답 ○
(5) $7x-4y+9$는 항이 3개이므로 다항식이다. 답 ×

3 (1) 답 1 (2) 답 2 (3) 답 2 (4) 답 2
(5) 답 0 (6) 답 3 (7) 답 1 (8) 답 2

4 (1) 답 ○

(2) x^2-3x의 차수는 2이므로 일차식이 아니다. 답 ×

(3) 답 ○

(4) $y-y^2-7$의 차수는 2이므로 일차식이 아니다. 답 ×

(5) 상수항만 있으므로 일차식이 아니다. 답 ×

(6) 분모에 문자가 있어 다항식이 아니므로 일차식이 아니다. 답 ×

(7) $x-\frac{1}{2}x^3+4$의 차수는 3이므로 일차식이 아니다. 답 ×

(8) $2a^2-2a-2a^2=-2a$이므로 일차식이다. 답 ○

5 (1) $5x\times3=5\times x\times3=5\times3\times x=15x$ 답 $15x$

(2) $-4x\times2=-4\times x\times2=-4\times2\times x=-8x$ 답 $-8x$

(3) $7\times(-3x)=7\times(-3)\times x=-21x$ 답 $-21x$

(4) $(-9)\times6x=(-9)\times6\times x=-54x$ 답 $-54x$

(5) $15x\times\left(-\frac{1}{3}\right)=15\times x\times\left(-\frac{1}{3}\right)$
$=15\times\left(-\frac{1}{3}\right)\times x=-5x$ 답 $-5x$

(6) $\frac{3}{4}x\times12=\frac{3}{4}\times x\times12=\frac{3}{4}\times12\times x=9x$ 답 $9x$

(7) $-20x\times\frac{2}{5}=(-20)\times x\times\frac{2}{5}$
$=(-20)\times\frac{2}{5}\times x=-8x$ 답 $-8x$

(8) $\left(-\frac{5}{8}x\right)\times16=\left(-\frac{5}{8}\right)\times x\times16$
$=\left(-\frac{5}{8}\right)\times16\times x=-10x$ 답 $-10x$

6 (1) $8x\div4=8\times x\times\frac{1}{4}=8\times\frac{1}{4}\times x=2x$ 답 $2x$

(2) $(-9x)\div3=(-9)\times x\times\frac{1}{3}=(-9)\times\frac{1}{3}\times x=-3x$
답 $-3x$

(3) $10x\div(-5)=10\times x\times\left(-\frac{1}{5}\right)$
$=10\times\left(-\frac{1}{5}\right)\times x=-2x$ 답 $-2x$

(4) $(-14x)\div(-2)=(-14)\times x\times\left(-\frac{1}{2}\right)$
$=(-14)\times\left(-\frac{1}{2}\right)\times x=7x$ 답 $7x$

(5) $(-12x)\div6=(-12)\times x\times\frac{1}{6}$
$=(-12)\times\frac{1}{6}\times x=-2x$ 답 $-2x$

(6) $\frac{8}{3}x\div(-2)=\frac{8}{3}\times x\times\left(-\frac{1}{2}\right)=\frac{8}{3}\times\left(-\frac{1}{2}\right)\times x$
$=-\frac{4}{3}x$ 답 $-\frac{4}{3}x$

(7) $\frac{9}{5}x\div3=\frac{9}{5}\times x\times\frac{1}{3}=\frac{9}{5}\times\frac{1}{3}\times x=\frac{3}{5}x$ 답 $\frac{3}{5}x$

(8) $\left(-\frac{14}{3}x\right)\div\frac{7}{6}=\left(-\frac{14}{3}\right)\times x\times\frac{6}{7}$
$=\left(-\frac{14}{3}\right)\times\frac{6}{7}\times x=-4x$ 답 $-4x$

7 (1) $2(x-4)=2\times x-2\times4=2x-8$ 답 $2x-8$

(2) $-3(2x+1)=-3\times2x-3\times1=-6x-3$
답 $-6x-3$

(3) $\frac{1}{4}(12x-8)=\frac{1}{4}\times12x-\frac{1}{4}\times8=3x-2$ 답 $3x-2$

(4) $-(-5x+2)=-(-5x)-2=5x-2$ 답 $5x-2$

(5) $-6\left(\frac{1}{3}x-1\right)=-6\times\frac{1}{3}x-6\times(-1)=-2x+6$
답 $-2x+6$

(6) $8\left(\frac{3}{4}x-\frac{1}{2}\right)=8\times\frac{3}{4}x-8\times\frac{1}{2}=6x-4$ 답 $6x-4$

(7) $(2x+3)\times(-9)=2x\times(-9)+3\times(-9)$
$=-18x-27$ 답 $-18x-27$

(8) $(12x-8)\times\frac{1}{4}=12x\times\frac{1}{4}-8\times\frac{1}{4}=3x-2$
답 $3x-2$

(9) $(10x-5)\times\left(-\frac{2}{5}\right)=10x\times\left(-\frac{2}{5}\right)-5\times\left(-\frac{2}{5}\right)$
$=-4x+2$ 답 $-4x+2$

(10) $\left(-\frac{5}{8}x+\frac{1}{4}\right)\times16=-\frac{5}{8}x\times16+\frac{1}{4}\times16$
$=-10x+4$ 답 $-10x+4$

(11) $\left(\frac{1}{3}x-5\right)\times(-6)=\frac{1}{3}x\times(-6)-5\times(-6)$
$=-2x+30$ 답 $-2x+30$

(12) $\left(\frac{1}{2}x+\frac{3}{4}\right)\times\frac{8}{3}=\frac{1}{2}x\times\frac{8}{3}+\frac{3}{4}\times\frac{8}{3}=\frac{4}{3}x+2$
답 $\frac{4}{3}x+2$

8 (1) $(15x-10)\div(-5)=(15x-10)\times\left(-\frac{1}{5}\right)$
$=15x\times\left(-\frac{1}{5}\right)-10\times\left(-\frac{1}{5}\right)$
$=-3x+2$ 답 $-3x+2$

(2) $(6x+12)\div2=(6x+12)\times\frac{1}{2}$
$=6x\times\frac{1}{2}+12\times\frac{1}{2}$
$=3x+6$ 답 $3x+6$

(3) $(18x-9)\div(-3)=(18x-9)\times\left(-\frac{1}{3}\right)$
$=18x\times\left(-\frac{1}{3}\right)-9\times\left(-\frac{1}{3}\right)$
$=-6x+3$ 답 $-6x+3$

(4) $(2x+3)\div\frac{1}{2}=(2x+3)\times2$
$=2x\times2+3\times2$
$=4x+6$ 답 $4x+6$

(5) $(-14x+21)\div7=(-14x+21)\times\frac{1}{7}$
$=-14x\times\frac{1}{7}+21\times\frac{1}{7}$
$=-2x+3$ 답 $-2x+3$

(6) $(-32x-24)\div(-8)$
$=(-32x-24)\times\left(-\frac{1}{8}\right)$

$=-32x\times\left(-\frac{1}{8}\right)-24\times\left(-\frac{1}{8}\right)$

$=4x+3$ 답 $4x+3$

(7) $(21x+12)\div\left(-\frac{3}{2}\right)=(21x+12)\times\left(-\frac{2}{3}\right)$

$=21x\times\left(-\frac{2}{3}\right)+12\times\left(-\frac{2}{3}\right)$

$=-14x-8$ 답 $-14x-8$

(8) $\left(\frac{15}{4}x-\frac{9}{5}\right)\div(-3)=\left(\frac{15}{4}x-\frac{9}{5}\right)\times\left(-\frac{1}{3}\right)$

$=\frac{15}{4}x\times\left(-\frac{1}{3}\right)-\frac{9}{5}\times\left(-\frac{1}{3}\right)$

$=-\frac{5}{4}x+\frac{3}{5}$ 답 $-\frac{5}{4}x+\frac{3}{5}$

(9) $6(x-5)\div3=(6\times x-6\times5)\div3$

$=(6x-30)\times\frac{1}{3}=6x\times\frac{1}{3}-30\times\frac{1}{3}$

$=2x-10$ 답 $2x-10$

(10) $-(5x+10)\div5=(-5x-10)\div5$

$=(-5x-10)\times\frac{1}{5}$

$=-5x\times\frac{1}{5}-10\times\frac{1}{5}$

$=-x-2$ 답 $-x-2$

(11) $(2y-7)\times3\div\frac{1}{2}=(2y-7)\times3\times2$

$=(2y-7)\times6$

$=2y\times6-7\times6$

$=12y-42$ 답 $12y-42$

(12) $(-3x+6)\div\frac{3}{4}\times2=(-3x+6)\times\frac{4}{3}\times2$

$=(-3x+6)\times\frac{8}{3}$

$=-3x\times\frac{8}{3}+6\times\frac{8}{3}$

$=-8x+16$ 답 $-8x+16$

9 (1) 답 x^2과 $-3x^2$, $-3x$와 $2x$, 5와 1

(2) 답 $-2x^2$과 $7x^2$, $4x$와 x, 4와 $-\frac{1}{4}$

(3) 답 $-a^2$과 $4a^2$, a와 $\frac{1}{3}a$, 2와 8

(4) 답 $4x$와 $-3x$, $-3y$와 $4y$, $-7xy$와 $2xy$

(5) 답 $5a$와 $-a$, $2b^2$과 $\frac{1}{2}b^2$, ab와 $7ab$

10 (1) 답 $3x$와 $-x$ (2) 답 $4a$와 $-5a$

(3) 답 $-x$와 $2x$와 $-5x$ (4) 답 $\frac{1}{5}x$와 x, -3과 8

(5) 답 4와 $-\frac{1}{2}$ (6) 답 x와 $-2x$, $-\frac{1}{5}y$와 y

(7) 답 $-\frac{1}{2}x$와 $-x$, $-3y$와 y, 1과 -4

11 (1) $4x+5x=(4+5)x=9x$ 답 $9x$

(2) $-8x+6x=(-8+6)x=-2x$ 답 $-2x$

(3) $x-10x=(1-10)x=-9x$ 답 $-9x$

(4) $0.4y-(-1.2y)=0.4y+1.2y=(0.4+1.2)y=1.6y$ 답 $1.6y$

(5) $-x+2x-3x=(-1+2-3)x=-2x$ 답 $-2x$

(6) $4a+(-2a)+5a=(4-2+5)a=7a$ 답 $7a$

(7) $7x-(-3x)-9x=7x+3x-9x=(7+3-9)x=x$ 답 x

(8) $-2y-(-3y)+4y=-2y+3y+4y=(-2+3+4)y$

$=5y$ 답 $5y$

(9) $-3x+10+2x+4=(-3+2)x+(10+4)$

$=-x+14$ 답 $-x+14$

(10) $4a-3b+7a-3b=(4+7)a+(-3-3)b=11a-6b$ 답 $11a-6b$

(11) $1-\frac{4}{5}x+2x-\frac{3}{5}=\left(-\frac{4}{5}+2\right)x+\left(1-\frac{3}{5}\right)$

$=\frac{6}{5}x+\frac{2}{5}$ 답 $\frac{6}{5}x+\frac{2}{5}$

(12) $x-5y-2x+3y-6x=(1-2-6)x+(-5+3)y$

$=-7x-2y$ 답 $-7x-2y$

12 (1) $(-4x+2)+(x-5)=-4x+2+x-5$

$=-4x+x+2-5$

$=-3x-3$ 답 $-3x-3$

(2) $(-8+3x)-(7x-2)=-8+3x-7x+2$

$=3x-7x-8+2$

$=-4x-6$ 답 $-4x-6$

(3) $12x-(-2x+1)=12x+2x-1=14x-1$ 답 $14x-1$

(4) $(x-3)+(-2x+3)=x-3-2x+3$

$=x-2x-3+3=-x$ 답 $-x$

(5) $(9x-2)+(-6x+5)=9x-2-6x+5$

$=9x-6x-2+5=3x+3$ 답 $3x+3$

(6) $(8x+4)-(x-6)=8x+4-x+6$

$=8x-x+4+6=7x+10$ 답 $7x+10$

(7) $\left(\frac{3}{5}x-2\right)+\left(\frac{7}{5}x+\frac{1}{3}\right)=\frac{3}{5}x-2+\frac{7}{5}x+\frac{1}{3}$

$=\frac{3}{5}x+\frac{7}{5}x-2+\frac{1}{3}$

$=2x-\frac{5}{3}$ 답 $2x-\frac{5}{3}$

(8) $\left(\frac{5}{4}x+\frac{1}{3}\right)-\left(\frac{1}{2}x-\frac{1}{4}\right)=\frac{5}{4}x+\frac{1}{3}-\frac{1}{2}x+\frac{1}{4}$

$=\frac{5}{4}x-\frac{1}{2}x+\frac{1}{3}+\frac{1}{4}$

$=\frac{3}{4}x+\frac{7}{12}$ 답 $\frac{3}{4}x+\frac{7}{12}$

13 (1) $3(2x+5)-4=6x+15-4=6x+11$ 답 $6x+11$

(2) $7x+4(x-2)=7x+4x-8=11x-8$ 답 $11x-8$

(3) $-(x-3)+9x=-x+3+9x=-x+9x+3=8x+3$ 답 $8x+3$

(4) $3(x-1)+2(5-x)=3x-3+10-2x$
$=3x-2x-3+10$
$=x+7$ 답 $x+7$

(5) $2(4-x)-4(x-1)=8-2x-4x+4$
$=-2x-4x+8+4$
$=-6x+12$ 답 $-6x+12$

(6) $-(2x-5)+2(x-5)=-2x+5+2x-10$
$=-2x+2x+5-10$
$=-5$ 답 -5

(7) $5(x-y)+2(2x+y)=5x-5y+4x+2y$
$=5x+4x-5y+2y$
$=9x-3y$ 답 $9x-3y$

(8) $-2(x-3y)+3(y-4x)=-2x+6y+3y-12x$
$=-2x-12x+6y+3y$
$=-14x+9y$
답 $-14x+9y$

(9) $-\frac{3}{4}(4x-8)-3(x+5)=-3x+6-3x-15$
$=-3x-3x+6-15$
$=-6x-9$ 답 $-6x-9$

(10) $\frac{2}{3}(9x-15y)-\frac{1}{4}(-16x-12y)$
$=6x-10y+4x+3y$
$=6x+4x-10y+3y$
$=10x-7y$ 답 $10x-7y$

(11) $8\left(\frac{1}{4}a-1\right)-15\left(\frac{1}{3}a+\frac{2}{5}\right)=2a-8-5a-6$
$=2a-5a-8-6$
$=-3a-14$
답 $-3a-14$

14 (1) $5x-\{3x-(x-1)\}=5x-(3x-x+1)$
$=5x-(2x+1)$
$=5x-2x-1$
$=3x-1$ 답 $3x-1$

(2) $-2y-\{y-(4-5y)\}=-2y-(y-4+5y)$
$=-2y-(6y-4)$
$=-2y-6y+4$
$=-8y+4$ 답 $-8y+4$

(3) $8-\{-3x-(2-x)\}=8-(-3x-2+x)$
$=8-(-2x-2)$
$=8+2x+2$
$=2x+10$ 답 $2x+10$

(4) $3(2x-1)-\frac{1}{6}\{9x-(-3x+6)\}$
$=6x-3-\frac{1}{6}(9x+3x-6)=6x-3-\frac{1}{6}(12x-6)$
$=6x-3-2x+1=4x-2$ 답 $4x-2$

(5) $4a-[5-\{2a-1-(-a+2)\}]$
$=4a-\{5-(2a-1+a-2)\}=4a-\{5-(3a-3)\}$
$=4a-(5-3a+3)=4a-(8-3a)$
$=4a-8+3a=7a-8$ 답 $7a-8$

(6) $-(2x-5)-\left[3x-\frac{2}{5}\{-4x+(15-6x)\}\right]$
$=-2x+5-\left\{3x-\frac{2}{5}(-4x+15-6x)\right\}$
$=-2x+5-\left\{3x-\frac{2}{5}(-10x+15)\right\}$
$=-2x+5-(3x+4x-6)$
$=-2x+5-(7x-6)$
$=-2x+5-7x+6$
$=-9x+11$ 답 $-9x+11$

15 (1) $\frac{x-1}{3}+\frac{2x+1}{2}=\frac{2(x-1)+3(2x+1)}{6}$
$=\frac{2x-2+6x+3}{6}=\frac{8x+1}{6}$
답 $\frac{8x+1}{6}$

(2) $\frac{1-x}{4}+\frac{x-3}{2}=\frac{1-x+2(x-3)}{4}$
$=\frac{1-x+2x-6}{4}=\frac{x-5}{4}$ 답 $\frac{x-5}{4}$

(3) $\frac{a-4}{3}-\frac{5a+2}{6}=\frac{2(a-4)-(5a+2)}{6}$
$=\frac{2a-8-5a-2}{6}=\frac{-3a-10}{6}$
답 $\frac{-3a-10}{6}$

(4) $\frac{x-3}{2}+\frac{x-1}{7}=\frac{7(x-3)+2(x-1)}{14}$
$=\frac{7x-21+2x-2}{14}=\frac{9x-23}{14}$
답 $\frac{9x-23}{14}$

(5) $-\frac{x+9}{4}-2+3x=\frac{-(x+9)+4(-2+3x)}{4}$
$=\frac{-x-9-8+12x}{4}=\frac{11x-17}{4}$
답 $\frac{11x-17}{4}$

(6) $2x-5-\frac{x+1}{2}=\frac{2(2x-5)-(x+1)}{2}$
$=\frac{4x-10-x-1}{2}=\frac{3x-11}{2}$
답 $\frac{3x-11}{2}$

16 (1) $A+B=(x-1)+(x+2)$
$=x-1+x+2$
$=2x+1$ 답 $2x+1$

(2) $2A+B=2(x-1)+(x+2)$
$=2x-2+x+2$
$=3x$ 답 $3x$

(3) $3A-B=3(x-1)-(x+2)$
$=3x-3-x-2$
$=2x-5$ 답 $2x-5$

(4) $-A+4B=-(x-1)+4(x+2)$
$=-x+1+4x+8$
$=3x+9$ 답 $3x+9$

17 (1) $-A+B=-(2x-y)+(-x+3y)$
$=-2x+y-x+3y$
$=-3x+4y$ 답 $-3x+4y$
(2) $2A-B=2(2x-y)-(-x+3y)$
$=4x-2y+x-3y$
$=5x-5y$ 답 $5x-5y$
(3) $A+3B=(2x-y)+3(-x+3y)$
$=2x-y-3x+9y$
$=-x+8y$ 답 $-x+8y$
(4) $4A-3B=4(2x-y)-3(-x+3y)$
$=8x-4y+3x-9y$
$=11x-13y$ 답 $11x-13y$

3. 일차방정식

연산으로 개념잡기 86~102쪽

1 (1) × (2) ○ (3) × (4) ○ (5) ○ (6) ○
2 (1) $3x-2=4x$ (2) $x+5=3x-10$ (3) $x-6=9$ (4) $700x+500y=4100$ (5) $5000-8a=1600$ (6) $60x=120$
3 (1) 방 (2) 항 (3) 항 (4) 방 (5) 방 (6) 항
4 (1) × (2) ○ (3) ○ (4) × (5) × (6) ○
5 (1) 풀이 참조, $x=1$ (2) 풀이 참조, $x=1$ (3) 풀이 참조, $x=-1$
6 (1) $a=3$, $b=-4$ (2) $a=2$, $b=7$ (3) $a=-5$, $b=-1$ (4) $a=-1$, $b=3$ (5) $a=10$, $b=2$ (6) $a=-3$, $b=-\frac{2}{3}$
7 (1) 3 (2) k (3) m (4) 5 (5) k
8 (1) ○ (2) × (3) ○ (4) × (5) ○ (6) ○ (7) × (8) ×
9 (1) 3, 3, 3, 9 (2) 8, 8, 8, 24 (3) 12, 12, 12, $-\frac{1}{2}$ (4) 3, 3, 3, -8, 4, 4, -8, 4, -2 (5) 9, 9, 9, 10, 2, 2, 10, 2, 5
10 (1) $x=-6$ (2) $x=8$ (3) $x=-15$ (4) $x=-5$ (5) $x=4$ (6) $x=-1$ (7) $x=21$ (8) $x=-3$
11 (1) $2x=1+3$ (2) $x=13-6$ (3) $3x+2x=7$ (4) $-x+4x=9$ (5) $x+2x=3-4$ (6) $x+5x=3+3$
12 (1) $3x=4$ (2) $5x=13$ (3) $-x=5$ (4) $2x=-9$ (5) $10x=14$ (6) $\frac{2}{3}x=7$ (7) $\frac{9}{4}x=-4$
13 (1) ○ (2) × (3) ○ (4) ○ (5) × (6) × (7) ○ (8) ○
14 (1) $a\neq3$ (2) $a\neq-5$ (3) $a\neq-4$ (4) $a\neq-2$
15 (1) 4, 3 (2) 15, 40, 4 (3) x, 22, 2, 22, 11 (4) 14, -9, 9 (5) $2x$, 13, 4, -4, -1 (6) $4x$, 2, 1
16 (1) $x=1$ (2) $x=-1$ (3) $x=2$ (4) $x=8$ (5) $x=-3$ (6) $x=-2$ (7) $x=-1$ (8) $x=-9$
17 (1) $x=1$ (2) $x=3$ (3) $x=3$ (4) $x=11$ (5) $x=-7$ (6) $x=1$ (7) $x=\frac{1}{3}$ (8) $x=-9$
18 (1) $x=-7$ (2) $x=-5$ (3) $x=8$ (4) $x=-5$ (5) $x=22$ (6) $x=10$ (7) $x=24$ (8) $x=4$ (9) $x=-40$ (10) $x=-\frac{15}{7}$
19 (1) $x=36$ (2) $x=4$ (3) $x=-5$ (4) $x=-3$ (5) $x=2$ (6) $x=2$ (7) $x=-18$ (8) $x=2$
20 (1) $x=1$ (2) $x=8$ (3) $x=-6$ (4) $x=5$ (5) $x=19$ (6) $x=2$ (7) $x=\frac{11}{9}$ (8) $x=-1$
21 (1) -5 (2) $-\frac{14}{3}$ (3) -20 (4) 3 (5) $-\frac{7}{3}$ (6) -2
22 (1) 3 (2) 4 (3) -2 (4) -3 (5) -1 (6) -2
23 (1) $x+4$, $2x-7$ (2) $x+4=2x-7$ (3) $x=11$ (4) 11
24 14
25 (1) $x-1$, $x+1$ (2) $(x-1)+x+(x+1)=69$ (3) $x=23$ (4) 22, 23, 24
26 45, 46, 47
27 (1) $10x+7$, x, 7 (2) $10x+7=(70+x)-18$ (3) $x=5$ (4) 75
28 56
29 (1) $600x$, $12-x$, $1000(12-x)$ (2) $600x+1000(12-x)=10400$ (3) $x=4$ (4) 볼펜: 4자루, 색연필: 8자루
30 마카롱: 5개, 크루아상: 10개
31 (1) $48+x$, $10+x$ (2) $48+x=3(10+x)$ (3) $x=9$ (4) 9년 후
32 16살
33 (1) x, $x-4$, 52 (2) $2\{x+(x-4)\}=52$ (3) $x=15$ (4) 가로: 15 cm, 세로: 11 cm
34 126 cm^2
35 (1) x km, 시속 3 km, $\frac{x}{5}$시간 (2) $\frac{x}{5}+\frac{x}{3}=2$ (3) $x=\frac{15}{4}$ (4) $\frac{15}{4}$ km
36 (1) $(x+2)$ km, 시속 4 km, $\frac{x+2}{4}$시간 (2) $\frac{x}{3}+\frac{x+2}{4}=4$ (3) $x=6$ (4) 6 km
37 3 km
38 (1) $300+x$, $\frac{8}{100}\times300$, $\frac{6}{100}\times(300+x)$ (2) $\frac{8}{100}\times300=\frac{6}{100}\times(300+x)$ (3) $x=100$ (4) 100 g
39 (1) $500+x$, $\frac{9}{100}\times500$, $\frac{15}{100}\times x$, $\frac{12}{100}\times(500+x)$ (2) $\frac{9}{100}\times500+\frac{15}{100}\times x=\frac{12}{100}\times(500+x)$ (3) $x=500$ (4) 500 g
40 50 g

1 (1) 답 × (2) 답 ○ (3) 답 × (4) 답 ○ (5) 답 ○ (6) 답 ○

2 (1) 답 $3x-2=4x$ (2) 답 $x+5=3x-10$ (3) 답 $x-6=9$ (4) 답 $700x+500y=4100$

(5) 답 $5000-8a=1600$ (6) 답 $60x=120$

3 (1) 답 방 (2) 답 항

(3) (좌변)$=4x$, (우변)$=x+3x=4x$

즉, (좌변)=(우변)이므로 항등식이다. 답 항

(4) 답 방 (5) 답 방

(6) (좌변)$=2(x-1)=2x-2$, (우변)$=2x-2$

즉, (좌변)=(우변)이므로 항등식이다. 답 항

4 (1) $3+2\neq4$ 답 ×

(2) $3\times3-7=2$ 답 ○

(3) $-5\times3-1=-16$ 답 ○

(4) $4\times3\neq5\times3+8$ 답 ×

(5) $3+3\neq6\times3-9$ 답 ×

(6) $2(1-3)=3\times3-13$ 답 ○

5 (1)

x의 값	좌변	우변	참, 거짓
-1	$-2\times(-1)+3=5$	1	거짓
0	$-2\times0+3=3$	1	거짓
1	$-2\times1+3=1$	1	참

따라서 방정식의 해는 $x=1$이다. 답 풀이 참조, $x=1$

(2)

x의 값	좌변	우변	참, 거짓
-1	$3\times(-1)=-3$	$2+(-1)=1$	거짓
0	$3\times0=0$	$2+0=2$	거짓
1	$3\times1=3$	$2+1=3$	참

따라서 방정식의 해는 $x=1$이다. 답 풀이 참조, $x=1$

(3)

x의 값	좌변	우변	참, 거짓
-1	$4\times(-1)-1=-5$	$-2\times(-1)-7=-5$	참
0	$4\times0-1=-1$	$-2\times0-7=-7$	거짓
1	$4\times1-1=3$	$-2\times1-7=-9$	거짓

따라서 방정식의 해는 $x=-1$이다.

답 풀이 참조, $x=-1$

6 x에 대한 항등식이 되려면 (좌변)=(우변)이어야 한다.

(1) 답 $a=3$, $b=-4$ (2) 답 $a=2$, $b=7$

(3) 답 $a=-5$, $b=-1$ (4) 답 $a=-1$, $b=3$

(5) $a+4x=2(5+bx)$에서 $a+4x=10+2bx$

$a=10$, $4=2b$이므로 $a=10$, $b=2$ 답 $a=10$, $b=2$

(6) $-2x+a=3(bx-1)$에서 $-2x+a=3bx-3$

$-2=3b$, $a=-3$이므로 $a=-3$, $b=-\frac{2}{3}$

답 $a=-3$, $b=-\frac{2}{3}$

7 (1) 답 3 (2) 답 k (3) 답 m (4) 답 5 (5) 답 k

8 (1) 답 ○

(2) $a=b$의 양변에서 10을 빼면 $a-10=b-10$ 답 ×

(3) 답 ○

(4) $x=y$이면 $\frac{x}{a}=\frac{y}{a}$가 성립하려면 $a\neq0$이어야 한다. 답 ×

(5) $a+7=b+7$의 양변에서 7을 빼면 $a=b$ 답 ○

(6) $3x=3y$의 양변을 3으로 나누면 $x=y$

$x=y$의 양변에 11을 더하면 $x+11=y+11$ 답 ○

(7) $\frac{a}{3}=\frac{b}{4}$의 양변에 12를 곱하면 $4a=3b$ 답 ×

(8) $2\times0=3\times0$이지만 $2\neq3$ 답 ×

9 (1) 답 3, 3, 3, 9

(2) 답 8, 8, 8, 24

(3) 답 12, 12, 12, $-\frac{1}{2}$

(4) 답 3, 3, 3, -8, 4, 4, -8, 4, -2

(5) 답 9, 9, 9, 10, 2, 2, 10, 2, 5

10 (1) $x+2=-4$에서 $x+2-2=-4-2$ $\therefore x=-6$

답 $x=-6$

(2) $x-7=1$에서 $x-7+7=1+7$ $\therefore x=8$ 답 $x=8$

(3) $\frac{2}{5}x=-6$에서 $\frac{2}{5}x\times\frac{5}{2}=-6\times\frac{5}{2}$ $\therefore x=-15$

답 $x=-15$

(4) $-4x=20$에서 $\frac{-4x}{-4}=\frac{20}{-4}$ $\therefore x=-5$

답 $x=-5$

(5) $4x-3=13$에서 $4x-3+3=13+3$, $4x=16$

$\frac{4x}{4}=\frac{16}{4}$ $\therefore x=4$ 답 $x=4$

(6) $-3x-2=1$에서 $-3x-2+2=1+2$, $-3x=3$

$\frac{-3x}{-3}=\frac{3}{-3}$ $\therefore x=-1$ 답 $x=-1$

(7) $\frac{2}{3}x-5=9$에서 $\frac{2}{3}x-5+5=9+5$, $\frac{2}{3}x=14$

$\frac{2}{3}x\times\frac{3}{2}=14\times\frac{3}{2}$ $\therefore x=21$ 답 $x=21$

(8) $\frac{1}{6}x-\frac{5}{2}=-3$에서

$\frac{1}{6}x-\frac{5}{2}+\frac{5}{2}=-3+\frac{5}{2}$, $\frac{1}{6}x=-\frac{1}{2}$

$\frac{1}{6}x\times6=-\frac{1}{2}\times6$ $\therefore x=-3$ 답 $x=-3$

11 (1) 답 $2x=1+3$ (2) 답 $x=13-6$

(3) 답 $3x+2x=7$ (4) 답 $-x+4x=9$

(5) 답 $x+2x=3-4$ (6) 답 $x+5x=3+3$

12 (1) $x-3=1-2x$, $x+2x=1+3$

$\therefore 3x=4$ 답 $3x=4$

(2) $3x-4=-2x+9$, $3x+2x=9+4$

$\therefore 5x=13$ 답 $5x=13$

(3) $-2x+5=-x+10$, $-2x+x=10-5$

$\therefore -x=5$ 답 $-x=5$

(4) $5x+7=3x-2$, $5x-3x=-2-7$

$\therefore 2x=-9$ 답 $2x=-9$

(5) $4x-9=5-6x$, $4x+6x=5+9$
$\therefore 10x=14$ 답 $10x=14$

(6) $x-2=\frac{1}{3}x+5$, $x-\frac{1}{3}x=5+2$
$\therefore \frac{2}{3}x=7$ 답 $\frac{2}{3}x=7$

(7) $\frac{1}{4}x+5=-2x+1$, $\frac{1}{4}x+2x=1-5$
$\therefore \frac{9}{4}x=-4$ 답 $\frac{9}{4}x=-4$

13 (1) $3x-5=4$에서 $3x-5-4=0$
$3x-9=0$이므로 일차방정식이다. 답 ○

(2) $2x-7=3+2x$에서 $2x-7-3-2x=0$
$-10=0$이므로 일차방정식이 아니다. 답 ×

(3) $5=-3x-15$에서 $5+3x+15=0$
$3x+20=0$이므로 일차방정식이다. 답 ○

(4) $4x-5=2x-5$에서 $4x-5-2x+5=0$
$2x=0$이므로 일차방정식이다. 답 ○

(5) $2x+1=-x^2$에서 $x^2+2x+1=0$이므로 일차방정식이 아니다. 답 ×

(6) $8x-3=4(2x+1)$에서 $8x-3=8x+4$,
$8x-3-8x-4=0$
$-7=0$이므로 일차방정식이 아니다. 답 ×

(7) $2(x^2-1)=2x^2-6x+7$에서 $2x^2-2=2x^2-6x+7$,
$2x^2-2-2x^2+6x-7=0$
$6x-9=0$이므로 일차방정식이다. 답 ○

(8) $x(x+5)=x^2-4x+1$에서 $x^2+5x=x^2-4x+1$,
$x^2+5x-x^2+4x-1=0$
$9x-1=0$이므로 일차방정식이다. 답 ○

14 (1) $ax+6=3x-2$에서
$ax-3x+6+2=0$, $(a-3)x+8=0$
이 등식이 x에 대한 일차방정식이 되려면 $a-3\neq 0$
$\therefore a\neq 3$ 답 $a\neq 3$

(2) $5x=12-ax$에서 $5x+ax-12=0$, $(5+a)x-12=0$
이 등식이 x에 대한 일차방정식이 되려면 $5+a\neq 0$
$\therefore a\neq -5$ 답 $a\neq -5$

(3) $ax+21=9-4x$에서 $ax+4x+21-9=0$
$(a+4)x+12=0$
이 등식이 x에 대한 일차방정식이 되려면 $a+4\neq 0$
$\therefore a\neq -4$ 답 $a\neq -4$

(4) $8-ax=2x+9$에서 $-ax-2x+8-9=0$
$(-a-2)x-1=0$
이 등식이 x에 대한 일차방정식이 되려면 $-a-2\neq 0$
$\therefore a\neq -2$ 답 $a\neq -2$

15 (1) 답 4, 3
(2) 답 15, 40, 4
(3) 답 x, 22, 2, 22, 11
(4) 답 14, -9, 9
(5) 답 $2x$, 13, 4, -4, -1
(6) 답 $4x$, 2, 1

16 (1) $x-6=-5$, $x=-5+6$ $\therefore x=1$ 답 $x=1$

(2) $2x-1=3x$, $2x-3x=1$, $-x=1$ $\therefore x=-1$
답 $x=-1$

(3) $8-5x=-x$, $-5x+x=-8$, $-4x=-8$
$\therefore x=2$ 답 $x=2$

(4) $-x+7=x-9$, $-x-x=-9-7$, $-2x=-16$
$\therefore x=8$ 답 $x=8$

(5) $14-3x=-7-10x$, $-3x+10x=-7-14$
$7x=-21$ $\therefore x=-3$ 답 $x=-3$

(6) $x-3=-2x-9$, $x+2x=-9+3$, $3x=-6$
$\therefore x=-2$ 답 $x=-2$

(7) $2x+11=4-5x$, $2x+5x=4-11$, $7x=-7$
$\therefore x=-1$ 답 $x=-1$

(8) $4x+11=2x-7$, $4x-2x=-7-11$, $2x=-18$
$\therefore x=-9$ 답 $x=-9$

17 (1) $2(x-2)=4x-6$, $2x-4=4x-6$
$-2x=-2$ $\therefore x=1$ 답 $x=1$

(2) $-5(2-x)=3x-4$, $-10+5x=3x-4$
$2x=6$ $\therefore x=3$ 답 $x=3$

(3) $5+3(x-1)=23-4x$, $5+3x-3=23-4x$
$7x=21$ $\therefore x=3$ 답 $x=3$

(4) $10-4(x-2)=7-3x$, $10-4x+8=7-3x$
$-x=-11$ $\therefore x=11$ 답 $x=11$

(5) $6(2x-1)=9(x-3)$, $12x-6=9x-27$
$3x=-21$ $\therefore x=-7$ 답 $x=-7$

(6) $8(x-3)+5(x+2)=-1$, $8x-24+5x+10=-1$
$13x=13$ $\therefore x=1$ 답 $x=1$

(7) $2(x+9)-11=7-(x-1)$, $2x+18-11=7-x+1$
$3x=1$ $\therefore x=\frac{1}{3}$ 답 $x=\frac{1}{3}$

(8) $9-3(x+2)=-5(x+3)$, $9-3x-6=-5x-15$
$2x=-18$ $\therefore x=-9$ 답 $x=-9$

18 (1) $0.3x+1.4=0.1x$의 양변에 10을 곱하면
$3x+14=x$, $2x=-14$ $\therefore x=-7$ 답 $x=-7$

(2) $0.5x+1.6=0.2x+0.1$의 양변에 10을 곱하면
$5x+16=2x+1$, $3x=-15$
$\therefore x=-5$ 답 $x=-5$

(3) $1.2x-8=1.6$의 양변에 10을 곱하면
$12x-80=16$, $12x=96$ $\therefore x=8$ 답 $x=8$

(4) $0.3x+0.8=-0.2x-1.7$의 양변에 10을 곱하면
$3x+8=-2x-17$, $5x=-25$
$\therefore x=-5$ 답 $x=-5$

(5) $0.06x-0.02=0.15x-2$의 양변에 100을 곱하면
$6x-2=15x-200$, $-9x=-198$
$\therefore x=22$ 답 $x=22$

(6) $0.4x-0.7=0.3(x+1)$의 양변에 10을 곱하면
$4x-7=3(x+1)$, $4x-7=3x+3$
$\therefore x=10$ 답 $x=10$

(7) $0.8(x+1)=x-4$의 양변에 10을 곱하면
$8(x+1)=10x-40$, $8x+8=10x-40$
$-2x=-48$ $\therefore x=24$ 답 $x=24$

(8) $0.25x+0.8=0.6(x-1)$의 양변에 100을 곱하면
$25x+80=60(x-1)$, $25x+80=60x-60$
$-35x=-140$ $\therefore x=4$ 답 $x=4$

(9) $1.5(x+4)=1.3x-2$의 양변에 10을 곱하면
$15(x+4)=13x-20$, $15x+60=13x-20$
$2x=-80$ $\therefore x=-40$ 답 $x=-40$

(10) $0.2(3x+1)=0.25(x-1)-0.3$의 양변에 100을 곱하면
$20(3x+1)=25(x-1)-30$
$60x+20=25x-25-30$
$35x=-75$ $\therefore x=-\frac{15}{7}$ 답 $x=-\frac{15}{7}$

19 (1) $\frac{1}{6}x+3=\frac{1}{4}x$의 양변에 12를 곱하면
$2x+36=3x$, $-x=-36$ $\therefore x=36$ 답 $x=36$

(2) $\frac{2}{3}x-\frac{1}{6}=\frac{5}{2}$의 양변에 6을 곱하면
$4x-1=15$, $4x=16$ $\therefore x=4$ 답 $x=4$

(3) $\frac{1}{5}x-\frac{x+1}{2}=1$의 양변에 10을 곱하면
$2x-5(x+1)=10$, $2x-5x-5=10$,
$-3x=15$ $\therefore x=-5$ 답 $x=-5$

(4) $\frac{x-5}{4}=\frac{3x-1}{5}$의 양변에 20을 곱하면
$5(x-5)=4(3x-1)$, $5x-25=12x-4$
$-7x=21$ $\therefore x=-3$ 답 $x=-3$

(5) $\frac{2x-1}{3}=\frac{x+3}{5}$의 양변에 15를 곱하면
$5(2x-1)=3(x+3)$, $10x-5=3x+9$
$7x=14$ $\therefore x=2$ 답 $x=2$

(6) $\frac{3}{4}x-1=\frac{1}{8}x+\frac{1}{4}$의 양변에 8을 곱하면
$6x-8=x+2$, $5x=10$ $\therefore x=2$ 답 $x=2$

(7) $\frac{2x+3}{18}-2=\frac{x-5}{6}$의 양변에 18을 곱하면
$2x+3-36=3(x-5)$, $2x-33=3x-15$
$-x=18$ $\therefore x=-18$ 답 $x=-18$

(8) $\frac{3}{4}x-\frac{2}{3}=\frac{1}{12}(x+8)$의 양변에 12를 곱하면
$9x-8=x+8$, $8x=16$ $\therefore x=2$ 답 $x=2$

20 (1) 소수를 분수로 고치면 $\frac{3}{2}x=\frac{2}{5}x+\frac{11}{10}$
양변에 10을 곱하면
$15x=4x+11$, $11x=11$ $\therefore x=1$ 답 $x=1$

(2) 소수를 분수로 고치면 $\frac{3}{4}x-2=\frac{1}{2}x$
양변에 4를 곱하면 $3x-8=2x$ $\therefore x=8$ 답 $x=8$

(3) 소수를 분수로 고치면 $\frac{1}{6}x-\frac{6}{5}=\frac{7}{10}x+2$
양변에 30을 곱하면
$5x-36=21x+60$, $-16x=96$ $\therefore x=-6$
답 $x=-6$

(4) 소수를 분수로 고치면 $\frac{4}{5}x+3=\frac{7}{2}(x-3)$
양변에 10을 곱하면
$8x+30=35(x-3)$, $8x+30=35x-105$
$-27x=-135$ $\therefore x=5$ 답 $x=5$

(5) 소수를 분수로 고치면 $\frac{3}{5}(x-2)=\frac{13}{5}+\frac{2}{5}x$
양변에 5를 곱하면
$3(x-2)=13+2x$, $3x-6=13+2x$ $\therefore x=19$
답 $x=19$

(6) 소수를 분수로 고치면 $\frac{1}{8}x-\frac{1}{4}=\frac{3}{5}(x-2)$
양변에 40을 곱하면
$5x-10=24(x-2)$, $5x-10=24x-48$
$-19x=-38$ $\therefore x=2$ 답 $x=2$

(7) 소수를 분수로 고치면 $\frac{3x-5}{4}=\frac{1}{5}(2-3x)$
양변에 20을 곱하면
$5(3x-5)=4(2-3x)$, $15x-25=8-12x$
$27x=33$ $\therefore x=\frac{11}{9}$ 답 $x=\frac{11}{9}$

(8) 소수를 분수로 고치면 $\frac{1}{2}(x+3)=x+\frac{x+9}{4}$
양변에 4를 곱하면
$2(x+3)=4x+x+9$, $2x+6=5x+9$, $-3x=3$
$\therefore x=-1$
답 $x=-1$

21 (1) $(x+1):(x-3)=1:2$에서
$2(x+1)=x-3$, $2x+2=x-3$
$\therefore x=-5$
답 $x=-5$

(2) $(3x+1):(x-4)=3:2$에서
$2(3x+1)=3(x-4)$, $6x+2=3x-12$
$3x=-14$ $\therefore x=-\frac{14}{3}$ 답 $x=-\frac{14}{3}$

(3) $5:2x=3:(x-4)$에서
$5(x-4)=6x$, $5x-20=6x$, $-x=20$
$\therefore x=-20$ 답 $x=-20$

(4) $(6-x):3=(2x-4):2$에서
$2(6-x)=3(2x-4)$, $12-2x=6x-12$
$-8x=-24$ $\therefore x=3$ 답 $x=3$

(5) $(4x+1):0.5=(x-1):0.2$에서
$0.2(4x+1)=0.5(x-1)$
양변에 10을 곱하면
$2(4x+1)=5(x-1)$, $8x+2=5x-5$
$3x=-7$ $\therefore x=-\frac{7}{3}$ 답 $x=-\frac{7}{3}$

(6) $4:\frac{x-6}{2}=3:(2x+1)$에서

$4(2x+1)=\frac{3(x-6)}{2}$

양변에 2를 곱하면

$8(2x+1)=3(x-6)$, $16x+8=3x-18$

$13x=-26$　　$\therefore x=-2$　　답 $x=-2$

22 (1) $-3x+5=2$에서 $-3x=-3$　　$\therefore x=1$

$x=1$을 $ax-2=1$에 대입하면 $a-2=1$

$\therefore a=3$　　답 3

(2) $4x+9=1$에서 $4x=-8$　　$\therefore x=-2$

$x=-2$를 $ax-2=-10$에 대입하면

$-2a-2=-10$, $-2a=-8$　　$\therefore a=4$　　답 4

(3) $4x-5=7$에서 $4x=12$　　$\therefore x=3$

$x=3$을 $2x+a=4$에 대입하면 $6+a=4$

$\therefore a=-2$　　답 -2

(4) $-2x+10=2$에서 $-2x=-8$　　$\therefore x=4$

$x=4$를 $7x+5a=13$에 대입하면

$28+5a=13$, $5a=-15$　　$\therefore a=-3$　　답 -3

(5) $-x+7=x+17$에서 $-2x=10$　　$\therefore x=-5$

$x=-5$를 $-3x+a=-x-9a$에 대입하면

$15+a=5-9a$, $10a=-10$　　$\therefore a=-1$　　답 -1

(6) $3x-4=2x-5$에서 $x=-1$

$x=-1$을 $-(x+2a)=-3x-a$에 대입하면

$-(-1+2a)=3-a$, $1-2a=3-a$, $-a=2$

$\therefore a=-2$　　답 -2

23 (1) 답 $x+4$, $2x-7$

(2) 답 $x+4=2x-7$

(3) $x+4=2x-7$, $-x=-11$　　$\therefore x=11$　　답 $x=11$

(4) 답 11

24 어떤 수를 x라 하면

$2(x+3)=3x-8$에서

$2x+6=3x-8$, $-x=-14$　　$\therefore x=14$

따라서 어떤 수는 14이다.　　답 14

25 (1) 답 $x-1$, $x+1$

(2) 답 $(x-1)+x+(x+1)=69$

(3) $(x-1)+x+(x+1)=69$, $3x=69$　　$\therefore x=23$

답 $x=23$

(4) $x=23$이므로 연속하는 세 자연수는 22, 23, 24이다.

답 22, 23, 24

26 연속하는 세 자연수를 $x-1$, x, $x+1$이라 하면

$(x-1)+x+(x+1)=138$, $3x=138$　　$\therefore x=46$

따라서 연속하는 세 자연수는 45, 46, 47이다.　답 45, 46, 47

27 (1) 답

	십의 자리	일의 자리
처음 수$(70+x)$	7	x
바꾼 수 $(10x+7)$	x	7

(2) 답 $10x+7=(70+x)-18$

(3) $10x+7=(70+x)-18$, $10x+7=52+x$

$9x=45$　　$\therefore x=5$　　답 $x=5$

(4) $x=5$이므로 처음 수는 75이다.　　답 75

28 일의 자리의 숫자를 x라 하면

처음 수는 $50+x$, 바꾼 수는 $10x+5$이다.

$10x+5=(50+x)+9$, $9x=54$　　$\therefore x=6$

따라서 처음 수는 56이다.　　답 56

29 (1) 답

	자루당 금액(원)	개수(자루)	총 금액(원)
볼펜	600	x	$600x$
색연필	1000	$12-x$	$1000(12-x)$

(2) 답 $600x+1000(12-x)=10400$

(3) $600x+1000(12-x)=10400$에서

$600x+12000-1000x=10400$

$-400x=-1600$

$\therefore x=4$　　답 $x=4$

(4) 볼펜은 4자루, 색연필은 8자루 샀다.

답 볼펜: 4자루, 색연필: 8자루

30 마카롱을 x개 샀다고 하면 크루아상은 $(15-x)$개 샀으므로

$1200x+900(15-x)=15000$

$1200x+13500-900x=15000$

$300x=1500$　　$\therefore x=5$

따라서 마카롱은 5개, 크루아상은 10개 샀다.

답 마카롱: 5개, 크루아상: 10개

31 (1) 답

	어머니	수영
올해 나이(살)	48	10
x년 후의 나이(살)	$48+x$	$10+x$

(2) 답 $48+x=3(10+x)$

(3) $48+x=3(10+x)$, $48+x=30+3x$, $-2x=-18$

$\therefore x=9$　　답 $x=9$

(4) 어머니의 나이가 수영이의 나이의 3배가 되는 것은 9년 후이다.　　답 9년 후

32 현재 도은이의 나이를 x살이라 하면 현재 이모의 나이는 $(x+28)$살이므로

$x+28+12=2(x+12)$, $x+40=2x+24$, $-x=-16$

$\therefore x=16$

따라서 현재 도은이의 나이는 16살이다.　　답 16살

33 (1) 답

	가로	세로	둘레
길이(cm)	x	$x-4$	52

(2) 답 $2\{x+(x-4)\}=52$

(3) $2\{x+(x-4)\}=52$, $2(2x-4)=52$, $4x-8=52$,

$4x=60$　　$\therefore x=15$　　답 $x=15$

(4) 가로의 길이가 15 cm이므로 세로의 길이는
$15-4=11(\text{cm})$이다. 답 가로: 15 cm, 세로: 11 cm

34 직사각형의 가로의 길이를 x cm라 하면
세로의 길이는 $(x+5)$ cm이므로
$2\{x+(x+5)\}=46$에서
$2(2x+5)=46$, $4x+10=46$, $4x=36$ $\quad\therefore x=9$
따라서 직사각형의 가로의 길이는 9 cm, 세로의 길이는
$9+5=14(\text{cm})$이므로 직사각형의 넓이는
$9\times14=126(\text{cm}^2)$이다. 답 126 cm^2

35 (1) 답

	갈 때	올 때
거리	x km	x km
속력	시속 5 km	시속 3 km
시간	$\frac{x}{5}$시간	$\frac{x}{3}$시간

(2) 답 $\frac{x}{5}+\frac{x}{3}=2$

(3) $\frac{x}{5}+\frac{x}{3}=2$의 양변에 15를 곱하면
$8x=30$ $\quad\therefore x=\frac{15}{4}$ 답 $x=\frac{15}{4}$

(4) 두 지점 A, B 사이의 거리는 $\frac{15}{4}$ km이다. 답 $\frac{15}{4}$ km

36 (1) 답

	올라갈 때	내려올 때
거리	x km	$(x+2)$ km
속력	시속 3 km	시속 4 km
시간	$\frac{x}{3}$시간	$\frac{x+2}{4}$시간

(2) 답 $\frac{x}{3}+\frac{x+2}{4}=4$

(3) $\frac{x}{3}+\frac{x+2}{4}=4$의 양변에 12를 곱하면
$4x+3(x+2)=48$, $4x+3x+6=48$
$7x=42$ $\quad\therefore x=6$ 답 $x=6$

(4) 은호가 올라간 거리는 6 km이다. 답 6 km

37 올라간 거리를 x km라 하면 내려온 거리는 $(x+3)$ km이므로 올라갈 때 걸린 시간은 $\frac{x}{2}$시간, 내려올 때 걸린 시간은 $\frac{x+3}{4}$시간이다.
$\frac{x}{2}+\frac{x+3}{4}=3$의 양변에 4를 곱하면
$2x+x+3=12$, $3x=9$ $\quad\therefore x=3$
따라서 올라간 거리는 3 km이다. 답 3 km

38 (1) 답

	물을 넣기 전	물을 넣은 후
농도(%)	8	6
소금물의 양(g)	300	$300+x$
소금의 양(g)	$\frac{8}{100}\times300$	$\frac{6}{100}\times(300+x)$

(2) 답 $\frac{8}{100}\times300=\frac{6}{100}\times(300+x)$

(3) $\frac{8}{100}\times300=\frac{6}{100}\times(300+x)$의 양변에 100을 곱하면
$2400=1800+6x$, $6x=600$ $\quad\therefore x=100$
답 $x=100$

(4) $x=100$이므로 더 넣은 물의 양은 100 g이다. 답 100 g

39 (1) 답

	섞기 전		섞은 후
농도(%)	9	15	12
소금물의 양(g)	500	x	$500+x$
소금의 양(g)	$\frac{9}{100}\times500$	$\frac{15}{100}\times x$	$\frac{12}{100}\times(500+x)$

(2) 답 $\frac{9}{100}\times500+\frac{15}{100}\times x=\frac{12}{100}\times(500+x)$

(3) $\frac{9}{100}\times500+\frac{15}{100}\times x=\frac{12}{100}\times(500+x)$의
양변에 100을 곱하면
$4500+15x=6000+12x$, $3x=1500$ $\quad\therefore x=500$
답 $x=500$

(4) $x=500$이므로 15 %의 소금물의 양은 500 g이다.
답 500 g

40 10 %의 설탕물을 x g 섞는다고 하면
$\frac{14}{100}\times150+\frac{10}{100}\times x=\frac{13}{100}\times(150+x)$
양변에 100을 곱하면
$2100+10x=1950+13x$
$-3x=-150$
$\therefore x=50$
따라서 10 %의 설탕물은 50 g 섞어야 한다. 답 50 g

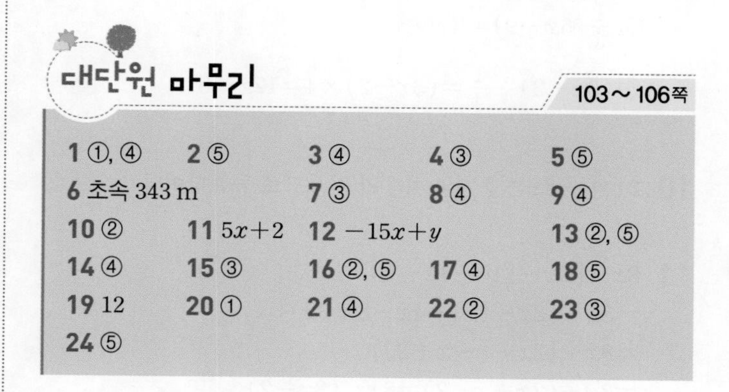

대단원 마무리

103~106쪽

1 ①, ④ 2 ⑤ 3 ④ 4 ③ 5 ⑤
6 초속 343 m 7 ③ 8 ④ 9 ④
10 ② 11 $5x+2$ 12 $-15x+y$ 13 ②, ⑤
14 ④ 15 ③ 16 ②, ⑤ 17 ④ 18 ⑤
19 12 20 ① 21 ④ 22 ② 23 ③
24 ⑤

1 ① $0.1a^2$ ④ $-xy$ 답 ①, ④

2 ① $\frac{2a^2}{a-b}$ ② $2a^2-a+b$ ③ $-\frac{2a^2}{b}$
④ $\frac{-2a^2}{-a+b}$ ⑤ $-\frac{2a^2}{a+b}$ 답 ⑤

3 ① $(3x+5y)$원 ② $4a$ cm ③ $10a+b$ ⑤ $\frac{a}{8}$원

답 ④

4 ① $2x+y=2\times(-2)+1=-4+1=-3$
② $x-y=-2-1=-3$
③ $-x+2y=-(-2)+2\times1=2+2=4$
④ $-3x-4y=-3\times(-2)-4\times1=6-4=2$
⑤ $x+5y=-2+5\times1=-2+5=3$
따라서 식의 값이 가장 큰 것은 ③이다. 답 ③

5 ① $x^3=(-3)^3=-27$
② $3x=3\times(-3)=-9$
③ $-x^2=-(-3)^2=-9$
④ $(-x)^2+4=3^2+4=9+4=13$
⑤ $3x-(-x)^3=3\times(-3)-3^3=-9-27=-36$
따라서 식의 값이 가장 작은 것은 ⑤이다. 답 ⑤

6 $0.6x+331$에 $x=20$을 대입하면
$0.6\times20+331=12+331=343$이다.
따라서 기온이 20 °C일 때의 소리의 속력은 초속 343 m이다.
답 초속 343 m

7 ③ 항은 $\frac{x^2}{5}$, $-2x$, 8의 3개이다. 답 ③

8 ① 상수항만 있으므로 일차식이 아니다.
②, ⑤ 분모에 문자가 있으므로 일차식이 아니다.
③ 차수가 2인 다항식이다. 답 ④

9 ① $-\frac{3}{5}\times10x=-6x$
② $2\times(-4x)=-8x$
③ $\frac{1}{3}(6x-9)=2x-3$
⑤ $(3x-2)\div\frac{1}{4}=(3x-2)\times4=12x-8$ 답 ④

10 $2x$와 $-3x$는 문자와 차수가 같으므로 동류항이다. 답 ②

11 $8x-[2x-\{10-4x-(8-3x)\}]$
$=8x-\{2x-(10-4x-8+3x)\}$
$=8x-\{2x-(-x+2)\}$
$=8x-(2x+x-2)=8x-(3x-2)$
$=8x-3x+2=5x+2$ 답 $5x+2$

12 $9A+12B=9(-2x+y)+12\left(\frac{1}{4}x-\frac{2}{3}y\right)$
$=-18x+9y+3x-8y$
$=-15x+y$ 답 $-15x+y$

13 등호(=)를 사용한 식을 찾는다.
② $2-4x=13$ ⑤ $2x+y=3y$ 답 ②, ⑤

14 ①, ②, ③ 방정식 ④ 항등식 ⑤ 거짓인 등식 답 ④

15 ① $a=2b$의 양변에 3을 더하면 $a+3=2b+3$이다.
② $\frac{1}{3}-a=b+\frac{1}{3}$의 양변에서 $\frac{1}{3}$을 빼면 $-a=b$이다.
④ $a=1$, $b=3$, $c=0$이면 $ac=bc$이지만 $a\neq b$이다.
⑤ $a=\frac{b}{2}$의 양변에 3을 더하면 $a+3=\frac{b}{2}+3$이다. 답 ③

16 ① $4=0$ ② $4x-9=0$ ③ $x^2-2x-6=0$
④ $-10=0$ ⑤ $2x-4=0$
따라서 일차방정식인 것은 ②, ⑤이다. 답 ②, ⑤

17 ① $2x+1=x-1$ $\therefore x=-2$
② $13-3x=8x+5$, $-11x=-8$ $\therefore x=\frac{8}{11}$
③ $4x-4=2x+5$, $2x=9$ $\therefore x=\frac{9}{2}$
④ $5x+13=2x-11$, $3x=-24$ $\therefore x=-8$
⑤ $3(1-x)=5+x$, $3-3x=5+x$, $-4x=2$
$\therefore x=-\frac{1}{2}$
따라서 해가 가장 작은 것은 ④이다. 답 ④

18 $2x-3=-(x-6)$, $2x-3=-x+6$, $3x=9$ $\therefore x=3$
① $2x+4=-x-5$, $3x=-9$ $\therefore x=-3$
② $4x-6=7x$, $-3x=6$ $\therefore x=-2$
③ $6-x=3x+5$, $-4x=-1$ $\therefore x=\frac{1}{4}$
④ $5-x=2x-3$, $-3x=-8$ $\therefore x=\frac{8}{3}$
⑤ $2(x+1)=4(x-1)$, $2x+2=4x-4$, $-2x=-6$
$\therefore x=3$ 답 ⑤

19 $1.2x+2.8=\frac{1}{5}(x-1)$의 양변에 5를 곱하면
$6x+14=x-1$
$5x=-15$
$\therefore x=-3$
$a=-3$이므로 $a^2-a=(-3)^2-(-3)=12$ 답 12

20 어떤 수를 x라 하면 $\frac{1}{2}(x-3)=\frac{1}{4}x-3$
$2(x-3)=x-12$, $2x-6=x-12$ $\therefore x=-6$
따라서 어떤 수는 -6이다. 답 ①

21 연속하는 세 홀수를 $x-2$, x, $x+2$라 하면
$(x-2)+x+(x+2)=93$, $3x=93$ $\therefore x=31$
따라서 세 홀수는 29, 31, 33이므로 가장 큰 홀수는 33이다.
답 ④

22 사다리꼴의 높이를 x cm라 하면

$\frac{1}{2}\times(8+10)\times x=117$

$9x=117$ $\quad\therefore x=13$

따라서 사다리꼴의 높이는 13 cm이다. 답 ②

23 시속 70 km로 간 거리를 x km라 하면

시속 80 km로 간 거리는 $(220-x)$ km이므로

시속 70 km로 갈 때 걸린 시간은 $\frac{x}{70}$시간,

시속 80 km로 갈 때 걸린 시간은 $\frac{220-x}{80}$시간이다.

$\frac{x}{70}+\frac{220-x}{80}=3$

$8x+7(220-x)=1680$

$8x+1540-7x=1680$

$\therefore x=140$

따라서 시속 70 km로 간 거리는 140 km이다. 답 ③

24 증발시켜야 하는 물의 양을 x g이라 하면

$\frac{5}{100}\times200=\frac{8}{100}\times(200-x)$

$1000=1600-8x$

$8x=600$

$\therefore x=75$

따라서 75 g의 물을 증발시켜야 한다. 답 ⑤

Ⅳ. 좌표평면과 그래프

1. 좌표평면과 그래프

연산으로 개념잡기

109 ~ 117쪽

1 (1) A(-2), B(3), C(-4), D(5)
(2) A(3), B(-3), C(0), D(-4)
(3) A$\left(-\frac{9}{2}\right)$, B$(-1)$, C$\left(\frac{3}{2}\right)$, D$(5)$
(4) A(1), B$\left(-\frac{5}{3}\right)$, C$(-3)$, D$\left(\frac{7}{2}\right)$

2 (1)~(4) 풀이 참조

3 (1) A$(-4, 2)$, B$(-2, -3)$, C$(3, -1)$, D$(4, 4)$
(2) A$(5, -4)$, B$(-3, 4)$, C$(-3, -2)$, D$(1, 2)$

4 (1)~(3) 풀이 참조

5 (1) $(6, 4)$ (2) $(0, 0)$ (3) $(-3, 2)$ (4) $(1, -3)$ (5) $(1, 0)$
(6) $(-9, 0)$ (7) $(0, -5)$ (8) $(0, 4)$

6 (1)~(5) 풀이 참조

7 (1)~(4) 풀이 참조

8 (1)~(4) 풀이 참조

9 (1) 점 E, 점 G (2) 점 D, 점 I (3) 점 A, 점 C
(4) 점 B, 점 F, 점 H

10 제2사분면

11 제3사분면

12 (1) 제3사분면 (2) 제4사분면 (3) 제1사분면 (4) 제2사분면

13 (1) 제3사분면 (2) 제1사분면 (3) 제4사분면 (4) 제4사분면
(5) 제2사분면 (6) 제1사분면

14 (1) ① $(2, -7)$ ② $(-2, 7)$ ③ $(-2, -7)$
(2) ① $(-5, -2)$ ② $(5, 2)$ ③ $(5, -2)$
(3) ① $(-3, 4)$ ② $(3, -4)$ ③ $(3, 4)$

15 (1) $a=5$, $b=-2$ (2) $a=-4$, $b=7$
(3) $a=-6$, $b=-\frac{1}{2}$ (4) $a=-\frac{1}{5}$, $b=-2$
(5) $a=-3$, $b=-1$ (6) $a=-10$, $b=4$

16 (1) 20, 16, 12, 8, 4, 0 (2) 풀이 참조

17 (1) 6, 7, 8, 9 (2) 풀이 참조

18 풀이 참조

19 (1) 20개 (2) 600원 (3) 비누 1개의 판매 이익이 증가할수록 팔린 비누의 개수는 감소한다.

20 (1) 1 km (2) 10분 후 (3) 20분 (4) 40분 후

1 (1) 답 A(-2), B(3), C(-4), D(5)
(2) 답 A(3), B(-3), C(0), D(-4)
(3) 답 A$\left(-\frac{9}{2}\right)$, B$(-1)$, C$\left(\frac{3}{2}\right)$, D$(5)$
(4) 답 A(1), B$\left(-\frac{5}{3}\right)$, C$(-3)$, D$\left(\frac{7}{2}\right)$

2 (1) 답 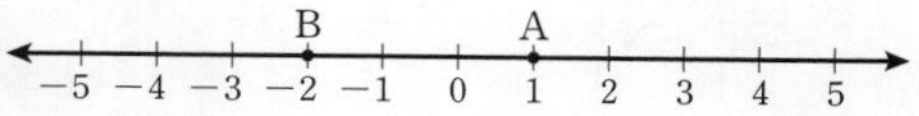

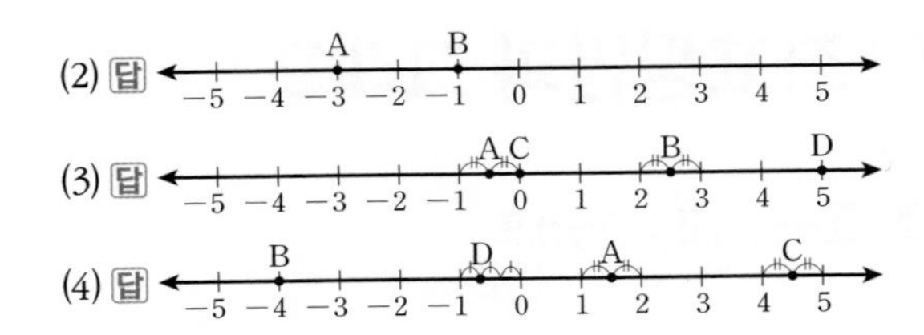

3 (1) 답 A$(-4, 2)$, B$(-2, -3)$, C$(3, -1)$, D$(4, 4)$
(2) 답 A$(5, -4)$, B$(-3, 4)$, C$(-3, -2)$, D$(1, 2)$

4 (1) 답 (2) 답 (3) 답

5 (1) 답 $(6, 4)$ (2) 답 $(0, 0)$ (3) 답 $(-3, 2)$
(4) 답 $(1, -3)$ (5) 답 $(1, 0)$ (6) 답 $(-9, 0)$
(7) 답 $(0, -5)$ (8) 답 $(0, 4)$

6 (1)
(삼각형 ABC의 넓이)
$=\frac{1}{2}\times$(밑변의 길이)$\times$(높이)
$=\frac{1}{2}\times 5\times 6=15$
답 풀이 참조, 15

(2)
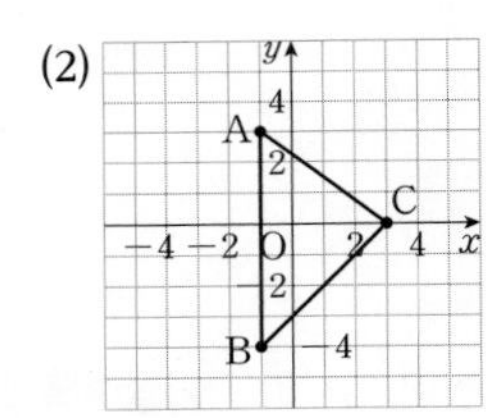
(삼각형 ABC의 넓이)
$=\frac{1}{2}\times$(밑변의 길이)$\times$(높이)
$=\frac{1}{2}\times 4\times 7=14$
답 풀이 참조, 14

(3)
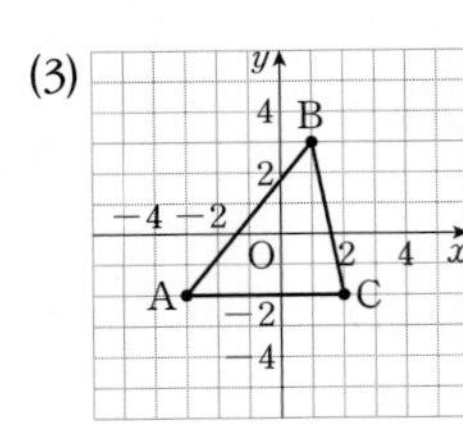
(삼각형 ABC의 넓이)
$=\frac{1}{2}\times$(밑변의 길이)$\times$(높이)
$=\frac{1}{2}\times 5\times 5=\frac{25}{2}$
답 풀이 참조, $\frac{25}{2}$

(4)
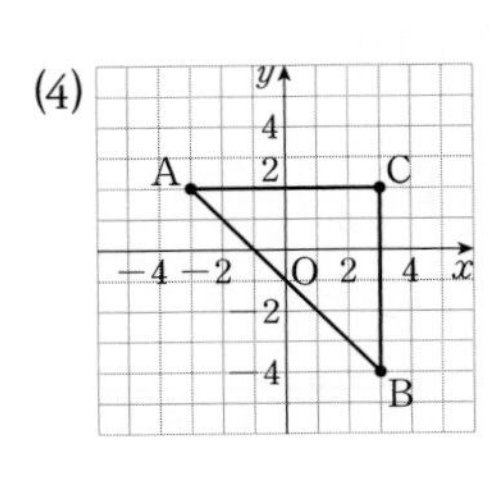
(삼각형 ABC의 넓이)
$=\frac{1}{2}\times$(밑변의 길이)$\times$(높이)
$=\frac{1}{2}\times 6\times 6=18$
답 풀이 참조, 18

(5)
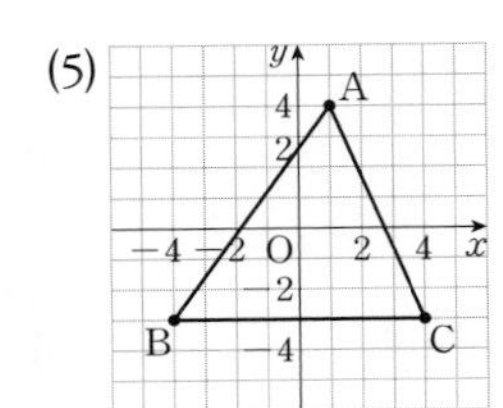
(삼각형 ABC의 넓이)
$=\frac{1}{2}\times$(밑변의 길이)$\times$(높이)
$=\frac{1}{2}\times 8\times 7=28$
답 풀이 참조, 28

7 (1)
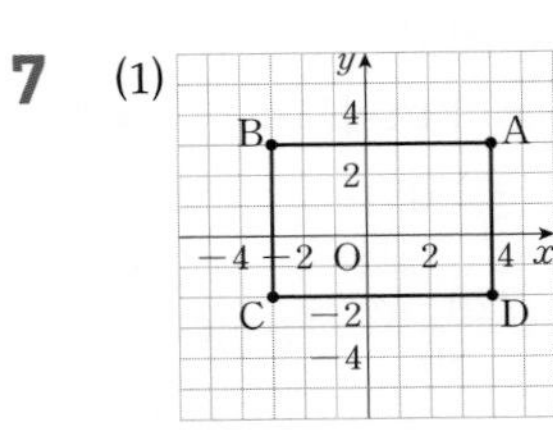
(직사각형 ABCD의 넓이)
$=$(가로의 길이)$\times$(세로의 길이)
$=7\times 5=35$
답 풀이 참조, 35

(2)
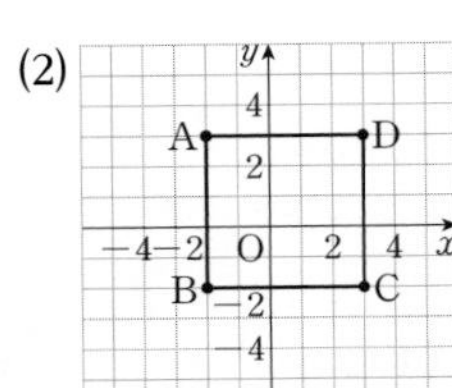
(직사각형 ABCD의 넓이)
$=$(가로의 길이)$\times$(세로의 길이)
$=5\times 5=25$
답 풀이 참조, 25

(3)
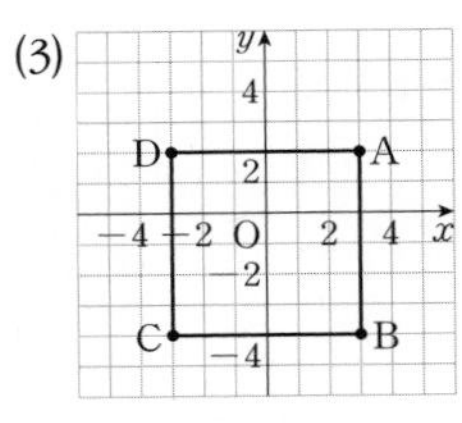
(직사각형 ABCD의 넓이)
$=$(가로의 길이)$\times$(세로의 길이)
$=6\times 6=36$
답 풀이 참조, 36

(4)
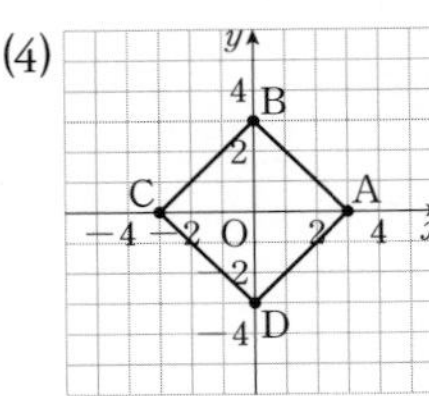
(사각형 ABCD의 넓이)
$=$(삼각형 ABC의 넓이)
$+$(삼각형 ADC의 넓이)
$=\frac{1}{2}\times 6\times 3+\frac{1}{2}\times 6\times 3$
$=9+9=18$ 답 풀이 참조, 18

8 답
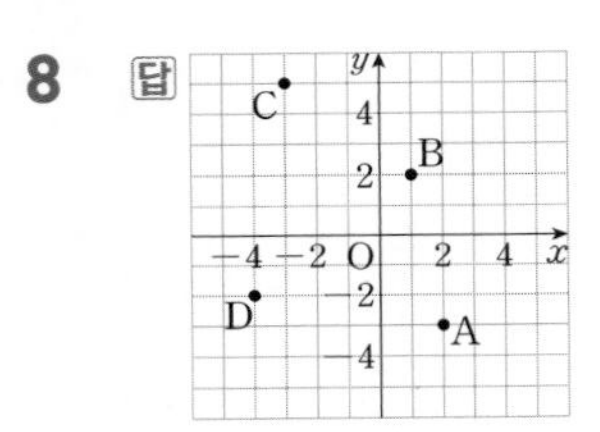
(1) 제4사분면 (2) 제1사분면
(3) 제2사분면 (4) 제3사분면

9 (1) 제2사분면 위의 점의 좌표의 부호는 $(-, +)$이므로
E$(-3, 1)$, G$(-6, 4)$이다. 답 점 E, 점 G
(2) 제3사분면 위의 점의 좌표의 부호는 $(-, -)$이므로
D$(-1, -5)$, I$(-2, -8)$이다. 답 점 D, 점 I
(3) 제4사분면 위의 점의 좌표의 부호는 $(+, -)$이므로
A$(3, -2)$, C$(4, -1)$이다. 답 점 A, 점 C
(4) 어느 사분면에도 속하지 않는 점은 좌표축 위에 있는 점으로 x좌표 또는 y좌표가 0이다.
$\therefore$ B$\left(\frac{2}{5}, 0\right)$, F$(0, 0)$, H$\left(0, \frac{1}{4}\right)$ 답 점 B, 점 F, 점 H

10 $a-5=3+2a$, $-a=8$ $\therefore a=-8$
$2b-1=3b-5$, $-b=-4$ $\therefore b=4$
$a<0$, $b>0$이므로 점 (a, b)는 제2사분면 위의 점이다.
답 제2사분면

11 $ab>0$일 때 $a+b<0$이므로 $a<0$, $b<0$
따라서 점 (a, b)는 제3사분면 위의 점이다. 답 제3사분면

12 (1) $a<0$, $b<0$이므로 제3사분면 위의 점이다. 답 제3사분면
(2) $-a>0$, $b<0$이므로 제4사분면 위의 점이다.
답 제4사분면
(3) $-a>0$, $-b>0$이므로 제1사분면 위의 점이다.
답 제1사분면
(4) $b<0$, $-a>0$이므로 제2사분면 위의 점이다.
답 제2사분면

13 점 (a, b)가 제2사분면 위의 점이므로 $a<0$, $b>0$
(1) $a<0$, $-b<0$이므로 제3사분면 위의 점이다.
답 제3사분면
(2) $-a>0$, $b>0$이므로 제 1사분면 위의 점이다.
답 제1사분면
(3) $b>0$, $a<0$이므로 제4사분면 위의 점이다.
답 제4사분면
(4) $-a>0$, $-b<0$이므로 제4사분면 위의 점이다.
답 제4사분면
(5) $-b<0$, $-a>0$이므로 제2사분면 위의 점이다.
답 제2사분면
(6) $-a>0$, $2b>0$이므로 제1사분면 위의 점이다.
답 제1사분면

14 (1) 답 ① $(2, -7)$ ② $(-2, 7)$ ③ $(-2, -7)$
(2) 답 ① $(-5, -2)$ ② $(5, 2)$ ③ $(5, -2)$
(3) 답 ① $(-3, 4)$ ② $(3, -4)$ ③ $(3, 4)$

15 (1) x축에 대하여 대칭이면 x좌표는 같고, y좌표는 부호가 반대이므로 $a=-(-5)=5$, $b=-2$ 답 $a=5$, $b=-2$
(2) y축에 대하여 대칭이면 y좌표는 같고, x좌표는 부호가 반대이므로 $a=-4$, $b=7$ 답 $a=-4$, $b=7$
(3) x축에 대하여 대칭이면 x좌표는 같고, y좌표는 부호가 반대이므로 $a=-6$, $b=-\frac{1}{2}$ 답 $a=-6$, $b=-\frac{1}{2}$
(4) y축에 대하여 대칭이면 y좌표는 같고, x좌표는 부호가 반대이므로 $a=-\frac{1}{5}$, $b=-2$ 답 $a=-\frac{1}{5}$, $b=-2$
(5) 원점에 대하여 대칭이면 x좌표, y좌표의 부호가 모두 반대이므로 $a=-3$, $b=-1$ 답 $a=-3$, $b=-1$
(6) 원점에 대하여 대칭이면 x좌표, y좌표의 부호가 모두 반대이므로 $a=-10$, $b=-(-4)=4$ 답 $a=-10$, $b=4$

16 (1) 답

x(분)	1	2	3	4	5	6	7
y(L)	24	20	16	12	8	4	0

(2) 답
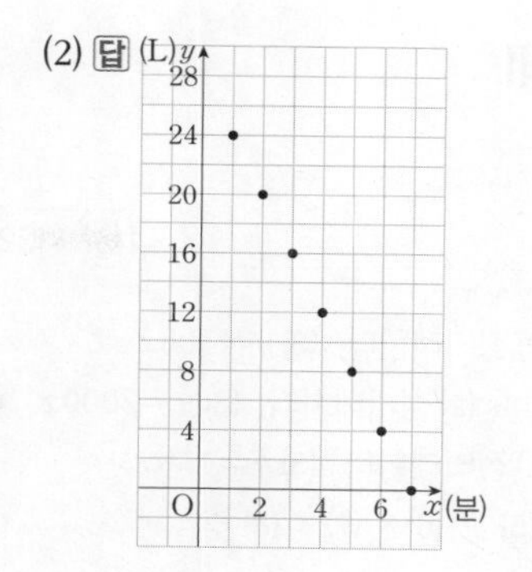

17 (1) 답

x(자루)	1	2	3	4	5
y(자루)	5	6	7	8	9

(2) 답
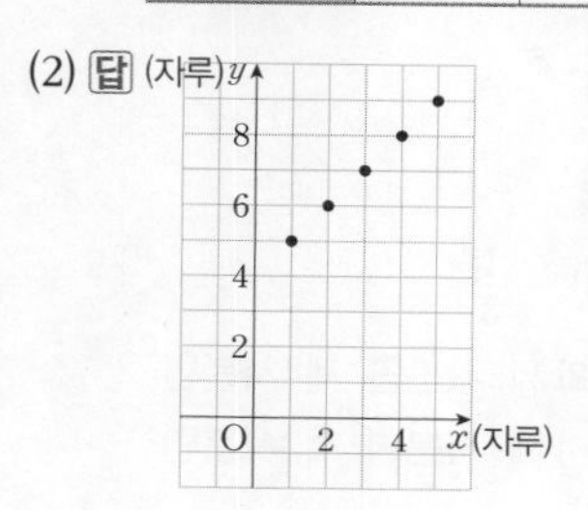

18 추를 한 개씩 매달 때마다 용수철의 길이가 1 cm씩 늘어나므로 x의 값이 1, 2, 3, 4, 5일 때, y의 값은 11, 12, 13, 14, 15이다.

답
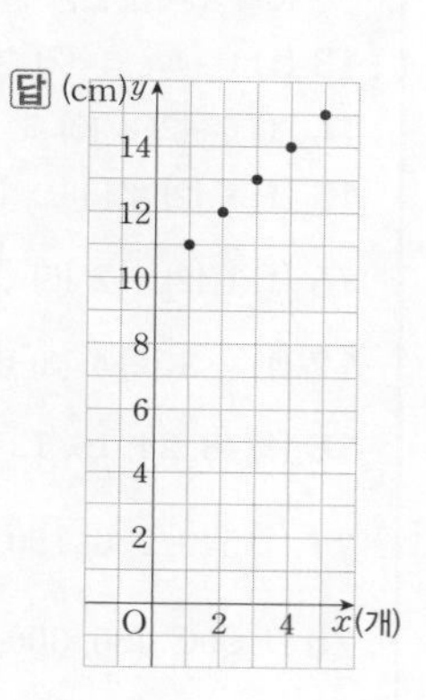

19 (1) $x=300$일 때 $y=20$이므로 비누 1개의 판매 이익이 300원일 때, 팔린 비누의 개수는 20개이다. 답 20개
(2) $y=8$일 때 $x=600$이므로 팔린 비누의 개수가 8개일 때, 비누 1개의 판매 이익은 600원이다. 답 600원
(3) 답 비누 1개의 판매 이익이 증가할수록 팔린 비누의 개수는 감소한다.

20 (1) $x=20$일 때 $y=1$이므로 공원 입구에서 걷기 시작하여 20분 동안 이동한 거리는 1 km이다. 답 1 km
(2) $y=0.5$일 때 $x=10$이므로 공원 입구에서부터 0.5 km 이동한 것은 10분 후이다. 답 10분 후
(3) 승연이는 공원 입구에서부터 1 km인 지점에서 멈춰 있었다. 따라서 멈춰 있던 시간은 걷기 시작한 지 20분부터 40분까지이므로 $40-20=20$(분)이다. 답 20분
(4) $x=40$일 때부터 그래프가 다시 올라가므로 멈춰 있다가 다시 걷기 시작한 것은 공원 입구에서 걷기 시작한 지 40분 후이다. 답 40분 후

2. 정비례와 반비례

연산으로 개념잡기

119 ~ 132쪽

1 (1) 100, 200, 300, 400 (2) 정비례한다. (3) $y=100x$
2 (1) 2000, 4000, 6000, 8000 (2) 정비례한다. (3) $y=2000x$
3 (1) 150, 300, 450, 600 (2) 정비례한다. (3) $y=150x$
4 (1) ○ (2) ○ (3) × (4) ○ (5) ○ (6) × (7) × (8) ○
5 (1) ○ (2) ○ (3) × (4) ○ (5) ×
6 (1) $y=3x$ (2) $y=-\frac{3}{5}x$
7 (1) -3, -2, -1, 0, 1, 2, 3 (2)~(3) 풀이 참조
8 (1)~(3) 풀이 참조
9 (1)~(3) 풀이 참조
10 (1) 위 (2) 1, 3 (3) 증가 (4) 3
11 (1) 아래 (2) 2, 4 (3) 감소 (4) $-\frac{1}{3}$
12 (1) 제1사분면, 제3사분면 (2) 제2사분면, 제4사분면
(3) 제1사분면, 제3사분면 (4) 제1사분면, 제3사분면
(5) 제2사분면, 제4사분면
13 (1) ㄴ, ㄷ, ㄹ (2) ㄱ (3) ㄱ (4) ㄱ
14 (1) ○ (2) × (3) ○ (4) ×
15 (1) × (2) × (3) ○ (4) ○
16 (1) 1 (2) -2 (3) $\frac{1}{2}$ (4) 2
17 (1) -3 (2) 4 (3) 1 (4) -4
18 (1) 48, 24, 16, 12 (2) 반비례한다. (3) $y=\frac{48}{x}$
19 (1) 540, 270, 180, 135 (2) 반비례한다. (3) $y=\frac{540}{x}$
20 (1) 900, 450, 300, 225 (2) 반비례한다. (3) $y=\frac{900}{x}$
21 (1) -1, -2, -3, -6, 6, 3, 2, 1 (2)~(3) 풀이 참조
22 (1)~(3) 풀이 참조
23 (1)~(3) 풀이 참조
24 (1) 1, 3 (2) 감소 (3) 3
25 (1) 2, 4 (2) 증가 (3) -2
26 (1) 제1사분면, 제3사분면 (2) 제2사분면, 제4사분면
(3) 제1사분면, 제3사분면 (4) 제1사분면, 제3사분면
(5) 제2사분면, 제4사분면
27 (1) ㄱ, ㄷ (2) ㄴ, ㄹ (3) ㄹ, ㄷ, ㄱ, ㄴ
28 (1) ○ (2) × (3) × (4) ○
29 (1) ○ (2) ○ (3) × (4) ×
30 (1) 2 (2) -10 (3) -5 (4) $\frac{5}{3}$
31 (1) -8 (2) 5 (3) -6 (4) 2
32 (1) $y=3x$ (2) $y=-\frac{3}{2}x$ (3) $y=-\frac{2}{3}x$
33 (1) $y=\frac{8}{x}$ (2) $y=-\frac{10}{x}$ (3) $y=-\frac{12}{x}$
34 (1) 12, 24, 36, 48, 60 (2) $y=12x$ (3) 168쪽
35 (1) 18, 36, 54, 72, 90 (2) $y=18x$ (3) 162 km
36 (1) $y=20x$ (2) 600장
37 (1) 60, 30, 12, 10, 5, 3 (2) $y=\frac{60}{x}$ (3) 4개
38 (1) 240, 120, 60, 40, 20 (2) $y=\frac{240}{x}$ (3) 30명
39 (1) 120 L (2) $y=\frac{120}{x}$ (3) 10분

1 (1) 답

x(개)	1	2	3	4	…
y(g)	100	200	300	400	…

(2) x의 값이 2배, 3배, 4배, …로 변함에 따라 y의 값도 2배, 3배, 4배, …로 변하므로 y가 x에 정비례한다.
답 정비례한다.

(3) $\frac{y}{x}=100$이므로 $y=100x$이다. 답 $y=100x$

2 (1) 답

x(개)	1	2	3	4	…
y(원)	2000	4000	6000	8000	…

(2) x의 값이 2배, 3배, 4배, …로 변함에 따라 y의 값도 2배, 3배, 4배, …로 변하므로 y가 x에 정비례한다.
답 정비례한다.

(3) $\frac{y}{x}=2000$이므로 $y=2000x$이다. 답 $y=2000x$

3 (1) 답

x(분)	1	2	3	4	…
y(m)	150	300	450	600	…

(2) x의 값이 2배, 3배, 4배, …로 변함에 따라 y의 값도 2배, 3배, 4배, …로 변하므로 y가 x에 정비례한다.
답 정비례한다.

(3) $\frac{y}{x}=150$이므로 $y=150x$이다. 답 $y=150x$

4 (1) 답 ○ (2) 답 ○ (3) 답 × (4) 답 ○ (5) 답 ○
(6) 답 × (7) 답 × (8) 답 ○

5 (1) $y=4x$ 답 ○
(2) $y=3x$ 답 ○
(3) $y=x-4$ 답 ×
(4) $y=6x$ 답 ○
(5) $y=120-x$ 답 ×

6 (1) y가 x에 정비례하므로 $y=ax$에 $x=3$, $y=9$를 대입하면 $9=3a$에서 $a=3$이므로 $y=3x$ 답 $y=3x$
(2) y가 x에 정비례하므로 $y=ax$에 $x=10$, $y=-6$을 대입하면 $-6=10a$에서 $a=-\frac{3}{5}$이므로 $y=-\frac{3}{5}x$
답 $y=-\frac{3}{5}x$

7 (1) 답

x	-3	-2	-1	0	1	2	3
y	-3	-2	-1	0	1	2	3

(2) 답

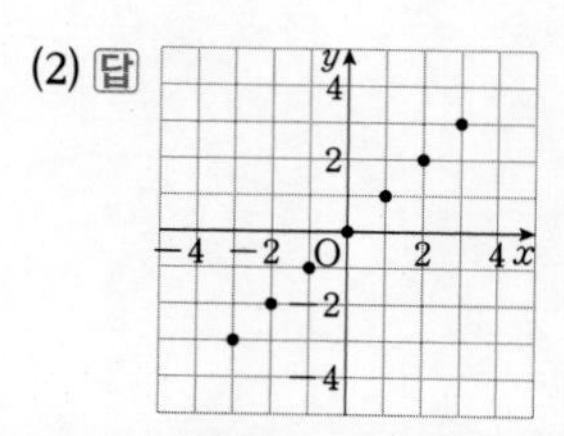

(3) (2)의 점들을 선으로 이어 그래프를 그린다.

답

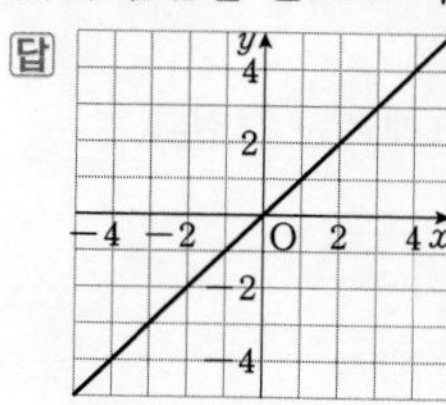

8 (1) 답 0, 2

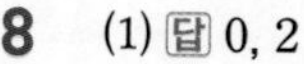

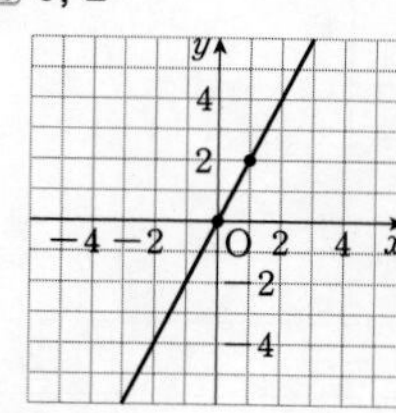

(2) 답 0, 1

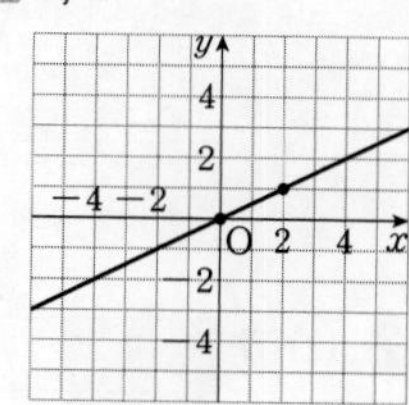

(3) 답 0, 4

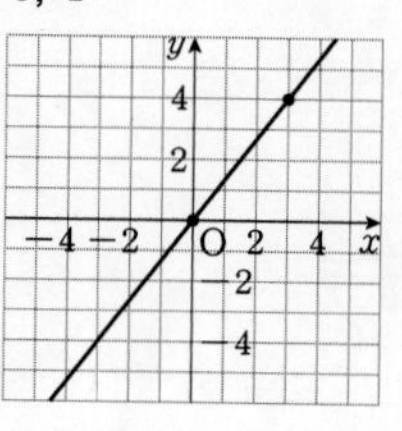

9 (1) 답 0, -3

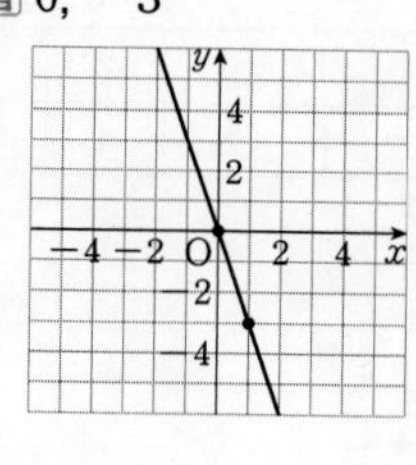

(2) 답 0, -5

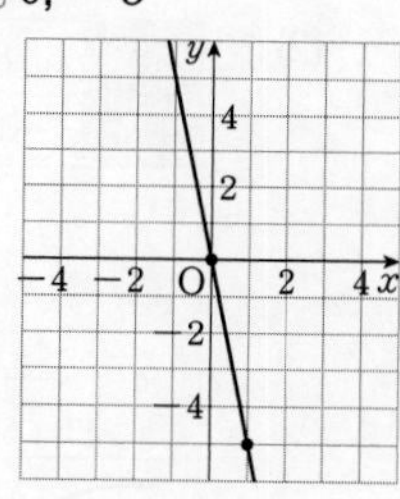

(3) 답 0, -2

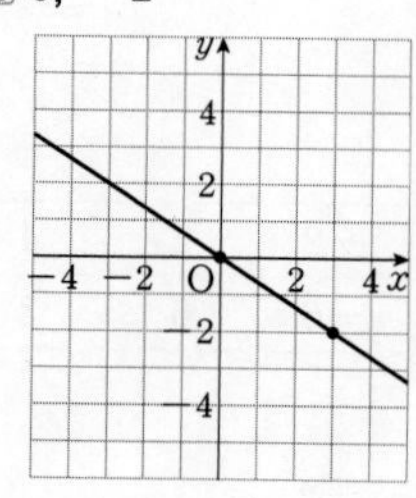

10 (1) 답 위 (2) 답 1, 3 (3) 답 증가

(4) a의 절댓값이 클수록 y축에 가까워진다. 답 3

11 (1) 답 아래 (2) 답 2, 4 (3) 답 감소

(4) a의 절댓값이 작을수록 x축에 가까워진다. 답 $-\frac{1}{3}$

12 (1) $4>0$이므로 제1사분면, 제3사분면을 지난다.

답 제1사분면, 제3사분면

(2) $-\frac{1}{9}<0$이므로 제2사분면, 제4사분면을 지난다.

답 제2사분면, 제4사분면

(3) $\frac{3}{5}>0$이므로 제1사분면, 제3사분면을 지난다.

답 제1사분면, 제3사분면

(4) $0.6>0$이므로 제1사분면, 제3사분면을 지난다.

답 제1사분면, 제3사분면

(5) $-6<0$이므로 제2사분면, 제4사분면을 지난다.

답 제2사분면, 제4사분면

13 (1) $a>0$일 때 그래프는 오른쪽 위로 향한다. 답 ㄴ, ㄷ, ㄹ

(2) $a<0$일 때 그래프는 제2사분면과 제4사분면을 지난다.

답 ㄱ

(3) $a<0$일 때, x의 값이 증가하면 y의 값은 감소한다. 답 ㄱ

(4) $|-4|>\left|\frac{11}{3}\right|>\left|\frac{5}{2}\right|>|0.8|$이므로 y축에 가장 가까운 그래프는 $y=-4x$이다.

답 ㄱ

14 (1) $y=3x$에 $x=1$, $y=3$을 대입하면 $3=3\times1$

즉, 점 $(1, 3)$은 $y=3x$의 그래프 위의 점이다. 답 ○

(2) $y=3x$에 $x=-3$, $y=-1$을 대입하면 $-1\neq3\times(-3)$

즉, 점 $(-3, -1)$은 $y=3x$의 그래프 위의 점이 아니다.

답 ×

(3) $y=3x$에 $x=-2$, $y=-6$을 대입하면 $-6=3\times(-2)$

즉, 점 $(-2, -6)$은 $y=3x$의 그래프 위의 점이다. 답 ○

(4) $y=3x$에 $x=\frac{1}{3}$, $y=9$를 대입하면 $9\neq3\times\frac{1}{3}$

즉, 점 $\left(\frac{1}{3}, 9\right)$는 $y=3x$의 그래프 위의 점이 아니다. 답 ×

15 (1) $y=-4x$에 $x=-1$, $y=-4$를 대입하면

$-4\neq-4\times(-1)$

즉, 점 $(-1, -4)$는 $y=-4x$의 그래프 위의 점이 아니다.

답 ×

(2) $y=-4x$에 $x=2$, $y=-2$를 대입하면

$-2\neq-4\times2$

즉, 점 $(2, -2)$는 $y=-4x$의 그래프 위의 점이 아니다.

답 ×

(3) $y=-4x$에 $x=1$, $y=-4$를 대입하면 $-4=-4\times1$

즉, 점 $(1, -4)$는 $y=-4x$의 그래프 위의 점이다. 답 ○

(4) $y=-4x$에 $x=-\frac{1}{2}$, $y=2$를 대입하면

$2=-4\times\left(-\frac{1}{2}\right)$

즉, 점 $\left(-\frac{1}{2}, 2\right)$는 $y=-4x$의 그래프 위의 점이다.

답 ○

16 (1) $y=2x$에 $x=a$, $y=2$를 대입하면

$2=2\times a$ $\therefore a=1$ 답 1

(2) $y=2x$에 $x=-1$, $y=a$를 대입하면

$a=2\times(-1)=-2$ 답 -2

(3) $y=2x$에 $x=a$, $y=1$을 대입하면

$1=2\times a \qquad \therefore a=\frac{1}{2}$ 　답 $\frac{1}{2}$

(4) $y=2x$에 $x=2+a$, $y=8$을 대입하면

$8=2\times(2+a)$, $2+a=4 \qquad \therefore a=2$ 　답 2

17 (1) $y=ax$에 $x=-1$, $y=3$을 대입하면

$3=a\times(-1) \qquad \therefore a=-3$ 　답 -3

(2) $y=ax$에 $x=\frac{1}{4}$, $y=1$을 대입하면

$1=a\times\frac{1}{4} \qquad \therefore a=4$ 　답 4

(3) $y=ax$에 $x=-2$, $y=-2$를 대입하면

$-2=a\times(-2) \qquad \therefore a=1$ 　답 1

(4) $y=ax$에 $x=2$, $y=-8$을 대입하면

$-8=a\times2 \qquad \therefore a=-4$ 　답 -4

18 (1) 답

x(명)	1	2	3	4	…
y(개)	48	24	16	12	…

(2) x의 값이 2배, 3배, 4배, …로 변함에 따라 y의 값은 $\frac{1}{2}$배, $\frac{1}{3}$배, $\frac{1}{4}$배, …로 변하므로 y가 x에 반비례한다.

답 반비례한다.

(3) $xy=48$이므로 $y=\frac{48}{x}$이다. 　답 $y=\frac{48}{x}$

19 (1) 답

x(조각)	1	2	3	4	…
y(g)	540	270	180	135	…

(2) x의 값이 2배, 3배, 4배, …로 변함에 따라 y의 값은 $\frac{1}{2}$배, $\frac{1}{3}$배, $\frac{1}{4}$배, …로 변하므로 y가 x에 반비례한다.

답 반비례한다.

(3) $xy=540$이므로 $y=\frac{540}{x}$이다. 　답 $y=\frac{540}{x}$

20 (1) 답

x(초)	1	2	3	4	…
y(MB)	900	450	300	225	…

(2) x의 값이 2배, 3배, 4배, …로 변함에 따라 y의 값은 $\frac{1}{2}$배, $\frac{1}{3}$배, $\frac{1}{4}$배, …로 변하므로 y가 x에 반비례한다.

답 반비례한다.

(3) $xy=900$이므로 $y=\frac{900}{x}$이다. 　답 $y=\frac{900}{x}$

21 (1) 답

x	-6	-3	-2	-1	1	2	3	6
y	-1	-2	-3	-6	6	3	2	1

(2) 답

(3) (2)의 점들을 선으로 이어 그래프를 그린다.

답

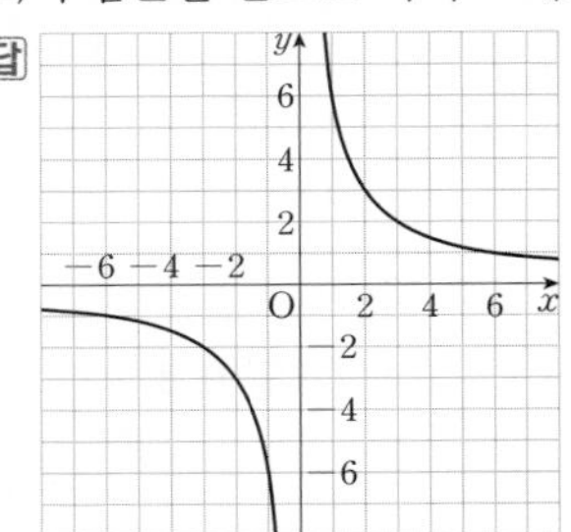

22 (1) 답

x	-4	-2	-1	1	2	4
y	-1	-2	-4	4	2	1

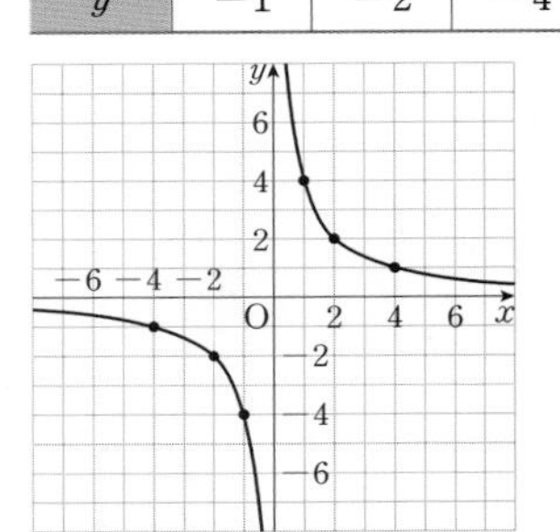

(2) 답

x	-8	-4	-2	-1	1	2	4	8
y	-1	-2	-4	-8	8	4	2	1

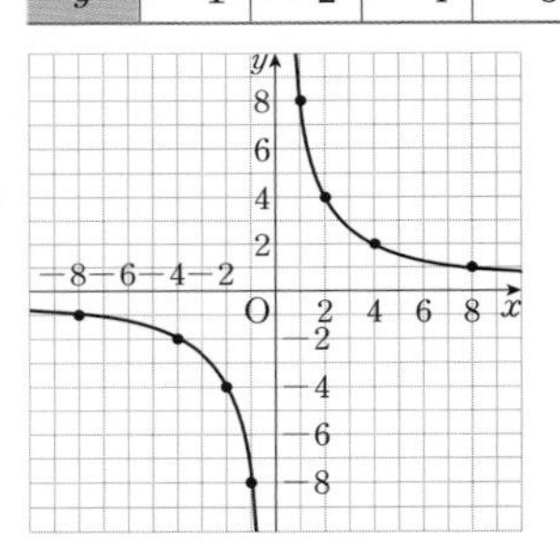

(3) 답

x	-6	-4	-2	2	4	6
y	-2	-3	-6	6	3	2

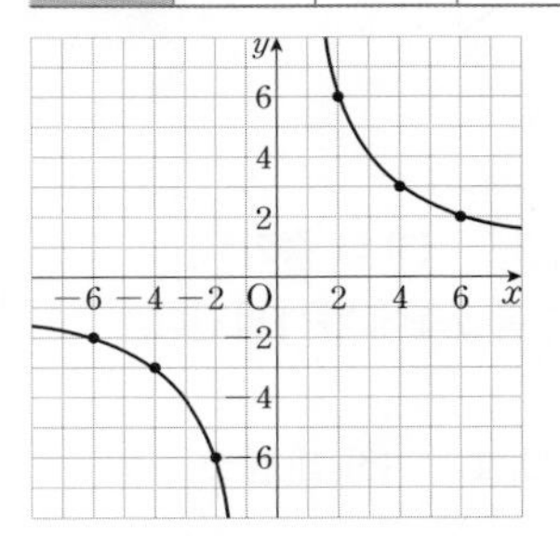

23 (1) 답

x	-4	-2	-1	1	2	4
y	1	2	4	-4	-2	-1

(2) 답

x	-8	-4	-2	-1	1	2	4	8
y	1	2	4	8	-8	-4	-2	-1

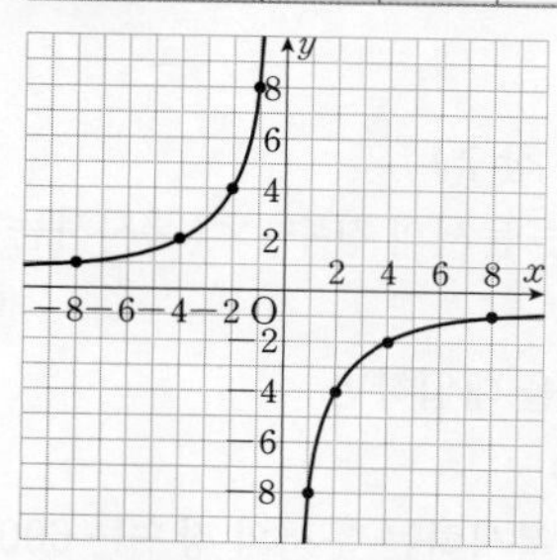

(3) 답

x	-6	-4	-2	2	4	6
y	2	3	6	-6	-3	-2

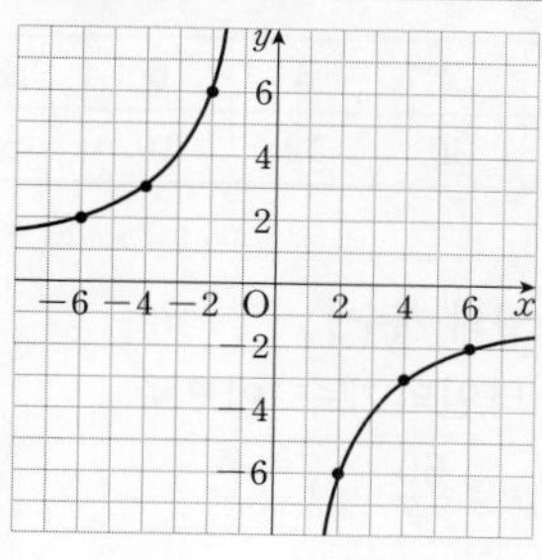

24 (1) 답 1, 3 (2) 답 감소

(3) a의 절댓값이 작을수록 원점에 가까워진다. 답 3

25 (1) 답 2, 4 (2) 답 증가

(3) a의 절댓값이 작을수록 원점에 가까워진다. 답 -2

26 (1) $3>0$이므로 제1사분면, 제3사분면을 지난다.

답 제1사분면, 제3사분면

(2) $-9<0$이므로 제2사분면, 제4사분면을 지난다.

답 제2사분면, 제4사분면

(3) $20>0$이므로 제1사분면, 제3사분면을 지난다.

답 제1사분면, 제3사분면

(4) $15>0$이므로 제 1사분면, 제3사분면을 지난다.

답 제1사분면, 제3사분면

(5) $-18<0$이므로 제2사분면, 제4사분면을 지난다.

답 제2사분면, 제4사분면

27 (1) $a<0$일 때 그래프는 제2사분면과 제4사분면을 지난다.

답 ㄱ, ㄷ

(2) $a>0$일 때 각 사분면에서 x의 값이 증가하면 y의 값은 감소한다. 답 ㄴ, ㄹ

(3) $|15|>|-10|>|-1|>\left|\frac{1}{3}\right|$이므로 ㄹ, ㄷ, ㄱ, ㄴ이다.

답 ㄹ, ㄷ, ㄱ, ㄴ

28 (1) $y=\frac{4}{x}$에 $x=1$, $y=4$를 대입하면 $4=\frac{4}{1}$

즉, 점 $(1, 4)$는 $y=\frac{4}{x}$의 그래프 위의 점이다. 답 ○

(2) $y=\frac{4}{x}$에 $x=8$, $y=2$를 대입하면 $2\neq\frac{4}{8}$

즉, 점 $(8, 2)$는 $y=\frac{4}{x}$의 그래프 위의 점이 아니다. 답 ×

(3) $y=\frac{4}{x}$에 $x=-4$, $y=1$을 대입하면 $1\neq\frac{4}{-4}$

즉, 점 $(-4, 1)$은 $y=\frac{4}{x}$의 그래프 위의 점이 아니다. 답 ×

(4) $y=\frac{4}{x}$에 $x=3$, $y=\frac{4}{3}$를 대입하면 $\frac{4}{3}=\frac{4}{3}$

즉, 점 $\left(3, \frac{4}{3}\right)$는 $y=\frac{4}{x}$의 그래프 위의 점이다. 답 ○

29 (1) $y=-\frac{12}{x}$에 $x=-2$, $y=6$을 대입하면 $6=-\frac{12}{-2}$

즉, 점 $(-2, 6)$은 $y=-\frac{12}{x}$의 그래프 위의 점이다. 답 ○

(2) $y=-\frac{12}{x}$에 $x=3$, $y=-4$를 대입하면 $-4=-\frac{12}{3}$

즉, 점 $(3, -4)$는 $y=-\frac{12}{x}$의 그래프 위의 점이다. 답 ○

(3) $y=-\frac{12}{x}$에 $x=10$, $y=-\frac{5}{6}$를 대입하면 $-\frac{5}{6}\neq-\frac{12}{10}$

즉, 점 $\left(10, -\frac{5}{6}\right)$는 $y=-\frac{12}{x}$의 그래프 위의 점이 아니다.

답 ×

(4) $y=-\frac{12}{x}$에 $x=-24$, $y=2$를 대입하면 $2\neq-\frac{12}{-24}$

즉, 점 $(-24, 2)$는 $y=-\frac{12}{x}$의 그래프 위의 점이 아니다.

답 ×

30 (1) $y=\frac{10}{x}$에 $x=a$, $y=5$를 대입하면

$5=\frac{10}{a}$ $\therefore a=2$ 답 2

(2) $y=\frac{10}{x}$에 $x=-1$, $y=a$를 대입하면

$a=\frac{10}{-1}=-10$ 답 -10

(3) $y=\frac{10}{x}$에 $x=a$, $y=-2$를 대입하면

$-2=\frac{10}{a}$ $\therefore a=-5$ 답 -5

(4) $y=\frac{10}{x}$에 $x=6$, $y=a$를 대입하면

$a=\frac{10}{6}=\frac{5}{3}$ 답 $\frac{5}{3}$

31 (1) $y=\frac{a}{x}$에 $x=-2$, $y=4$를 대입하면

$4=\frac{a}{-2}$ $\therefore a=-8$ 답 -8

(2) $y=\frac{a}{x}$에 $x=1$, $y=5$를 대입하면

$5=\frac{a}{1}$ $\therefore a=5$ 답 5

(3) $y=\frac{a}{x}$에 $x=-3$, $y=2$를 대입하면

$2=\frac{a}{-3}$ $\therefore a=-6$ 답 -6

(4) $y=\frac{a}{x}$에 $x=10$, $y=\frac{1}{5}$을 대입하면

$\frac{1}{5}=\frac{a}{10}$ $\therefore a=2$ 답 2

32 (1) 그래프가 원점과 점 $(1, 3)$을 지나는 직선이므로

$y=ax$에 $x=1$, $y=3$을 대입하면 $3=a$

$\therefore y=3x$ 답 $y=3x$

(2) 그래프가 원점과 점 $(-2, 3)$을 지나는 직선이므로

$y=ax$에 $x=-2$, $y=3$을 대입하면

$3=-2a$ $\therefore a=-\frac{3}{2}$

$\therefore y=-\frac{3}{2}x$ 답 $y=-\frac{3}{2}x$

(3) 그래프가 원점과 점 $(-6, 4)$를 지나는 직선이므로

$y=ax$에 $x=-6$, $y=4$를 대입하면

$4=-6a$ $\therefore a=-\frac{2}{3}$

$\therefore y=-\frac{2}{3}x$ 답 $y=-\frac{2}{3}x$

33 (1) 그래프가 원점에 대하여 대칭인 한 쌍의 곡선이고

점 $(2, 4)$를 지나므로 $y=\frac{a}{x}$에 $x=2$, $y=4$를 대입하면

$4=\frac{a}{2}$ $\therefore a=8$

$\therefore y=\frac{8}{x}$ 답 $y=\frac{8}{x}$

(2) 그래프가 원점에 대하여 대칭인 한 쌍의 곡선이고

점 $(-5, 2)$를 지나므로 $y=\frac{a}{x}$에 $x=-5$, $y=2$를 대입하면

$2=\frac{a}{-5}$ $\therefore a=-10$

$\therefore y=-\frac{10}{x}$ 답 $y=-\frac{10}{x}$

(3) 그래프가 원점에 대하여 대칭인 한 쌍의 곡선이고

점 $(-3, 4)$를 지나므로 $y=\frac{a}{x}$에 $x=-3$, $y=4$를 대입하면

$4=\frac{a}{-3}$ $\therefore a=-12$

$\therefore y=-\frac{12}{x}$ 답 $y=-\frac{12}{x}$

34 (1) 답

x(일)	1	2	3	4	5	⋯
y(쪽)	12	24	36	48	60	⋯

(2) (읽은 쪽수)=(하루에 읽은 쪽수)×(읽은 기간)이므로

$y=12x$ 답 $y=12x$

(3) $y=12x$에 $x=14$를 대입하면 $y=12\times14=168$

따라서 14일 동안 읽은 소설책의 쪽수는 168쪽이다.

답 168쪽

35 (1) 답

x(L)	1	2	3	4	5	⋯
y(km)	18	36	54	72	90	⋯

(2) (자동차가 갈 수 있는 거리)

=(휘발유 1 L로 갈 수 있는 거리)×(휘발유의 양)이므로

$y=18x$ 답 $y=18x$

(3) $y=18x$에 $x=9$를 대입하면

$y=18\times9=162$

따라서 휘발유 9 L로 갈 수 있는 거리는 162 km이다.

답 162 km

36 (1) (복사한 문서의 총 장수)

=(1분에 복사하는 문서의 장수)×(복사하는 시간)

이므로 $y=20x$ 답 $y=20x$

(2) $y=20x$에 $x=30$을 대입하면

$y=20\times30=600$

따라서 30분 동안 복사하는 문서의 장수는 600장이다.

답 600장

37 (1) 답

x(개)	1	2	5	6	12	20
y(개)	60	30	12	10	5	3

(2) (전체 타일의 개수)

=(가로에 놓인 타일의 개수)

×(세로에 놓인 타일의 개수)이므로

$60=x\times y$ $\therefore y=\frac{60}{x}$ 답 $y=\frac{60}{x}$

(3) $y=\frac{60}{x}$에 $y=15$를 대입하면 $15=\frac{60}{x}$ $\therefore x=4$

따라서 가로에 놓인 타일의 개수는 4개이다. 답 4개

38 (1) 답

x(반)	1	2	4	6	12
y(명)	240	120	60	40	20

(2) (전체 학생 수)=(반의 수)×(한 반의 학생 수)이므로

$240=x\times y$ $\therefore y=\frac{240}{x}$ 답 $y=\frac{240}{x}$

(3) $y=\frac{240}{x}$에 $x=8$을 대입하면 $y=\frac{240}{8}=30$

따라서 한 반의 학생 수는 30명이다. 답 30명

39 (1) (욕조 전체의 물의 양)

=(1분에 넣는 물의 양)×(물을 넣는 시간)

$=8\times15=120$(L) 답 120 L

(2) 1분에 x L씩 y분 넣으면 물이 가득 차므로

$120=x\times y$ $\therefore y=\frac{120}{x}$ 답 $y=\frac{120}{x}$

(3) $y=\frac{120}{x}$에 $x=12$를 대입하면 $y=\frac{120}{12}=10$

따라서 욕조를 가득 채우는 데 10분이 걸린다. 답 10분

대단원 마무리

133 ~ 136쪽

1 ① 2 ④ 3 ① 4 ③ 5 ④
6 −7 7 ④ 8 풀이 참조 9 (1) 80 m (2) 2분 후
10 ③ 11 (1) ㉡ (2) ㉠ (3) ㉢ (4) ㉣
12 (1) 100 cm (2) 2초 13 ㄷ, ㄹ, ㅁ 14 ⑤ 15 ②
16 ③, ⑤ 17 ④ 18 ② 19 ①
20 $A\left(5, -\frac{10}{3}\right)$ 21 15 22 1 23 14 kg
24 3분

1 ① A(3, 0)

답 ①

2 좌표평면 위에 네 점 A, B, C, D를 각각 나타내면 오른쪽 그림과 같으므로

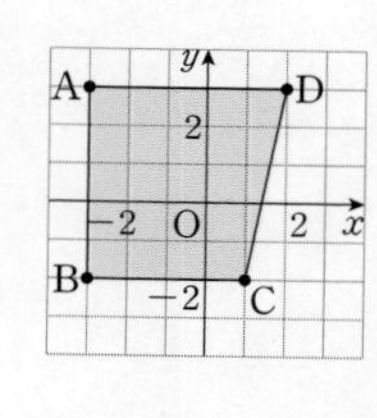

(사다리꼴 ABCD의 넓이)

$=\frac{1}{2}\times\{(\text{윗변})+(\text{아랫변})\}\times(\text{높이})$

$=\frac{1}{2}\times(4+5)\times 5$

$=\frac{45}{2}$

답 ④

3 점 $P(a, 3)$이 제2사분면 위의 점이므로 $a<0$
$-a>0$이므로 점 $Q(3, -a)$는 제1사분면 위의 점이다.

답 ①

4 ① $a>0$, $b<0$이므로 점 A는 제4사분면 위의 점이다.
② $-a<0$, $b<0$이므로 점 B는 제3사분면 위의 점이다.
③ $-b>0$, $a>0$이므로 점 C는 제1사분면 위의 점이다.
④ $a-b>0$, $b<0$이므로 점 D는 제4사분면 위의 점이다.
⑤ $ab<0$, $-b>0$이므로 점 E는 제2사분면 위의 점이다.

답 ③

5 점 $P(a, b)$가 제2사분면 위의 점이므로 $a<0$, $b>0$
① $b>0$, $a<0$이므로 점 A는 제4사분면 위의 점이다.
② $-a>0$, $b>0$이므로 점 B는 제1사분면 위의 점이다.
③ $-a>0$, $a-b<0$이므로 점 C는 제4사분면 위의 점이다.
④ $-a^2<0$, $b-a>0$이므로 점 D는 제2사분면 위의 점이다.
⑤ $-b<0$, $ab<0$이므로 점 E는 제3사분면 위의 점이다.

답 ④

6 점 $A(-5, 2)$와 x축에 대하여 대칭인 점은 $A'(-5, -2)$이므로 $a=-5$, $b=-2$
$\therefore a+b=-7$

답 −7

7 점 $A(-1, a)$와 y축에 대하여 대칭인 점은 점 $(1, a)$이므로 $a=7$, $b=1$
$\therefore a-b=6$

답 ④

8 x의 값이 1, 2, 3, 4, 5일 때, y의 값은 6, 12, 18, 24, 30이다.

답
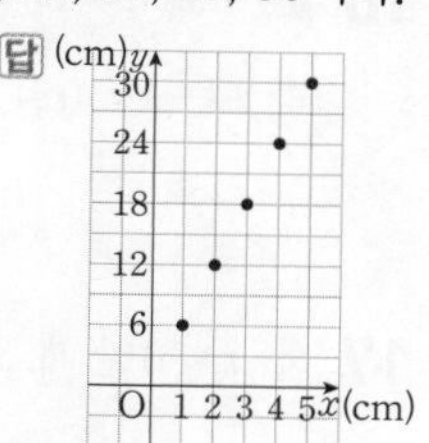

9 (1) 관람차가 지면으로부터 가장 높은 곳에 있을 때는 y의 값이 최대일 때이다. $y=80$일 때 최대이므로 80 m의 높이에 있을 때이다.

답 80 m

(2) 관람차가 처음으로 지면으로부터 40 m가 될 때는 처음으로 $y=40$일 때이다. 따라서 탑승한 지 2분 후이다.

답 2분 후

10 집을 출발하여 이동 거리가 꾸준히 증가하다가 운동을 하는 시간 동안 멈춰져 있다. 운동이 끝난 후 다시 집으로 돌아오므로 이동 거리는 다시 꾸준히 증가한다. 따라서 ③의 그래프이다.

답 ③

11 물통의 밑면의 반지름의 길이가 짧을수록 물이 빨리 채워진다. (2)는 밑면의 반지름의 길이가 길다가 짧아지므로 물이 천천히 채워지다가 빨리 채워진다.

답
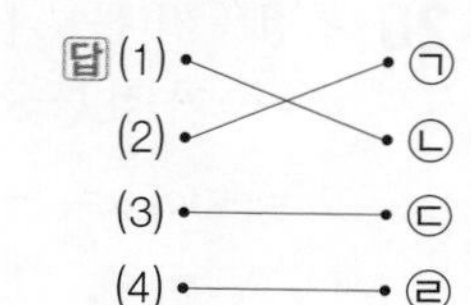

12 (1) y의 값이 최대일 때는 $y=100$이므로 점 A의 최대 높이는 100 cm이다.

답 100 cm

(2) y의 값이 0일 때는 $x=2, 4, \cdots$일 때이므로 점 A는 2초마다 땅에 닿는다.

답 2초

13 ㄱ. $y=4x$ ㄴ. $y=30x$ ㄷ. $y=\frac{10}{x}$
ㄹ. $y=\frac{120}{x}$ ㅁ. $y=24-x$
따라서 정비례하지 않는 것은 ㄷ, ㄹ, ㅁ이다.

답 ㄷ, ㄹ, ㅁ

14 ① 제2사분면과 제4사분면을 지난다.
② 오른쪽 아래로 향하는 직선이다.
③ x의 값이 증가하면 y의 값은 감소한다.
④ 점 $(-6, 2)$를 지난다.

답 ⑤

15 $y=\frac{3}{2}x$에 주어진 점의 좌표를 대입하면

① $12\neq\frac{3}{2}\times 4$ ② $-3=\frac{3}{2}\times(-2)$
③ $-10\neq\frac{3}{2}\times(-8)$ ④ $-3\neq\frac{3}{2}\times 2$
⑤ $-30\neq\frac{3}{2}\times(-10)$

답 ②

16 $y=ax(a\neq0)$의 그래프는 $a>0$일 때, $y=\frac{a}{x}(a\neq0)$의 그래프는 $a<0$일 때 x의 값이 증가하면 y의 값도 증가한다.

답 ③, ⑤

17 ④ $x<0$일 때, x의 값이 증가하면 y의 값은 감소한다. 답 ④

18 $y=\frac{10}{x}$의 그래프 위의 점의 y좌표가 자연수가 되려면 x좌표는 10의 약수이어야 한다.
따라서 x좌표, y좌표가 모두 자연수인 점은 $(1, 10)$, $(2, 5)$, $(5, 2)$, $(10, 1)$의 4개이다.

답 ②

19 $y=\frac{a}{x}$에 $x=-4$, $y=-2$를 대입하면
$-2=\frac{a}{-4}$, $a=8$ $\therefore y=\frac{8}{x}$
$y=\frac{8}{x}$에 $x=b$, $y=-16$을 대입하면
$-16=\frac{8}{b}$ $\therefore b=-\frac{1}{2}$
$\therefore ab=8\times\left(-\frac{1}{2}\right)=-4$

답 ①

20 원점을 지나는 직선이므로 구하는 식을 $y=ax$로 놓는다.
$y=ax$가 점 $(-3, 2)$를 지나므로
$2=-3a$, $a=-\frac{2}{3}$ $\therefore y=-\frac{2}{3}x$
$y=-\frac{2}{3}x$에 $x=5$를 대입하면 $y=-\frac{2}{3}\times5=-\frac{10}{3}$
$\therefore \mathrm{A}\left(5, -\frac{10}{3}\right)$

답 $\mathrm{A}\left(5, -\frac{10}{3}\right)$

21 점 A의 좌표를 $\left(a, -\frac{15}{a}\right)$라 하면
(직사각형 OBAC의 넓이)$=a\times\frac{15}{a}=15$

답 15

22 점 A는 $y=\frac{4}{x}$의 그래프 위의 점이므로
$x=-2$를 $y=\frac{4}{x}$에 대입하면 $y=\frac{4}{-2}=-2$
$\therefore \mathrm{A}(-2, -2)$
$y=ax$에 $x=-2$, $y=-2$를 대입하면
$-2=-2a$ $\therefore a=1$

답 1

23 어떤 물체의 달에서의 무게는 지구에서의 무게의 $\frac{1}{6}$이므로
$y=\frac{1}{6}x$
$y=\frac{1}{6}x$에 $x=84$를 대입하면 $y=\frac{1}{6}\times84=14$
따라서 지구에서의 몸무게가 84 kg인 우주 비행사가 달에 착륙했을 때의 몸무게는 14 kg이다.

답 14 kg

24 분속 60 m로 8분 걸은 거리와 분속 x m로 y분 걸은 거리는 같으므로 $60\times8=x\times y$
$\therefore y=\frac{480}{x}$
$x=160$을 $y=\frac{480}{x}$에 대입하면 $y=\frac{480}{160}=3$
따라서 분속 160 m로 뛰어가면 3분이 걸린다.

답 3분

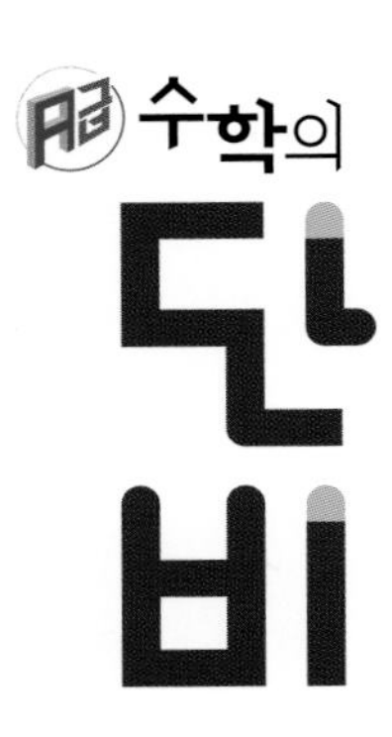
수학의
단비

상위권의 개념 완성

문제 속에 숨은 답을 찾는 힘은 정확한 원리이해에서 나옵니다.

- 전체를 꿰뚫는 원리의 해설
- 부족했던 개념 완벽 마무리
- 원리이해를 기반으로 최고수준의 문제까지 자유자재

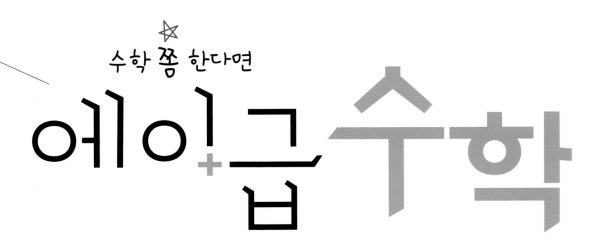

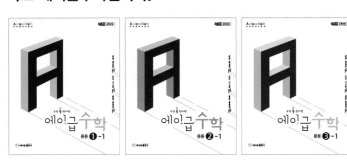